普通高等教育"十二五"规划教材

建设工程监理概论

主　编　杨会东　徐　霞

副主编　王娟芬　刘　博

北　京

冶金工业出版社

2023

内 容 提 要

本书依据《建设工程监理规范》（GB 50319—2013）以及现行法律、法规、规章，在理论与实践相结合的基础上，全面系统地阐述了建设工程监理的基本理论和方法。主要内容包括：概述、建设工程监理组织与组织协调、建设工程监理目标控制、建设工程监理规划与实施细则、建设工程监理进度控制、建设工程监理质量控制、建设工程监理安全生产管理、建设工程监理的合同管理、建设工程监理投资控制、建设工程信息文档管理和建设工程监理风险管理。

本书实用性和可操作性强，适合作为大专院校工程管理、房地产管理、土木工程、建设监理等专业的教材，也可作为工程技术人员和管理人员学习有关知识的参考书。

图书在版编目（CIP）数据

建设工程监理概论/杨会东，徐霞主编 . —北京：冶金工业出版社，2014.3（2023.6 重印）

普通高等教育"十二五"规划教材

ISBN 978-7-5024-6518-6

Ⅰ. ①建… Ⅱ. ①杨… ②徐… Ⅲ. ①建筑工程—监理工作—高等学校—教材 Ⅳ. ①TU712

中国版本图书馆 CIP 数据核字（2014）第 055457 号

建设工程监理概论

出版发行	冶金工业出版社	**电 话**	（010）64027926
地 址	北京市东城区嵩祝院北巷 39 号	**邮 编**	100009
网 址	www.mip1953.com	**电子信箱**	service@ mip1953.com

责任编辑 杨 敏 美术编辑 吕欣童 版式设计 孙跃红
责任校对 石 静 责任印制 禹 蕊

北京建宏印刷有限公司印刷

2014 年 3 月第 1 版，2023 年 6 月第 5 次印刷

787mm×1092mm 1/16；15.25 印张；365 千字；231 页

定价 33.00 元

投稿电话 （010）64027932 投稿信箱 tougao@cnmip.com.cn
营销中心电话 （010）64044283
冶金工业出版社天猫旗舰店 yjgycbs.tmall.com
（本书如有印装质量问题，本社营销中心负责退换）

前　言

我国从 1988 年开始建设工程监理制度的试点，虽然到现在推行的时间不长，但在工程建设领域已取得了显著成绩，发挥着越来越重要的作用。随着我国社会主义市场经济体制逐步完善和建设工程管理体制改革的进一步深化，工程项目的建设和开发速度在不断加快，社会对监理人才的需求日益增长。

近年来，许多高校都在土木工程、工程管理、房地产管理等专业开设了"建设工程监理"课程，以完善学生的专业知识结构。为了适应教育、教学与生产实践相结合的要求，本书在内容安排上，强调知识性与实用性，旨在拓宽学生的知识面和培养学生的工程意识与工程实践能力。书中选编的案例分析，可作为课堂讨论的内容。

本书具有以下特点：一是可操作性强，编写过程中注重理论与实际相结合，配以案例分析，利于读者更好地了解工程监理实务；二是深入浅出，编写时尽量采用图、表替代文字说明，便于读者理解和掌握所学知识；三是全面系统，内容涉及建设工程监理各方面的业务，涵盖了工程建设各个阶段的监理工作。

本书由杨会东、徐霞担任主编，王娟芬、刘博担任副主编。全书共十一章，其中第三章、第五章～第九章由东南大学成贤学院杨会东编写；第一章、第二章由南京工业大学徐霞编写；第十章由东南大学成贤学院王娟芬编写；第四章由河海大学刘博编写；第十一章由金肯职业技术学院朱广洲编写。全书由杨会东、徐霞拟定编写提纲，并负责统稿工作。

在编写过程中，参考了一些文献，在此向文献作者表示衷心的感谢。虽经反复推敲核证，但限于编者水平，书中不足之处，诚望专家、同行、广大读者提出宝贵意见。

编　者

2013 年 12 月

目　　录

第一章　概　　述

第一节　建设工程监理的基本概念

一、建设工程监理的概念

建设工程监理是指工程监理单位受建设单位委托，根据法律法规、工程建设标准、勘察设计文件及合同，在施工阶段对建设工程质量、进度、造价进行控制，对合同、信息进行管理，对工程建设相关方的关系进行协调，并履行建设工程安全生产管理法定职责的服务活动。

（一）建设工程监理的行为主体

建设工程监理只能由具有相应资质的工程监理企业来开展，建设工程监理的行为主体是工程监理企业。

建设工程监理不同于建设行政主管部门的监督管理。后者的行为主体是政府主管部门，属于行政性监督管理，其任务、职责、内容不同于建设工程监理。同样，建设单位的自行管理、总承包单位对分包单位的监督管理都不能视为建设工程监理。

（二）建设工程监理的实施前提

建设单位是建设工程项目建设行为的责任主体，在工程建设中拥有确定建设工程规模、标准、功能以及选择勘察、设计、施工、监理单位等工程建设中重大问题的决定权。工程监理单位只能与建设单位以书面形式订立建设工程监理合同，明确监理的范围、内容、义务、责任后，才能在授权的范围内实施建设工程监理。工程监理单位在委托监理的过程中拥有一定的管理权限，能够开展项目管理活动，是建设单位授权的结果。

另外，建设工程监理制度在我国是一种强制实行的制度，因此，我国工程建设有关法律法规赋予工程监理单位更多的社会责任，特别是建设工程质量、安全生产管理方面的责任。但这种强制性有一定的规模要求，并非所有的工程都强制要实行监理。

（三）建设工程监理的范围

（1）国家重点建设工程。其是指依据《国家重点建设项目管理办法》所确定的对国民经济和社会发展有重大影响的骨干项目。

（2）大中型公用事业项目。其是指项目总投资在3000万元以上的下列工程项目：

1）供水供电、供气、供热等市政工程项目；

2）科技、教育、文化等项目；

3）体育、旅游、商业等项目；

4）卫生、社会福利等项目；

5）其他公用事业项目。

（3）成片开发建设的住宅小区工程。建筑面积在 5 万平方米以上的小区必须强制监理；小于 5 万平方米的小区由各省建设行政主管部门确定。

（4）利用外国政府或者国际组织贷款、援助资金的项目。

（5）国家规定必须实行监理的其他项目。其是指总投资在 3000 万元以上的关系公共利益和安全的基础设施项目，包括：

1）煤炭、石油、化工、电力、新能源项目；

2）铁路、公路等交通运输业项目；

3）邮政电信信息网等项目；

4）防洪等水利项目；

5）道路、轻轨、污水、垃圾、公共停车场等城市基础设施项目；

6）生态保护项目；

7）其他基础设施项目；

8）学校、影剧院、体育场项目。

（四）建设工程监理的依据

（1）法律法规及建设工程相关标准。包括：《建筑法》、《合同法》、《招标投标法》、《建设工程质量管理条例》、《建设工程安全生产管理条例》等法律法规；《建设工程监理范围和规范标准规定》、《工程监理企业资质管理规定》等部门规章，以及地方性法规规章等；《工程建设标准强制性条文》、《建设工程监理规范》以及有关的工程技术标准、规范、规程等。

（2）建设工程勘察设计等工程建设文件。包括：工程立项文件、建设项目选址意见书、建设用地规划许可证、建设工程规划许可证、工程勘察文件、工程设计及施工图纸、施工许可证等。

（3）建设工程监理合同及其他合同文件。除建设工程监理合同外，建设单位与承包单位及设备、材料供应商等签订的建设工程合同和供应合同也是工程监理单位开展监理工作的主要依据。

二、建设工程监理的性质

（一）服务性

工程监理是在工程项目建设过程中，利用自己的工程建设方面的知识、技能和经验为客户提供高智能建设管理与监督服务，以满足项目业主对项目管理的需要。它所获得的报酬也是技术服务性的报酬，是脑力劳动的报酬。它不同于承建商的直接生产活动，也不同于业主的直接投资行为。

需要明确指出，工程监理是监理单位接受项目业主的委托而开展的技术服务性活动。因此，它的直接服务对象是客户，是委托方，也就是项目业主，这是不容模糊的。这种服务性的活动是按工程监理合同来进行的，是受法律约束和保护的。在监理合同中明确地对各种服务工作进行了分类和界定，比如哪些是"正常服务（工作）"，哪些是"附加服务（工作）"，哪些是"额外服务（工作）"。因此，监理单位没有任何合同责任和义务为业主提供直接的工程建设产品的生产。但是，在实现项目总目标上，参与项目建设的三方是一致的，他们要协同实现工程项目。因此，有许多工作需要监理工程师进行协调、指导、纠正，以便使工程能够顺利进行。

（二）独立性

从事工程监理活动的监理单位是直接参与工程项目建设的"三方当事人"之一，它与项目业主、承建商之间的关系是平等的、横向的；在工程项目建设中，监理单位是独立的一方。我国的有关法规明确指出，监理单位应按照独立、自主的原则开展工程监理工作。国际咨询工程师联合会在它的出版物《业主与咨询工程师标准服务协议书条件》中明确指出，监理单位是"作为一个独立的专业公司受聘于业主去履行服务的一方"，应当"根据合同进行工作"，它的监理工程师应当"作为一名独立的专业人员进行工作"。

工程监理的这种独立性是建设监理制的要求，是监理单位在工程项目建设中的第三方地位所决定的，是它所承担的工程监理的基本任务所决定的。因此，独立性是监理单位开展工程监理工作的重要原则。

（三）公正性

工程监理的公正性是承建商的共同要求。由于建设单位赋予监理单位在项目建设中具有一定的监督管理的权力，被监理方必须接受监理方的监督管理。因此，它们迫切要求监理单位能够办事公道，公正地开展工程监理活动。特别是建设单位和承包单位发生利益冲突或矛盾时，工程监理单位应当以事实为依据，以法律和有关合同为准绳，在维护建设单位合法权益的同时，不能损害承包单位的合法利益。例如，在调节建设单位和承包单位之间的争议，处理费用索赔和工程延期、进行工程款支付控制及竣工结算时，应当尽量客观、公正、公平地对待建设单位和承包单位。

公正性是监理行业的必然要求，它是社会公认的职业准则，也是监理单位和监理工程师的基本职业道德准则。

（四）科学性

工程监理的科学性是由被监理单位的社会化、专业化特点决定的。承担设计、施工、材料和设备供应的都是社会化、专业化的单位，它们在技术管理方面已经达到了一定水平。这就要求监理单位和监理工程师应当具有更高的素质和水平。只有如此，他们才能实施有效的监督管理。因此，监理单位应当按照高智能、智力密集型原则进行组建。

工程监理的科学性是由它的技术服务性质决定的。它是专门通过对科学知识的应用来实现其价值的。因此，要求监理单位和监理工程师在开展监理服务时能够提供科学含量高的服务，以创造更大的价值。

工程监理的科学性是由工程项目所处的外部环境特点决定的。工程项目总是处于动态的外部环境包围之中，无时无刻都有被干扰的可能。因此，工程监理要适应千变万化的项目外部环境，要抵御来自它的干扰，这就要求监理工程师既要富有工程经验，又要具有应变能力，要进行创造性的工作。

三、建设工程监理的作用

（一）有利于提高建设工程投资决策科学化水平

在建设单位委托工程监理单位实施全方位、全过程监理的条件下，工程监理单位可协助建设单位选择适当的工程咨询机构，管理工程咨询合同的实施，并对咨询结果（如项目建议书、可行性研究报告）进行评估，提出有价值的修改意见和建议；或者直接从事工程咨询工作，为建设单位提供建设方案。工程监理企业参与或承担项目决策阶段的监理工作，有利于提高项目投资决策的科学化水平，避免项目投资决策失误，也为实现建设工程投资综合效益最大化打下了良好的基础。

（二）有利于规范工程建设参与各方的建设行为

工程建设参与各方的建设行为都应当符合法律、法规、规章和市场准则。要做到这一点，仅仅靠自律机制是远远不够的，还需要建立有效的约束机制。首先需要政府对工程建设参与各方的建设行为进行全面的监督管理，这是最基本的约束，也是政府的主要职能之一。还要建立另一种约束机制——建设工程监理制。

建设工程监理制贯穿于工程建设的全过程，采用事前、事中和事后控制相结合的方式，一方面，可有效地规范各承建单位的建设行为，最大限度地避免不当建设行为的发生，或最大限度地减少其不良后果，这是约束机制的根本目的；另一方面，工程监理单位可以向建设单位提出适当的建议，从而避免发生建设单位的不当建设行为，起到一定的约束作用。当然，要发挥上述约束作用，工程监理单位必须规范自身的行为，并接受政府的监督管理。

（三）有利于促使承建单位保证建设工程质量和使用安全

工程监理是从产品需求者的角度对建设生产过程进行管理，与承建单位从产品生产者自身的管理有很大不同。在加强承建单位自身对工程质量管理的基础上，由工程监理企业介入建设工程生产过程的管理，对保证建设工程质量和使用安全有着重要作用。

（四）有利于实现建设工程投资效益最大化

建设工程投资效益最大化有以下三种不同表现：

（1）在满足建设工程预定功能和质量标准的前提下，建设投资额最少。

（2）在满足建设工程预定功能和质量标准的前提下，建设工程寿命周期费用（或全寿命费用）最少。

（3）建设工程本身的投资效益与环境、社会效益的综合效益最大化。

四、建设工程监理的发展趋势

我国的建设工程监理已经取得有目共睹的成绩，并且已为社会各界所认同和接受，但是应当承认，目前仍处在发展的初期阶段，与发达国家相比还存在很大的差距，另外在发展中也存在很多问题，比如不规范的建设监理业务承揽方式，行业性、区域性保护限制了监理市场的开放性，监理人员素质不高，建设监理仅局限在施工阶段等。因此，为了使我国的建设工程监理实现预期效果，在工程建设领域发挥更大的作用，应从以下几个方面发展。

（一）加强法制建设，走法制化的道路

目前，我国颁布的法律法规中有关建设工程监理的条款不少，部门规章和地方性法规的数量更多，这充分反映了建设工程监理的法律地位。但从加入WTO（世界贸易组织）的角度看，法制建设还比较薄弱，突出表现在市场规则和市场机制方面。市场规则特别是市场竞争规则和市场交易规则还不健全。市场机制，包括信用机制、价格形成机制、风险防范机制、仲裁机制等尚未形成。应当在总结经验的基础上，借鉴国际上通行的做法，逐步建立和健全起来。只有这样，才能使我国的建设工程监理走上有法可依、有法必依的轨道，才能适应加入 WTO 后的新的形势。

（二）以市场需求为导向，向全方位、全过程监理发展

我国实行建设工程监理只有十几年的时间，目前仍然以施工阶段监理为主。造成这种状况既有体制上、认识上的原因，也有建设单位需求和监理企业素质及能力等原因。但是应当看到，随着项目法人责任制的不断完善，以及民营企业和私人投资项目的大量增加，建设单位将对工程投资效益愈加重视，工程前期决策阶段的监理将日益增多。从发展趋势看，代表建设单位进行全方位、全过程的工程项目管理，将是我国工程监理行业发展的趋向。当前，应当按照市场需求多样化的规律，积极扩展监理服务内容。要从现阶段以施工阶段为主，向全过程、全方位监理发展，即不仅要进行施工阶段质量、投资和进度控制，做好合同管理、信息管理和组织协调工作，而且要进行决策阶段和设计阶段的监理。只有实施全方位、全过程监理，才能更好地发挥建设工程监理的作用。

（三）适应市场需求，优化工程监理企业结构

在市场经济条件下，任何企业的发展都必须与市场需求相适应，工程监理企业的发展也不例外。建设单位对建设工程监理的需求是多种多样的，工程监理企业所能提供的"供给"（即监理服务）也应当是多种多样的。前文所述建设工程监理应当向全方位、全过程监理发展，是从建设工程监理整个行业而言，并不意味着所有的工程监理企业都朝这个方向发展。因此，应当通过市场机制和必要的行业政策引导，在工程监理行业逐步建立起综合性监理企业与专业性监理企业相结合、大中小型监理企业相结合的合理的企业结构。按工作内容分，建立起能承担全过程、全方位监理任务的综合性监理企业与能承担某一专业监理任务（如招标代理、工程造价咨询）的监理企业相结合的企业结构。按工作阶段分，建立起能承担工程建设全过程监理的大型监理企业与能承担某一阶段工程监理任务的中型监理企业和只提供旁站监理劳务的小型监理企业相结合的企业结构。这样，既能满足建设单位的各种需求，又能使各类监理企业各得其所，都能有合理的生存和发展空间。一般来说，大型、综合素质较高的监理企业应当向综合监理方向发展，而中小型监理企业则应当逐渐形成自己的专业特色。

（四）加强培训工作，不断提高从业人员素质

从全方位、全过程监理的要求来看，我国建设工程监理从业人员的素质还不能与之相适应，迫切需要加以提高。另外，工程建设领域的新技术、新工艺、新材料层出不穷，工程技术标准、规范、规程也时有更新，信息技术日新月异，都要求建设工程监理从业人员与时俱进，不断提高自身的业务素质和职业道德素质，这样才能为建设单位提供优质服务。从业人员的素质是整个工程监理行业发展的基础。只有培养和造就出大批高素质的监理人员，才可能形成相当数量的高素质的工程监理企业，才能形成一批公信力强、有品牌效应的工程监理企业，才能提高我国建设工程监理的总体水平及其效果，才能推动建设工程监理事业更好更快地发展。

（五）与国际惯例接轨，走向世界

我国的建设工程监理虽然形成了一定的特点，但在一些方面与国际惯例还有差异。我国已加入 WTO，如果不尽快改变这种状况，将不利于我国建设工程监理事业的发展。前面说到的几点，都是与国际惯例接轨的重要内容，但仅仅在某些方面与国际惯例接轨是不够的，必须在建设工程监理领域多方面与国际惯例接轨。为此，应当认真学习和研究国际

上被普遍接受的规则，为我所用。

与国际惯例接轨可使我国的工程监理企业与国外同行按照同一规则同台竞争，这既可能表现在国外项目管理公司进入我国后与我国工程监理企业之间的竞争，也可能表现在我国工程监理企业走向世界，与国外同类企业之间的竞争。要在竞争中取胜，除有实力、业绩、信誉之外，不掌握国际上通行的规则也是不行的。我国的监理工程师和工程监理企业应当做好充分准备，不仅要迎接国外同行进入我国后的竞争挑战，而且也要把握进入国际市场的机遇，敢于到国际市场与国外同行竞争。在这方面，大型、综合素质较高的工程监理企业应当率先采取行动。

第二节　监理工程师

一、注册监理工程师的概念

注册监理工程师是指取得国务院建设主管部门颁发的《中华人民共和国注册监理工程师注册执业证书》和执业印章，从事建设工程监理与相关服务等活动的人员。

工程监理单位可以任命注册监理工程师为工程项目的总监理工程师或专业监理工程师，对外具有被赋予相应责任的签字权。工程监理单位在履行委托监理合同时，必须在工程建设现场建立项目监理机构。我国现将项目监理机构中工作的监理人员按其岗位职责不同分为四类，即总监理工程师、总监理工程师代表、专业监理工程师和监理员。

（一）总监理工程师

总监理工程师是由监理单位法定代表人书面授权，全面负责委托监理合同的履行、主持项目监理机构工作的国家注册监理工程师。

总监理工程师应履行下列职责：

（1）确定项目监理机构人员及其岗位职责。

（2）组织编制监理规划，审批监理实施细则。

（3）根据工程进展及监理工作情况调配监理人员，检查监理人员工作。

（4）组织召开监理例会。

（5）组织审核分包单位资格。

（6）组织审查施工组织设计、（专项）施工方案。

（7）审查开复工报审表，签发工程开工令、暂停令和复工令。

（8）组织检查施工单位现场质量、安全生产管理体系的建立及运行情况。

（9）组织审核施工单位的付款申请，签发工程款支付证书，组织审核竣工结算。

（10）组织审查和处理工程变更。

（11）调解建设单位与施工单位的合同争议，处理工程索赔。

（12）组织验收分部工程，组织审查单位工程质量检验资料。

（13）审查施工单位的竣工申请，组织工程竣工预验收，组织编写工程质量评估报告，参与工程竣工验收。

（14）参与或配合工程质量安全事故的调查和处理。

（15）组织编写监理月报、监理工作总结，组织整理监理文件资料。

（二）总监理工程师代表

经工程监理单位法定代表人同意，由总监理工程师书面授权，代表总监理工程师行使其部分职责和权力，具有工程类注册执业资格或具有中级及以上专业技术职称、3 年及以上工程实践经验并经监理业务培训的人员。

总监理工程师不得将下列工作委托给总监理工程师代表：

（1）组织编制监理规划，审批监理实施细则。

（2）根据工程进展及监理工作情况调配监理人员。

（3）组织审查施工组织设计、（专项）施工方案。

（4）签发工程开工令、暂停令和复工令。

（5）签发工程款支付证书，组织审核竣工结算。

（6）调解建设单位与施工单位的合同争议，处理工程索赔。

（7）审查施工单位的竣工申请，组织工程竣工预验收，组织编写工程质量评估报告，参与工程竣工验收。

（8）参与或配合工程质量安全事故的调查和处理。

（三）专业监理工程师

专业监理工程师是由总监理工程师授权，负责实施某一专业或某一岗位的监理工作，有相应监理文件签发权，具有工程类注册执业资格或具有中级及以上专业技术职称、2 年及以上工程实践经验并经监理业务培训的人员。

专业监理工程师应履行下列职责：

（1）参与编制监理规划，负责编制监理实施细则。

（2）审查施工单位提交的涉及本专业的报审文件，并向总监理工程师报告。

（3）参与审核分包单位资格。

（4）指导、检查监理员工作，定期向总监理工程师报告本专业监理工作实施情况。

（5）检查进场的工程材料、构配件、设备的质量。

（6）验收检验批、隐蔽工程、分项工程，参与验收分部工程。

（7）处置发现的质量问题和安全事故隐患。

（8）进行工程计量。

（9）参与工程变更的审查和处理。

（10）组织编写监理日志，参与编写监理月报。

（11）收集、汇总、参与整理监理文件资料。

（12）参与工程竣工预验收和竣工验收。

（四）监理员

监理员是指从事具体监理工作，具有中专及以上学历并经过监理业务培训的人员。监理员属于工程技术人员，不同于项目监理机构中的其他行政辅助人员。

监理员应履行下列职责：

（1）检查施工单位投入工程的人力、主要设备的使用及运行状况。

（2）进行见证取样。

（3）复核工程计量有关数据。

（4）检查工序施工结果。

（5）发现施工作业中的问题，及时指出并向专业监理工程师报告。

二、监理工程师的素质

为适应监理工作岗位责任的需要，监理工程师应比一般的工程师具有更高的管理素质，其素质要求由下列要素构成：

（1）精通专业知识。监理工程师首先应是一名合格的工程师。现代工程建设，投资巨大，技术复杂，可能涉及结构、电气、水利、机械、化工等多方面的专业知识。因此，不能要求监理工程师面面俱到，但要求他应是精通某一类型工程的工程师。因为只有这样，监理工程师才能对工程建设进行有效的监督管理工作。具有某一领域或某种工程的专业知识，是成为一名合格的监理工程师的基础。

（2）具有经济管理知识。管理学也是一门科学，是对人类行为进行有效地约束与督促的学问。监理工程师进行建设工程监理的过程中，对工程进度、质量、投资的控制，很大程度上是直接面对工程建设施工人员的。如果监理工程师具备工程管理学知识，就能在严格监督的前提下有效地调动工程建设队伍的积极性，从而保证监理目标的实现。另外，经济学知识也是监理工程师不可缺少的，尤其是对于项目的经济分析及合同管理方面的知识。具备这两方面知识，不但能使监理工程师参与可行性研究及项目决策、项目招投标工作，拓宽了监理工程师的工作领域，而且也方便了监理工程师的工作，以合同为依据展开监理业务并以合同为依据维护自身利益。

（3）要有丰富的工程实践经验。工程经验对监理工程师是十分重要的。没有丰富的实践经验，往往不能很好地利用已经掌握的理论基础知识，从而使建设监理业务不能顺利完成，甚至导致失败。在我国的有关法规中规定：参加监理工程师考试，必须具备一定年限以上的从事工程设计或工程施工的工作经验。这一规定，就是为了保证监理工程师具备丰富的实践工作经验。

（4）要具备一定的计算机知识。监理工程师在开展工作时，会遇到大量的信息处理问题，其中主要是一些施工过程的数据、合同管理、施工进度控制以及大量的施工日记、报表等。没有一定的计算机知识，就不能以现代化的信息处理手段来完成信息处理工作。

（5）具有充沛的精力。监理工程师应具有健康的身体和充沛的精力，这一点对于驻地工程师就更为重要了。监理工作流动性大，工作条件差，工作时间没有规律，有时为了完成监理任务，不得不连续工作十几个小时以上。这就决定了监理工程师必须具备健康的身体和充沛的精力。

三、监理工程师的职业道德与工作纪律

各行业都具有独特的道德和纪律，这是与职业特点相适应的。在国外，监理工程师的纪律与道德要求通常由监理工程师协会制定，用以约束监理工程师的行为。

（一）职业道德守则

（1）维护国家的荣誉和利益，按照"守法、诚信、公正、科学"的准则执业。

（2）执行有关工程建设的法律、法规、规范、标准和制度，履行监理合同规定的义务和职责。

（3）努力学习专业技术和建设监理知识，不断提高业务能力和监理水平。

（4）不以个人名义承揽监理业务。

（5）不同时在两个或两个以上监理单位注册和从事监理活动，不在政府部门和施工、材料设备的生产供应等单位兼职。

（6）不为所监理项目指定承建商、建筑构配件、设备、材料和施工方法。

（7）不收受被监理单位的任何礼金。

（8）不泄露所监理工程各方认为需要保密的事项。

（9）坚持独立自主地开展工作。

（二）工作纪律

（1）遵守国家的法律和政府的有关条例、规定和办法等。

（2）认真履行工程建设监理合同所承诺的义务和承担约定的责任。

（3）坚持公正的立场，公平地处理有关各方的争议。

（4）坚持科学的态度和实事求是的原则。

（5）在坚持按监理合同的规定向业主提供技术服务的同时，帮助被监理者完成其担负的建设任务。

（6）不以个人的名义在报刊上刊登承揽监理业务的广告。

（7）不得损害他人名誉。

（8）不泄露所监理的工程需保密的事项。

（9）不在任何承建商或材料设备供应商中兼职。

（10）不擅自接受业主额外的津贴，也不接受被监理单位的任何津贴。不接受可能导致判断不公的报酬。

四、注册监理工程师执业资格考试、注册

（一）注册监理工程师执业资格考试

（1）报考的条件：

1）工程技术或工程经济专业大专（含大专）以上学历，按照国家有关规定，取得工程技术或工程经济专业中级职务，并任职满 3 年；

2）按照国家有关规定，取得工程技术或工程经济专业高级职务；

3）1970 年（含 1970 年）以前工程技术或工程经济专业中专毕业，按照国家有关规定，取得工程技术或工程经济专业中级职务，并任职满 3 年。

（2）考试时间。每年进行一次，由中国建设监理协会发布考试大纲和考试时间。

（3）考试内容。考试科目共四门，第一门是监理概论与相关法规；第二门是三控制，内容包括质量控制、进度控制与投资控制；第三门是合同管理；第四门是案例分析，内容包括前面的所有内容。

（4）考试方式。闭卷答题，前三门全为客观题，案例分析为主观题。

（5）合格标准。全国统一分数线，允许在两年通过全部的四门科目。

（二）监理工程师的注册

监理工程师注册制度是政府对监理从业人员实行市场准入控制的有效手段。监理工程师经注册，即表明获得了政府对其以监理工程师名义从业的行政许可，因而具有相应岗位的责任和权力。仅取得《监理工程师执业资格证书》，没有取得《监理工程师注册证书》

的人员，则不具备这些权力，也不承担相应的责任。

监理工程师的注册，根据注册内容的不同分为3种形式，即初始注册、延续注册和变更注册。按照我国有关法规规定，监理工程师依据其所学专业、工作经历、工程业绩，按专业注册，每人最多可以申请两个专业注册，并且只能在一家建设工程勘察、设计、施工、监理、招标代理、造价咨询等企业注册。

1. 初始注册

经考试合格，取得《监理工程师执业资格证书》的，可以申请监理工程师初始注册，初始注册者，可自资格证书签发之日起3年内提出申请。逾期未申请者，须符合继续教育的要求后方可申请初始注册。

（1）申请初始注册，应具备以下条件：

1）经全国注册监理工程师执业资格统一考试合格，取得资格证书；

2）受聘于一家相关单位；

3）达到继续教育要求。

（2）申请监理工程师初始注册，一般要提供下列材料：

1）监理工程师注册申请表；

2）申请人的资格证书和身份证复印件；

3）申请人与聘用单位签订的聘用劳动合同复印件及社会保险机构出具的参加社会保险的清单复印件；

4）学历或学位证书、职称证书复印件，与申请注册相关的工程技术、工程管理工作经历和工程业绩证明；

5）逾期初始注册的，应提交达到继续教育要求的证明材料。

（3）申请初始注册的程序如下：

1）申请人向聘用单位提出申请；

2）聘用单位同意后，连同上述材料由聘用企业向所在省、自治区、直辖市人民政府建设行政主管部门提出申请；

3）省、自治区、直辖市人民政府建设行政主管部门初审合格后，报国务院建设行政主管部门；

4）国务院建设行政主管部门对初审意见进行考核，对符合注册条件者准予注册，并颁发由国务院建设行政主管部门统一印制的《监理工程师注册证书》和执业印章，执业印章由监理工程师本人保管。

国务院建设行政主管部门对监理工程师初始注册随时受理审批，并实行公示、公告制度，符合注册条件的进行网上公示，经公示未提出异议的予以批准确认。

2. 延续注册

监理工程师初始注册有效期为3年，注册有效期满要求继续执业的，需要办理延续注册。延续注册应提交下列材料：

（1）申请人延续注册申请表；

（2）申请人与聘用单位签订的劳动合同复印件及社会保险机构出具的参加社会保险的清单复印件；

（3）申请人注册有效期内达到继续教育要求的证明材料。

延续注册的有效期同样为 3 年，从准予延续注册之日起计算。国务院建设行政主管部门定期向社会公告准予延续注册的人员名单。

3．变更注册

监理工程师注册后，如果注册内容发生变更，如变更执业单位、注册专业等，应当向原注册管理机构办理变更注册。

变更注册需要提交下列材料：

（1）申请人变更注册申请表；

（2）申请人与新聘用单位签订的聘用劳动合同复印件及社会保险机构出具的参加社会保险的清单复印件；

（3）申请人的工作调动证明（与原聘用单位解除聘用劳动合同或者聘用劳动合同到期的证明文件、退休人员的退休证明）；

（4）在注册有效期内或有效期届满，变更注册专业的，应提供与申请注册专业相关的工程技术、工程管理工作经历和工程业绩证明，以及满足相应专业继续教育要求的证明材料；

（5）在注册有效期内，因所在聘用单位名称发生变更的，应提供聘用单位新名称的营业执照复印件。

4．注销注册

注册监理工程师如果有下列情形之一的，应当办理注销注册，交回注册证书和执业印章，注册管理机构将公告其注册证书和执业印章作废：

（1）不具有完全民事行为能力；

（2）申请注销注册；

（3）注册证书和执业印章已失效；

（4）依法被撤销注册；

（5）依法被吊销注册证书；

（6）受到刑事处罚；

（7）法律、法规规定应当注销注册的其他情形。

五、注册监理工程师的继续教育

（一）继续教育的目的

随着时代的进步，监理工程师要不断更新知识，通过继续教育使注册监理工程师能够及时掌握与工程监理有关的政策、法律法规和标准规范，熟悉工程监理与工程项目管理的新理论、新方法，了解工程建设新技术、新材料、新设备及新工艺，适时更新业务知识，不断提高注册监理工程师业务素质和执业水平，以适应开展工程监理业务和工程监理事业发展的需要。因此，注册监理工程师每年都要接受一定学时的继续教育。国际上一些国家，如美国、英国等，对执业人员的年度考核也有类似的要求。

（二）继续教育的学时

注册监理工程师在每一注册有效期（3 年）内应接受 96 学时的继续教育，其中必修课和选修课各为 48 学时。必修课 48 学时每年可安排 16 学时。选修课 48 学时按注册专业安排学时，只注册了 1 个专业的，每年接受该注册专业选修课 16 学时的继续教育；注册

2 个专业的，每年接受相应 2 个注册专业选修课各 8 学时的继续教育。

注册监理工程师申请变更注册时，在提出申请之前，应接受申请变更注册专业 24 学时选修课的继续教育。注册监理工程师申请跨省级行政区域变更执业单位时，在提出申请之前，还应接受新聘用单位所在地 8 学时选修课的继续教育。

注册监理工程师在公开发行的刊物上发表有关工程监理的学术论文，字数在 3000 字以上的，每篇可抵充选修课 4 学时；从事注册监理工程师继续教育授课工作和考试命题工作，每年每次可冲抵选修课 8 学时。

（三）继续教育的方式和内容

继续教育的方式有两种，即集中面授和网络教学。继续教育的内容主要有：

（1）必修课。必修课包括国家近期颁布的与工程监理有关的法律法规、标准规范和政策；工程监理与工程项目管理的新理论、新方法；工程监理案例分析；注册监理工程师职业道德。

（2）选修课。选修课包括地方及行业近期颁布的与工程监理有关的法规、标准规范和政策；工程建设新技术、新材料、新设备及新工艺；专业工程监理案例分析；需要补充的其他与工程监理业务有关的知识。

第三节　监理单位

监理单位是依法成立并取得国务院建设主管部门颁发的工程监理企业资质证书，从事建设工程监理活动的服务机构。工程监理企业应当按照其拥有的注册资本、专业技术人员和工程监理业绩等资质条件申请资质，经审查合格，取得相应等级的资质证书后，方可在其资质等级许可的范围内从事工程监理活动。

一、监理单位的企业组织形式

按照我国的相关法律规定，我国的企业组织形式分为 5 种：公司、合伙企业、个人独资企业、中外合资经营企业和中外合作经营企业。我国的工程监理企业有可能存在的企业组织形式包括：公司制监理企业、合伙监理企业、个人独资监理企业、中外合资经营监理企业和中外合作经营监理企业。本节重点介绍公司制监理企业、中外合资经营监理企业与中外合作经营监理企业。

（一）公司制监理企业

监理公司是以盈利为目的且依照法定程序设立的企业法人。我国公司制监理企业有以下特征：（1）必须是依照《中华人民共和国公司法》的规定设立的社会经济组织；（2）必须是以盈利为目的的独立企业法人；（3）自负盈亏，独立承担民事责任；（4）是完整纳税的经济实体；（5）采用规范的成本会计和财务会计制度。我国监理公司的种类有两种，即监理有限责任公司和监理股份有限公司。

1. 监理有限责任公司

监理有限责任公司，是指由 50 个以下的股东共同出资，股东以其所认缴的出资额对公司行为承担有限责任，公司以其全部资产对其债务承担责任的企业法人。其有如下特征：

（1）公司不对外发行股票，股东的出资额由股东协商确定。

（2）股东交付股金后，公司出具股权证书，作为股东在公司中拥有的权益凭证，这种凭证不同于股票，不能自由流通，必须在其他股东同意的条件下才能转让，且要优先转让给公司原有股东。

（3）公司股东所负责任仅以其出资额为限，即把股东投入公司的财产与其个人的其他财产脱钩，公司破产或解散时，只以公司所有的资产偿还债务。

（4）公司具有法人地位。

（5）在公司名称中必须注明有限责任公司字样。

（6）公司股东可以作为雇员参与公司经营管理。通常公司管理者也是公司的所有者。

（7）公司账目可以不公开，尤其是公司的资产负债表一般不公开。

2. 监理股份有限公司

监理股份有限公司是指全部资本由等额股份构成，并通过发行股票筹集资本，股东以其所认购股份对公司承担责任，公司以其全部资产对公司债务承担责任的企业法人。

设立监理股份有限公司可以采取发起设立或者募集设立方式。发起设立，是指由发起人认购公司应发行的全部股份而设立公司。募集设立，是指由发起人认购公司应发行股份的一部分，其余部分向社会公开募集而设立公司。其主要特征是：

（1）公司资本总额分为金额相等的股份。股东以其所认购的股份对公司承担有限责任。

（2）公司以其全部资产对公司债务承担责任。公司作为独立的法人，有自己独立的财产，公司在对外经营业务时，以其独立的财产承担公司债务。

（3）公司可以公开向社会发行股票。

（4）公司股东的数量有最低限制，应当有 5 个以上发起人，其中必须有过半数的发起人在中国境内有住所。

（5）股东以其所持有的股份享受权利和承担义务。

（6）在公司名称中必须标明股份有限公司字样。

（7）公司账目必须公开，便于股东全面掌握公司情况。

（8）公司管理实行两权分离。董事会接受股东大会委托，监督公司财产的保值增值，行使公司财产所有者职权；经理由董事会聘任，掌握公司经营权。

（二）中外合资经营监理企业与中外合作经营监理企业

1. 基本概念

中外合资经营监理企业是指以中国的企业或其他经济组织为一方，以外国的公司、企业、其他经济组织或个人为另一方，在平等互利的基础上，根据《中华人民共和国中外合资经营企业法》，签订合同，制定章程，经中国政府批准，在中国境内共同投资，共同经营，共同管理，共同分享利润，共同承担风险，主要从事工程监理业务的监理企业。其组织形式为有限责任公司。在合营企业的注册资本中，外国合营者的投资比例一般不得低于 25%。

中外合作经营监理企业是指中国的企业或其他经济组织同国外企业、其他经济组织或者个人，按照平等互利的原则和我国的法律规定，用合同约定双方的权利义务，在中国境内共同举办的、主要从事工程监理业务的经济实体。

2. 中外合资经营监理企业与中外合作经营监理企业的区别

（1）组织形式不同。中外合资经营监理企业的组织形式为有限责任公司，具有法人资格。中外合作经营监理企业可以是法人型企业，也可以是不具有法人资格的合伙企业。法人型企业独立对外承担责任，合作企业由合作各方对外承担连带责任。

（2）组织机构不同。中外合资经营监理企业是合营双方共同经营管理，实行单一的董事会领导下的总经理负责制。中外合作经营监理企业可以采取董事会负责制，也可以采取联合管理制，既可由双方组织联合管理机构管理，也可以由一方管理，还可以委托第三方管理。

（3）出资方式不同。中外合资经营监理企业一般以货币形式计算各方的投资比例。中外合作经营监理企业是以合同规定投资或者提供合作条件，以非现金投资作为合作条件，可不以货币形式作价，不计算投资比例。

（4）分配利润和分担风险的依据不同。中外合资经营监理企业按各方注册资本比例分配利润和分担风险。中外合作经营监理企业按合同约定分配收益或产品和分担风险。

（5）回收投资的期限不同。中外合资经营监理企业各方在合营期内不得减少其注册资本。中外合作经营监理企业则允许外国合作者在合作期限内先行收回投资，合作期满时，企业的全部固定资产归中国合作者所有。

二、监理单位的资质等级划分及业务范围

（一）监理单位资质等级标准

监理单位的资质按照等级分为综合资质、专业资质和事务所资质。其中，综合资质、事务所资质不分级别，专业资质按照工程性质和技术特点划分为若干工程类别。专业资质一般可分为甲级、乙级；其中，房屋建筑、水利水电、公路和市政公用专业资质可设立丙级。

甲级、乙级和丙级，按照工程性质和技术特点分为 14 个专业工程类别，每个工程类别按照工程规模或技术复杂程度又分为 3 个等级。

1. 综合资质标准

（1）具有独立法人资格且注册资本不少于 600 万元；

（2）具有 5 个以上工程类别的专业甲级工程监理资质；

（3）注册监理工程师不少于 60 人，注册造价工程师不少于 5 人，一级注册建造师、一级注册建筑师、一级注册结构工程师及其他勘察设计注册工程师累计不少于 15 人次；

（4）企业具有完善的组织结构和质量管理体系，有健全的技术、档案等管理制度；

（5）企业具有必要的工程试验检测设备；

（6）申请工程监理资质之日起前 2 年内没有规定禁止的行为；

（7）申请工程监理资质之日起前 2 年内没有因企业监理责任造成质量事故；

（8）申请工程监理资质之日起前 2 年内没有因企业监理责任发生三级以上工程建设重大安全事故或发生 2 起以上四级工程建设安全事故。

2. 专业资质标准

（1）甲级：

1）具有独立法人资格且注册资本不少于 300 万元；

2）企业技术负责人应为注册监理工程师，并具有 15 年以上从事工程建设工作经历或者具有工程类高级职称；

3）注册监理工程师、注册造价工程师、一级注册建造师、一级注册建筑师、一级注册结构师及其他勘察设计注册工程师累计不少于 25 人次；其中，相应专业注册监理工程师不少于"专业资质注册监理工程师人数配备表"（表 1－1）中要求配备的人数，注册造价工程师不少于 2 人；

4）企业近 2 年内独立监理过 3 个以上相应专业的二级工程项目；

5）企业具有完善的组织机构和质量管理体系，有健全的技术、档案等管理制度；

6）企业具有必要的工程试验检测设备；

7）申请工程监理资质之日起 2 年内没有规定禁止的行为；

8）申请工程监理资质之日起 2 年内没有因企业监理责任造成质量事故；

9）申请工程监理资质之日起 2 年内没有因本企业监理责任发生三级以上工程建设重大安全事故或者发生 2 起以上四级工程建设安全事故。

（2）乙级：

1）具有独立法人资格且注册资本不少于 100 万元；

2）企业技术负责人应为注册监理工程师，并具有 10 年以上从事工程建设工作的经历；

3）注册监理工程师、注册造价工程师、一级注册建造师、一级注册建筑师、一级注册结构师及其他勘察设计注册工程师累计不少于 15 人次；其中，相应专业注册监理工程师不少于"专业资质注册监理工程师人数配备表"（表 1－1）中要求配备的人数，注册造价工程师不少于 1 人；

4）有较完善的组织机构和质量管理体系，有技术、档案等管理制度；

5）有必要的工程试验检测设备；

6）申请工程监理资质之日起 2 年内没有规定禁止的行为；

7）申请工程监理资质之日起 2 年内没有因企业监理责任造成质量事故；

8）申请工程监理资质之日起 2 年内没有因本企业监理责任发生三级以上工程建设重大安全事故或者发生 2 起以上四级工程建设安全事故。

（3）丙级：

1）具有独立法人资格且注册资本不少于 50 万元；

2）企业技术负责人应为注册监理工程师，并具有 8 年以上从事工程建设工作经历；

3）相应专业注册监理工程师不少于"专业资质注册监理工程师人数配备表"（表 1－1）中要求配备的人数；

4）有必要的质量管理体系和规章制度；

5）有必要的工程试验检测设备。

表 1－1　专业资质注册监理工程师人数配备表

序　　号	工 程 类 别	甲　级	乙　级	丙　级
1	房屋建筑工程	15	10	5
2	冶炼工程	15	10	

序 号	工程类别	甲级	乙级	丙级
3	矿山工程	20	12	
4	化工石油工程	15	10	
5	水利水电工程	20	12	5
6	电力工程	15	10	
7	农林工程	15	10	
8	铁路工程	23	14	
9	公路工程	20	12	5
10	港口与航道工程	20	12	
11	航天航空工程	20	12	
12	通信工程	20	12	
13	市政公用工程	15	10	5
14	机械电子工程	15	10	

注：表中各专业资质注册监理工程师人数配备是指企业取得本专业工程类别注册的注册监理工程师人数。

3. 事务所资质标准

（1）取得合伙企业营业执照，具有书面合作协议书；

（2）合伙人中有 3 名以上注册监理工程师，合伙人均有 5 年以上从事建设工程监理的工作经历。

（3）有固定的工作场所。

（4）有必要的质量管理体系和规章制度。

（5）有必要的工程试验检测设备。

（二）业务范围

1. 综合资质

可以承担所有专业工程类别建设工程项目的工程监理业务。

2. 专业资质

（1）专业甲级资质：可承担相应专业工程类别建设工程项目的工程监理业务。

（2）专业乙级资质：可承担相应专业工程类别二级以下（含二级）建设工程项目的工程监理业务。

（3）专业丙级资质：可承担相应专业工程类别三级建设工程项目的工程监理业务。

3. 事务所资质

可承担三级建设工程项目的工程监理业务，但是，国家规定必须实行监理的工程除外。

此外，工程监理企业都可以开展相应类别建设工程的项目管理、技术咨询等业务。表 1-2 是房屋建筑工程、市政工程两个专业的等级划分具体标准。

表 1 - 2　房屋建筑工程、市政工程专业的等级划分

序号	工程类别		一级	二级	三级
一	房屋建筑工程	一般公共建筑	28 层以上；36m 跨度以上（轻钢结构除外）；单项工程建筑面积 3 万平方米以上	14 ~ 28 层；24 ~ 36m 跨度（轻钢结构除外）；单项工程建筑面积 1 万 ~ 3 万平方米	14 层以下；24m 跨度以下（轻钢结构除外）；单项工程建筑面积 1 万平方米以下
		高耸构筑工程	高度 120m 以上	高度 70 ~ 120m	高度 70m 以下
		住宅工程	小区建筑面积 12 万平方米以上；单项工程 28 层以上	建筑面积 6 万 ~ 12 万平方米；单项工程 14 ~ 28 层	建筑面积 6 万平方米以下；单项工程 14 层以下
二	市政公用工程	城市道路工程	城市快速路、主干路，城市互通式立交桥及单孔跨径 100m 以上桥梁；长度 1000m 以上的隧道工程	城市次干路工程，城市分离式立交桥及单孔跨径 100m 以下的桥梁；长度 1000m 以下的隧道工程	城市支路工程、过街天桥及地下通道工程
		给水排水工程	10 万吨/日以上的给水厂；5 万吨/日以上污水处理工程；$3m^3/s$ 以上的给水、污水泵站；$15m^3/s$ 以上的雨泵站；直径 2.5m 以上的给排水管道	（2 ~ 10）万吨/日的给水厂；（1 ~ 5）万吨/日污水处理工程；1 ~ $3m^3/s$ 的给水、污水泵站；5 ~ $15m^3/s$ 的雨泵站；直径 1 ~ 2.5m 的给水管道；直径 1.5 ~ 2.5m 的排水管道	2 万吨/日以下的给水厂；1 万吨/日以下污水处理工程；$1m^3/s$ 以下的给水、污水泵站；$5m^3/s$ 以下的雨泵站；直径 1m 以下的给水管道；直径 1.5m 以下的排水管道
		燃气热力工程	总储存容积 $1000m^3$ 以上液化气贮罐场（站）；供气规模 15 万立方米/日以上的燃气工程；中压以上的燃气管道、调压站；供热面积 150 万平方米以上的热力工程	总储存容积 $1000m^3$ 以下的液化气贮罐场（站）；供气规模 15 万立方米/日以下的燃气工程；中压以下的燃气管道、调压站；供热面积 50 万 ~ 150 万平方米的热力工程	供热面积 50 万平方米以下的热力工程
		垃圾处理工程	1200t/d 以上的垃圾焚烧和填埋工程	500 ~ 1200t/d 的垃圾焚烧和填埋工程	500t/d 以下的垃圾焚烧及填埋工程
		地铁轻轨工程	各类地铁轻轨工程		
		风景园林工程	总投资 3000 万元以上	总投资 1000 万 ~ 3000 万元	总投资 1000 万元以下

三、监理单位的资质管理

（一）工程监理企业的资质申请

申请工程监理企业资质，应当提交以下材料：

（1）工程监理企业资质申请表（一式三份）及相应电子文档。

（2）企业法人、合伙企业营业执照。

（3）企业章程或合伙人协议。

（4）企业法定代表人、企业负责人和技术负责人的身份证明、工作简历及任命（聘用）文件。

（5）工程监理企业资质申请表中所列注册监理工程师及其他注册执业人员的注册执业证书。

（6）有关企业质量管理体系、技术和档案等管理制度的证明材料。

（7）有关工程试验检测设备的证明材料。

取得专业资质的企业申请晋升专业资质等级或者取得专业甲级资质的企业申请综合资质的，除前款规定的材料外，还应当提交企业原工程监理企业资质证书正、副本复印件，企业《监理业务手册》及近两年已完成代表工程的监理合同、监理规划、工程竣工验收报告及监理工作总结。

（二）工程监理单位资质管理机构及其职责

根据我国现阶段管理体制，我国监理单位的资质管理确定的原则是"分级管理，统分结合"，按中央和地方两个层次进行管理。

国务院建设行政主管部门负责全国工程监理单位资质的统一管理工作。涉及铁道、交通、水利、信息产业、民航等专业工程监理资质的，由国务院铁道、交通、水利、信息产业、民航等有关部门配合国务院建设行政主管部门实施资质管理工作。

省、自治区、直辖市人民政府建设行政主管部门负责本行政区内工程监理单位资质的统一管理工作，省、自治区、直辖市人民政府交通、水利、通信等有关部门配合同级建设行政主管部门实施相关资质类别工程监理企业资质的管理工作。

（三）资质审批实行公示公告制度

资质初审工作完成后，初审结果先在中国工程建设信息网上公示。经公示后，对于工程监理单位符合资质标准的，予以审批，并将审批结果在中国工程建设信息网上公告。实行这一制度的目的是提高资质审批工作的透明度，便于社会监督，从而增强其公正性。

（四）违规处理

工程监理单位必须依法开展监理业务，全面履行委托监理合同约定的责任和义务。出现违规现象时，建设行政主管部门将依据情节给予必要的处罚。违规现象主要有以下几方面：

（1）以欺骗手段取得《工程监理企业资质证书》。

（2）超越本单位资质等级承揽监理业务。

（3）未取得《工程监理企业资质证书》而承揽监理业务。

（4）转让监理业务。国家有关法律法规明令禁止转让监理业务，转让监理业务是指监理单位不履行委托监理合同约定的责任和义务，将所承担的监理业务全部转给其他监理单位，或者将其肢解以后分别转给其他监理单位的行为。

（5）挂靠监理业务。国家有关法律法规明令禁止挂靠监理业务，挂靠监理业务是指监理单位允许其他单位或者个人以本单位名义承揽监理业务。

（6）与建设单位或者施工单位串通，弄虚作假，降低工程质量。

（7）将不合格的建设工程、建筑材料、建筑构配件和设备按照合格签字。

（8）工程监理单位与被监理工程的施工承包单位以及建筑材料、建筑构配件和设备供应单位有隶属关系或者其他利害关系，并承担该项建设工程的监理业务。

四、监理单位的责任

监理单位或监理人员在接受监理任务后应努力向项目业主或法人提供与之水平相适应的服务。相反，如果不能够按照监理委托合同及相应法律开展监理工作，委托单位可按照有关法律和监理委托合同对监理单位进行违约金处罚，或对监理单位进行起诉。如果违反法律，政府主管部门或检察机关可对监理单位及负有责任的监理人员进行提起诉讼。法律法规规定的监理单位和监理人员的责任有 3 个方面。

（一）工程监理的民事责任

对于工程项目监理，不按照委托监理合同的约定履行义务，对应当监督检查的项目不检查或不按规定检查，给建设单位造成损失的，应承担相应的赔偿责任。

与承包单位串通，为承包单位谋取非法利益，给建设单位造成损失的，应当与承包单位承担连带赔偿责任。

与建设单位或建筑施工企业串通，弄虚作假，降低工程质量的，责令改正、处以罚款、降低资质等级、吊销资质证书；有违法所得的予以没收；造成损失的，承担连带赔偿责任。

（二）工程监理的行政责任

（1）监理单位及监理人员未按法律法规、规范、强制性标准及监理委托合同规定完成相应工作造成质量事故，应当接受行政处罚。

（2）监理单位及监理人员未按法律法规、规范、强制性标准及监理委托合同规定完成相应工作造成安全事故，应当接受行政处罚。

（3）监理单位违法经营，如转让监理业务，擅自开业，超越许可范围，故意损害甲、乙方利益等，要接受政府行政处罚，如责令改正、没收违法所得；罚款、停业整顿、降低资质等级；吊销资质证书等。

（三）工程监理的刑事责任

监理人员违反国家法规、规范及工程建设强制性标准，降低工程质量标准，造成重大安全事故的，对直接责任人员处 5 年以下徒刑或拘役，并处罚金；特别严重的处 10 年以下徒刑或拘役，并处罚金。

【例1-1】某工程咨询公司，主要从事市政公用工程方面的咨询业务。该公司通过研究《工程监理企业资质管理规定》文件，认为已经具备从事市政公用工程监理的能力，符合丙级资质。为迅速拓展业务，该公司通过某种渠道与某业主签订了一座 20 层框架结构办公大楼监理业务，建筑面积为 4 万平方米。在监理过程中，给承包商提供方便，接受承包商生活补贴 5 万元。

【问题】

（1）工程咨询公司是否具备工程监理企业资质？

（2）工程咨询公司的行为有何不妥之处？

（3）工程咨询公司进行资质申请时，对于房屋建筑工程和市政公用工程，应适合申请哪一个工程类别，为什么？

（4）监理资质申请的程序以及需要提交的资料有哪些？

（5）工程咨询公司如果在市政公用监理业务范围申请成功，并运作规定的时间后，还想进一步承揽房屋建筑工程监理业务，其监理业务的主项资质和增项资质是什么？

【解析】

（1）工程咨询公司不具备工程监理企业的资质。

工程监理企业的资质应通过向相应的建设行政主管部门申请，经过批准后才能具备承揽监理工程的资格，而不是自己对照文件，认为符合规定的要求后，就自然取得资质。

（2）工程咨询公司的行为有如下不妥之处：

1）未取得工程监理资质而承揽监理业务。这违背了工程监理企业的守法经营准则。

2）在监理过程中，给承包商提供方便，接受承包商好处。这违背了工程监理企业的公正经营准则。

（3）工程咨询公司适合申请市政公用工程这个工程类别的监理业务。

因为该工程咨询公司主要从事市政公用工程的咨询工作，在该领域具有自身的优势。

（4）在工商部门登记注册取得企业法人营业执照后，即可向建设监理行政主管部门申请资质，申请资质时需要提供的材料有：

1）工程监理企业资质申请表（一式三份）及相应电子文档；

2）企业法人、合伙营业执照；

3）企业章程或合伙人协议；

4）企业法定代表人、企业负责人和技术负责人的身份证明、工作简历及任命（聘用）文件、监理工程师注册证书等有关证明材料；

5）工程监理人员的监理工程师注册证书；需要出具的其他有关证件、资料；

6）有关企业质量管理体系、技术和档案等管理制度的证明材料；

7）有关工程试验检测设备的证明材料。

（5）主项资质是市政公用工程监理，增项资质是房屋建筑工程监理。

思 考 题

1-1　我国设立工程监理制度的原因是什么？

1-2　国家规定哪些建设工程必须实行监理？

1－3 工程监理的性质有哪些？

1－4 监理工程师应该具备哪些方面的素质？

1－5 工程监理单位的资质等级标准是什么？

1－6 注册监理工程师继续教育的内容和学时要求是什么？

1－7 监理工程师的注册条件是什么？

1－8 工程监理有什么作用？

第二章　建设工程监理组织与组织协调

第一节　建设工程监理的组织形式

一、组织的含义

组织这个词非常的普遍，广义上说，组织是指由诸多要素按照一定方式相互联系起来的系统；狭义上说，组织就是指人们为了实现一定的目标，互相协作结合而成的集体或团体，如党团组织、工会组织、企业、军事组织等等。在现代社会生活中，组织是人们按照一定的目的、任务和形式编制起来的社会集团，组织不仅是社会的细胞、社会的基本单元，而且可以说是社会的基础。

组织一词还可以分为动词与名词来解释，当作为名词时，是指一个有效的工作集体，组织是每一种人群联合起来为达到某种共同的目标形式；作为动词来说，是指将众多的人组织起来，协调其行为，以实现某个共同目标。

组织是指人们为了使系统达到它的特定的目标，使全体参加者经过分工与协作以及设立不同层次的权力和责任制度，而构成的能够一体化运行的人的组合体。组织具有以下特点：

（1）目标是组织存在的前提。

（2）没有分工与协作就不是组织。

（3）没有不同层次的权力与责任制度就不能实现组织活动和组织目标。

此外，组织是系统的组织，组织是掌握知识、技术、技能的群体人的组织；组织的内部与外部之间必然需要信息沟通；组织是具有结构性整体，又是一体化运行的活动。

二、组织设计

组织设计就是对组织活动和组织结构的设计过程。有效的组织设计在提高组织活动效能方面有着重大作用。

（一）组织的构成因素

组织构成一般是上小下大的形式，由管理层次、管理跨度、管理部门、管理职能四大因素组成。各因素是密切相关、相互制约的。

（1）管理层次。管理层次是指从组织的最高管理者到最基层的实际工作人员之间的等级层次的数量。从最高管理者到最基层的实际工作人员权责逐层递减，而人数却逐层递增。

管理层次可分为三个层次，即决策层、协调层和执行层、操作层。在监理机构中，管理层次划分一样。决策层的任务是确定管理组织的目标和大政方针以及实施计划，必须精干、高效，由总监理工程师及其助手组成；协调层的任务主要是参谋、咨询，其人员应有较高的业务工作能力，执行层的任务是直接协调和组织人、财、物等具体活动内容，其人员应有实干精神并能坚决贯彻管理指令，由专业监理工程师组成，属承上启下管理层次；操作层的任务是从事操作和完成具体任务的，其人员应有熟练的作业技能，由监理员组成。

（2）管理跨度。管理跨度是指一名上级管理人员所直接管理的下级人数。某级管理人员的管理跨度的大小直接取决于这一级管理人员所需协调的工作量。管理跨度越大，领导者需要协调的工作量越大，管理的难度也越大。

管理跨度的大小与管理人员的性格、才能、个人精力、授权程度以及被管理者的素质有关。此外，还与职能的难易程度、工作的相似程度、工作制度和程序等客观因素有关。

管理跨度与管理层次成反比关系。组织机构的人数一定时，管理跨度大，管理层次就少；反之，管理跨度小，管理层次就大。组织设计时，应该通盘考虑各种因素，使管理跨度与层次之间关系达到组织管理的最合理要求。

（3）管理部门。组织设计中如果管理部门划分不合理，会造成控制、协调困难，浪费人力、物力、财力等。管理部门的划分要根据组织目标与工作内容确定，形成既有相互分工又有相互配合的组织结构。

（4）管理职能。组织设计确定各部门的职能，应使纵向的领导、检查、指挥灵活，达到指令传递快、信息反馈及时；使横向各部门间相互联系、协调一致，使各部门有职有责、尽职尽责。

（二）组织设计原则

项目监理机构的设计，关系到建设工程监理工作的成败，在组织机构设计中需考虑一些基本原则：

（1）目的性原则。项目组织机构设置的根本目的，是为了产生组织功能和实现管理总目标。从这一根本目标出发，就要求因目标设事，因事设岗，按编制设定岗位人员，以职责定制度和授予权力。

（2）高效精干的原则。组织机构的人员设置，以能实现管理所要求的工作任务为原则，尽量简化机构，做到高效精干。配备人员要严格控制二、三线人员，力求一专多能，一人多职。

（3）管理跨度和分层统一的原则。要根据领导者的能力和建设项目规模大小、复杂程度等因素去综合考虑，确定适当的管理跨度和管理层次。

（4）专业分工与协作统一的原则。分工就是按照提高管理专业化程度和工作效率的要求，把管理总目标和任务分解成各级、各部门、各人的目标和任务。当然，在组织中有分工也必须有协作，应明确各级、各部门、各人之间的协调关系与配合办法。

（5）弹性和流动的原则。建设项目的单一性、流动性、阶段性是其生产活动的特点，这必然会导致生产对象数量、质量和地点上的变化，带来资源配置上品种和数量的变化。这就要求管理工作和管理组织机构随之进行相应调整，以使组织机构适应生产的变化，即要求按弹性和流动的原则来建立组织机构。

（6）权责一致的原则。就是在组织管理中明确划分职责、权利范围，同等的岗位职务赋予同等的权力，做到权责一致。权大于责，会出现滥用权力；责大于权，会影响积极性。

（7）才职相称的原则。使每个人的才能与其职务上的要求相适应，做到才职相称，即人尽其才、才得其用、用得其所。

（8）经济效益原则。组织结构中的每个部门、每个人为了统一的目标，应组合成最适宜的结构形式，实行最有效的内部协调，使事情办得简洁而正确，减少重复和扯皮。

（三）组织活动基本原理

（1）要素有用原理。该原理是指人尽其才，物尽其用。

（2）主观能动性原理。该原理是指设法调动组织内个人的主观能动性。

（3）动态相关性原理。该原理是指事物在组合过程中，由于相关因子的作用，可以发生质变。整体效应不等于其各局部效应的简单相加，而是使得 $1+1$ 大于 2。

（4）规律效应性原理。该原理是指按组织活动规律来设计，按规律办事。

三、监理组织形式

监理工作是针对每一个具体项目而言的。监理单位受业主委托开展监理工作，必须建立相对应的项目监理组织。建设监理的组织机构即指项目监理机构，这与监理单位的组织是不同的，后者是公司的组织。项目监理组织是临时的，一旦项目完成，组织即宣告结束。项目监理组织通常要深入到工程建设的第一线。

组织形式是组织结构形式的简称，是指一个组织以什么样的结构方式去处理层次、跨度、部门设置和上下级关系。项目监理组织形式多种多样，通常有以下几种典型形式。

（一）直线制监理组织

直线制组织结构是最早出现的一种企业管理机构的组织形式，它是一种线性组织结构，其本质就是使命令线性化，即每一个工作部门，每一个工作人员都只有一个上级。其整个组织结构自上而下实行垂直领导，指挥与管理职能基本上由主管领导者自己执行，各级主管人对所属单位的一切问题负责，不设职能机构，只设职能人员协助主管人工作。图2－1所示为按建设子项目分解设立的直线制监理组织形式。

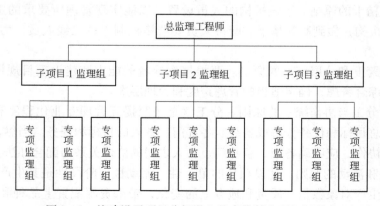

图2－1　按建设子项目分解设立的直线制监理组织形式

图2－2所示为按建设阶段分解设立的直线制监理组织形式。

这种监理组织结构形式的主要特点为：

（1）机构简单，权责分明，能充分调动各级主管人的积极性。

（2）权力集中，命令统一，决策迅速，下级只接受一个上级主管人的命令和指挥，命令单一严明。

（3）对主管领导者的管理知识和专业技能要求较高。要求总监理工程师通晓各种业务，通晓多种知识技能，成为"全能"式人物。

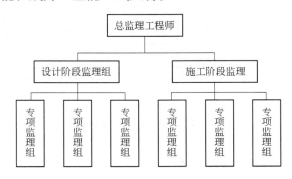

图2-2　按建设阶段分解设立的直线制监理组织形式

（二）职能制监理组织

这种监理组织形式，是在总监理工程师下设一些职能机构，分别从职能角度对基层监理组进行业务管理，并在总监理工程师授权的范围内，向下下达命令和指示。这种组织系统强调管理职能的专业化，即将管理职能授权给不同的专业部门。按职能制设立的监理组织结构形式如图2-3所示。

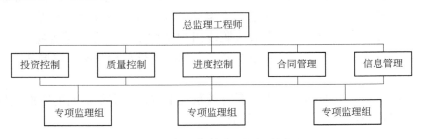

图2-3　职能制监理组织形式

职能制监理组织的主要特点为：

（1）有利于发挥专业人才的作用，有利于专业人才的培养和技术水平、管理水平的提高，能减轻总监理工程师负担。

（2）命令系统多元化，各个工作部门界限也不易分清，发生矛盾时，协调工作量较大。

（3）不利于责任制的建立和工作效率的提高。

职能制监理组织形式适用于工程项目在地理位置上相对集中的工程。

（三）直线职能制组织

这种组织系统吸收了直线制和职能制的优点，并形成了它自身的特点。它把管理机构和管理人员分为两类：一类是直线主管，即直线制的指挥机构和主管人员，他们只接受一个上级主管的命令和指挥，并对下级组织发布命令和进行指挥，而且对该单位的工作全面负责；另一类是职能参谋，即职能制的职能机构和参谋人员，他们只能给同级主管充当参谋、助手，提出建议或提供咨询。直线职能制组织形式如图2－4所示。

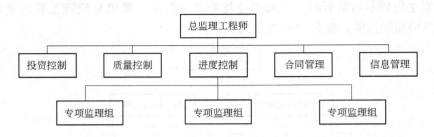

图2－4　直线职能制组织形式

这种监理组织结构的主要特点为：

（1）既能保持指挥统一、命令一致，又能发挥专业人员的作用。

（2）管理组织结构系统比较完整，隶属关系分明。

（3）重大的问题研究和设计有专人负责，能发挥专业人员的积极性，提高管理水平。

（4）职能部门与指挥部门易产生矛盾，信息传递路线长，不利于互通情报。

（5）管理人员多，管理费用大。

（四）矩阵制监理组织

矩阵制组织是美国在20世纪50年代创立的一种新的管理组织形式。从系统论的观点来看，解决质量控制和成本控制等问题都不能只靠某一部门的力量，需要集中各方面的人员共同协作。因此，该组织结构是在直线职能组织结构中，为完成某种特定的工程项目，从各部门抽调专业人员组织专门项目组织同有关部门进行平行联系，协调各有关部门活动并指挥参与工作的人员。

按矩阵制组织设立的监理组织由两套管理系统组成，一套是横向的职能机构系统，另一套为纵向的子项目系统，如图2－5所示。

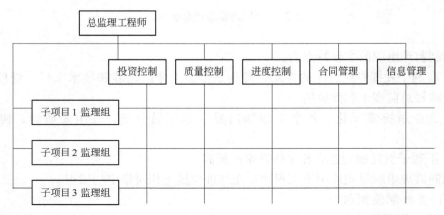

图2－5　矩阵制监理组织形式

矩阵制组织形式的优点表现在：

（1）解决了传统模式中企业组织和项目组织相互矛盾的状况，把职能原则与对象原则融为一体，求得了企业长期例行性管理和项目一次性管理的统一。

（2）能以尽可能少的人力，实现多个项目（或多项任务）的高效管理。因为通过职能部门的协调，可根据项目的需求配置人才，防止人才短缺或无所事事，项目组织因此就有较好的弹性应变能力。

（3）有利于人才的全面培养。不同知识背景的人员在一个项目上合作，可以使他们在知识结构上取长补短，拓宽知识面，提高解决问题的能力。

矩阵制的缺点表现在以下方面：

（1）由于人员来自职能部门，且仍受职能部门控制，这样就影响了他们在项目上积极性的发挥，项目的组织作用大为削弱。

（2）项目上的工作人员既要接受项目上的指挥，又要受到原职能部门的领导，当项目和职能部门的领导发生矛盾，当事人就难以适从。要防止这一问题的产生，必须加强项目和职能部门的沟通，还要有严格的规章制度和详细的计划，使工作人员尽可能明确干什么和如何干。

（3）管理人员若管理多个项目，往往难以确定管理项目的先后顺序，有时难免会顾此失彼。

矩阵制组织形式适用于在一个组织内同时有几个项目需要完成，而每个项目又需要有不同专长的人在一起工作才能完成这一特殊要求的工程项目。

四、监理组织建立步骤

（1）明确目标。根据工程建设监理合同确定监理组织的目标和任务，并划分为分解目标。

（2）确定监理工作内容。明确为了完成目标和任务所需要的各种监理活动，如工程变更、进度款审核、招标、检测等等，并把它们加以分门别类，如投资控制类、进度控制类、质量控制类等等。

（3）组织结构设计：

1）考虑工程的特点和任务，以及公司的人力资源情况，确定组织结构形式。

2）合理地确定管理层次，如决策层、中间控制层、作业控制层。

3）制定岗位职责。按权责一致，进行必要的授权，让其承担一定的责任。

4）选派监理人员。按老中青结合、专业配套、团队合作要求等要求配备监理工程师和监理员。

5）按职权关系，纵向横向地联系起来，形成组织结构并绘制组织结构图。

6）制定分工表。

（4）制定工作流程和考核标准。根据所分配的任务和工作，制定各项主要工作流程和考核标准。工作流程应把有关的部门和人员联系起来，并确定相关的协调措施。

（5）制定监理信息流程。各监理部门应当根据自己管理上的需要，确定所需信息的种类、内容、周期等，在信息管理部门的统一规划下制定监理信息流程图。

【例2－1】某市政工程分为四个施工标段。某监理单位承担了该工程施工阶段的监理

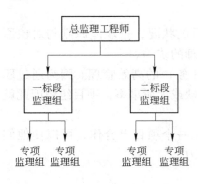

图2-6　一、二标段工程项目
监理机构组织形式

任务，一、二标段工程先行开工，项目监理机构组织形式如图2-6所示。

一、二标段工程开工半年后，三、四标段工程相继准备开工，为适应整个项目监理工作的需要，总监理工程师决定修改监理规划，调整项目监理机构组织形式，按四个标段分别设置监理组，增设投资控制部、进度控制部、质量控制部和合同管理部四个职能部门，以加强各职能部门的横向联系，使上下、左右集权与分权实行最优的结合。

总监理工程师调整了项目监理机构组织形式后，安排监理工程师代表按新的组织形式调配相应的监理人员，主持修改项目监理规划，审批项目监理实施细则，又安排质量控制部签发一标段工程的质量评估报告，并安排专人主持整理项目的监理文件档案资料。

【问题】

（1）图2-6所示项目监理机构属何种组织形式？说明其主要优点。

（2）调整后的项目监理机构属何种组织形式？画出该组织结构示意图，并说明其主要缺点。

（3）指出总监理工程师调整项目监理机构组织形式后安排工作的不妥之处，写出正确做法。

【解析】

（1）的解答如下：

1）直线制组织形式。

2）优点：机构简单，权力集中（或命令统一），职责分明，决策迅速，隶属关系明确。

（2）的解答如下：

1）矩阵制组织形式。

2）组织结构示意图如图2-7所示。

3）缺点：纵横协调工作量大；矛盾指令处理不当会产生扯皮现象。

（3）的解答如下：

1）安排总监理工程师代表调配相应监理人员不妥，应由总监理工程师负责调配。

2）安排总监理工程师代表主持修改项目监理规划不妥，应由总监理工程师主持修改。

3）安排总监理工程师代表审批项目监理实施细则不妥，应由总监理工程师审批。

4）安排质量控制部签发一标段质量评估报告不妥，应由总监理工程师和监理单位技术负责人签发。

5）指定专人主持整理监理文件档案资料不妥，应由总监理工程师主持。

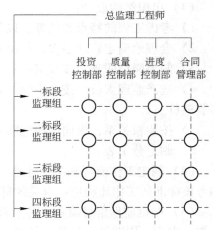

图2-7　组织结构示意图

第二节 建设工程监理模式与实施程序

一、建设工程监理模式

建设工程监理模式的选择与建设工程组织管理模式密切相关，监理模式对建设工程的规划、控制、协调起着重要作用。

（一）平行承发包模式条件下的监理模式

业主将建设工程的设计、施工以及材料设备采购的任务经过分解分别发包给若干个设计单位、施工单位和材料设备供应单位，并分别与各方签订合同。与建设工程平行承发包模式相适应的监理委托模式有以下两种主要形式：

（1）建设单位委托一家监理单位监理。这种监理模式是建设单位只委托一家监理单位为其提供监理服务，如图 2-8 所示。

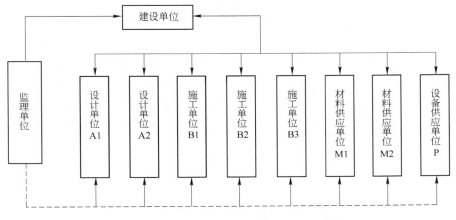

图 2-8 平行承发包模式条件下的监理模式

（2）建设单位委托多家监理单位监理。这种监理模式是建设单位委托多家监理单位为其提供监理服务，这种模式下，监理单位的监理对象单一，便于管理，但各监理单位之间相互协调与配合需要建设单位的协调，不利于建设工程的总体规划与协调控制，如图 2-9 所示。为了克服其不足，在实践中，对其模式进行改良，推出了建设单位委托"总监理工程师单位"的监理模式（图 2-10），负责协调各监理单位的工作，大大减轻了业主的管理压力。

（二）设计或施工总分包模式条件下的监理模式

对设计、施工总承包的承发包模式，建设单位可以委托一家监理单位进行全过程监理，如图 2-11 所示。也可以按设计阶段和施工阶段分别委托监理单位进行监理，如图 2-12 所示。

（三）项目总承包模式条件下的监理模式

在工程项目总承包模式下，建设单位与总承包商只签订一份工程总承包合同，建设单位应委托一家监理单位进行监理，如图 2-13 所示。

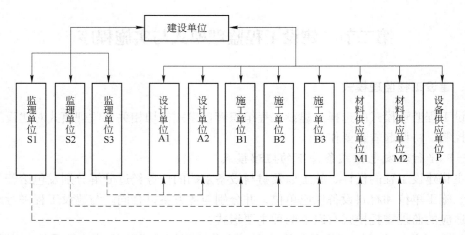

图2－9　建设单位委托多家监理单位监理

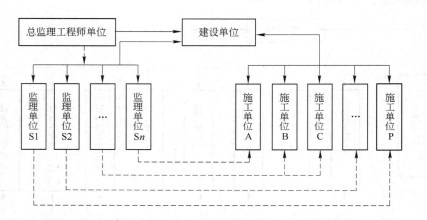

图2－10　建设单位委托"总监理工程师单位"的监理模式

二、建设工程监理实施程序

工程项目实施建设监理程序可以用图2－14表示。

（1）确定项目总监理工程师，成立项目监理机构。监理单位应根据建设工程的规模、性质、业主对监理的要求，委派称职的人员担任项目总监理工程师。总监理工程师是一个建设工程监理工作的总负责人，他对内向监理单位负责，对外向业主负责。

监理机构的人员构成是监理投标书中的重要内容，是业主在评标过程中认可的。总监理工程师在组建项目监理机构时，应根据监理大纲内容和签订的委托监理合同内容组建，并在监理规划和具体实施计划执行中进行及时的调整。工程监理单位应于委托监理合同签订10日内将项目监理机构的组织形式、人员构成及对总监理工程师的任命书书面通知建设单位。

（2）编制建设工程监理规划。建设工程监理规划是开展工程监理活动的纲领性文件，监理规划具体内容将在第四章中介绍。

（3）制定各专业监理实施细则。有关内容将在第四章中介绍。

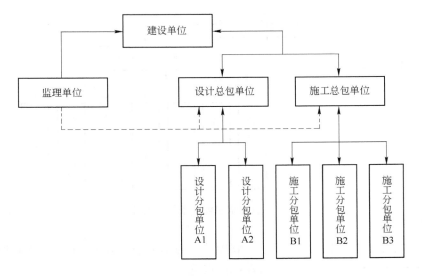

图 2-11　建设单位委托一家监理单位进行全过程监理

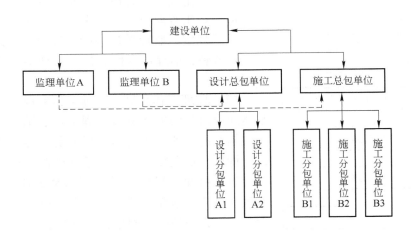

图 2-12　建设单位设计阶段和施工阶段分别委托监理单位进行监理

（4）规范化地开展监理工作。监理工作的规范化体现在：

1）工作的时序性。这是指监理的各项工作都应按一定的逻辑顺序先后展开。

2）职责分工的严密性。建设工程监理工作是由不同专业、不同层次的专家群体共同来完成的，他们之间严密的职责分工是协调进行监理工作的前提和实现监理目标的重要保证。

3）工作目标的确定性。在职责分工的基础上，每一项监理工作的具体目标都应是确定的，完成的时间也应有时限规定，从而能通过报表资料对监理工作及其效果进行检查和考核。

（5）参与验收并签署建设工程监理意见。建设工程施工完成以后，监理单位应在正式验交前组织竣工预验收，在预验收中发现的问题，应及时与施工单位沟通，提出整改要

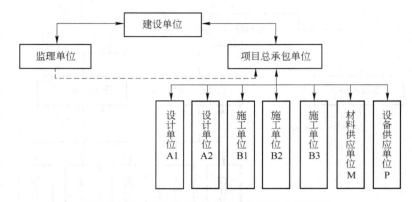

图 2-13　项目总承包模式条件下的监理模式

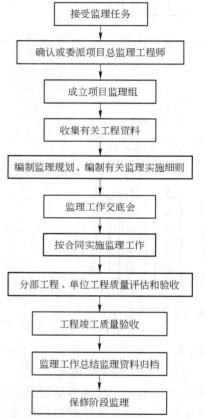

图 2-14　工程监理程序流程图

求。监理单位应参加业主组织的工程竣工验收，签署监理单位意见。

（6）向业主提交建设工程监理档案资料。建设工程监理工作完成后，监理单位向业主提交的监理档案资料应在委托监理合同文件中约定。如在合同中没有做出明确规定，监理单位一般应提交：设计变更、工程变更资料，监理指令性文件，各种签证资料等档案资料。

（7）监理工作总结。监理工作完成后，项目监理机构应及时从两方面进行监理工作总结。一方面是向业主提交的监理工作总结，其主要内容包括：委托监理合同履行情况概述，监理任务或监理目标完成情况的评价，由业主提供的供监理活动使用的办公用房、车辆、试验设施等的清单，表明监理工作终结的说明等；另一方面是向监理单位提交的监理工作总结，总结监理工作中的不足及改进的建议，其内容主要包括：监理工作的经验，可以是采用某种监理技术、方法的经验，也可以是采用某种经济措施、组织措施的经验，以及签订监理委托合同方面的经验，如何处理好与业主、承包单位关系的经验等。

【例 2-2】某业主将一栋 22 层的综合办公大楼，20000m^2 广场和 2km 长的场区道路委托给 A 监理公司进行施工阶段的监理，该三项工程同时开工，经过招标业主选择了 B、C、D 建筑公司分别承包该三项工程，B 建筑公司经过批准将综合办公楼的水电、暖通工程分包给 E 安装公司。

【问题】

（1）该工程的承发包模式和监理模式如何？

（2）根据工程特点，总监理工程师组建了直线制监理组织机构，并任命了总监理工程师代表，请画出监理组织结构示意图，并说明直线制监理组织结构的优缺点。

（3）在项目实施过程中，部分材料由业主提供，项目合同关系如图 2-15 所示，该合同关系是否正确？若不正确，正确的合同关系如何？

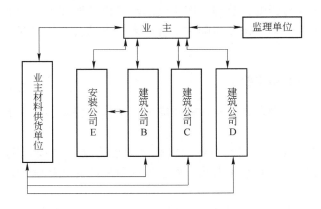

图 2-15　项目合同关系示意图

【解析】

本题要求掌握工程承发包模式和监理模式，熟悉直线制建立组织机构的绘制，正确地认识项目参与各方间的合同关系。

（1）该工程的承发包模式是传统的平行承发包模式，委托一家监理单位监理。

（2）总监理工程师组建的直线制监理组织机构如图 2-16 所示。

（3）不正确。正确的合同关系如图 2-17 所示（双向箭头代表合同关系，单项箭头代表监理与被监理的关系）。

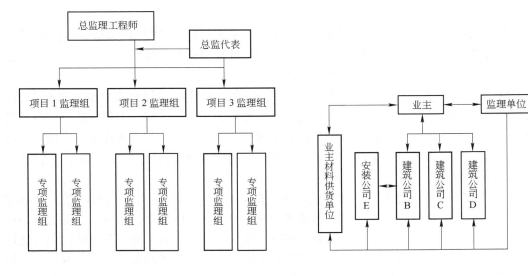

图 2-16　直线制监理组织结构示意图　　　　图 2-17　项目合同关系示意图

第三节　项目监理组织人员配备

监理人员的配备是监理工作的第一件大事，必须给予足够的重视。应根据项目的实际情况、监理任务的深度与密度、监理工作所处的环境以及所在监理企业的实际情况等来综合确定，形成一个职责明确、将才与帅才结合、老中青结合、优势互补，并有较强团队精神的监理组织。

一、项目监理人员的结构要求

项目监理机构要有合理人员结构才能适应监理工作的要求。合理的人员结构包括两个方面：

（1）合理的专业结构。合理的专业结构也就是各专业人员要配套，监理组织要具备与所承担的监理任务相适应的专业人员，如监理项目局部有些特殊性，则可以外聘某些特殊专业人员。

（2）合理的技术职务、职称结构。应根据建设工程的特点和建设工程监理工作的需要确定其技术职称、职务结构。这表现在高级职称、中级职称和初级职称的比例应与监理工作要求相称。一般来说，决策阶段、设计阶段的监理，具有高级职称及中级职称的人员在整个监理人员构成中应占绝大多数。施工阶段的监理，可有较多的初级职称人员从事实际操作。

二、项目监理机构监理人员数量的确定

（一）影响项目监理机构人员数量的因素

（1）工程建设强度。工程建设强度是指单位时间内投入的建设工程资金的数量，用下式表示：

$$工程建设强度 = 投资/工期$$

其中，投资和工期是指由监理单位所承担的那部分工程的建设投资和工期。一般投资费用可按工程估算、概算或合同价计算，工期是根据进度总目标及其分目标计算的。显然，工程建设强度越大，需投入的项目监理人数越多。

（2）建设工程复杂程度。涉及因素有：设计活动多少、工程地点位置、气候条件、地形条件、工程地质、施工方法、工程性质、工期要求、材料供应、工程分散程度等。根据各项因素的具体情况，可将工程分为若干工程复杂程度等级，如分成简单、一般、一般复杂、复杂、很复杂五级。显然，简单工程需要的项目监理人员较少，而复杂工程需要的项目监理人员较多。

（3）监理单位的业务水平。每个监理单位的业务水平和对某类工程的熟悉程度不完全相同，在监理人员素质、管理水平和监理的设备手段等方面也存在差异，这都会直接影响到监理效率的高低。高水平的监理单位可投入较少的监理人力完成一个建设工程的监理工作，而一个经验不多或管理水平不高的监理单位则需投入较多的监理人力。因此，应根据自己的实际情况制定监理人员需要量定额。

（4）项目监理机构的组织结构和职能分工。组织结构情况关系到具体的监理人员配

备，务必使项目监理机构任务职能分工的要求得到满足，必要时，还需根据项目监理机构的职能分工对监理人员的配备作进一步的调整。有时监理工作需委托专业咨询机构或专业检测、检验机构进行，在这种情况下，项目监理机构的监理人员数量可适当减少。

（5）项目承包商的业务水平。承包商的技术水平、项目管理机构的质量管理体系、技术管理体系、质量保证体系越完善，相应监理工作量越小一些，监理人员配备可少一些。反之，要增加监控力度，人员要多一些。

（二）项目监理机构监理人员数量的确定方法

由于各个项目的差异很大，项目监理机构监理人员数量很难只用一个办法来确定。工程项目所涉及的专业数量、项目的技术要求、项目的承包商数量、占地范围、工作环境都会影响监理人员数量配备。监理人员数量确定为多少合适，关键是要满足监理工作的需要，并且一般不得少于三人。一般可按一年完成的投资额再经过各种修正来确定监理人员数量。另外，要根据项目监理工作的需要进行数量上的增减或人员调整，调整时要考虑工作的延续与交接。

第四节　建设工程监理的组织协调

一、组织协调的概念与原则

（一）组织协调的概念

协调就是联结、联合、调和所有的活动及力量，使各方配合得适当，其目的是促使各方协同一致，以实现预定的目标。协调工作应贯穿于整个建设工程实施及其管理的全过程。

建设工程系统就是一个由人员、物质、信息等构成的人为组织系统。用系统方法分析，建设工程的协调一般有三大类：一是"人员/人员界面"；二是"系统/系统界面"；三是"系统/环境界面"。从系统方法的角度看，协调分为系统内部协调和系统外部协调。系统外部的协调又分为近外层协调和远外层协调。近外层和远外层的主要区别是，建设工程与近外层关联单位一般有合同关系，与远外层关联单位一般没有合同关系，如政府、社会团体、宣传媒体等。

（二）组织协调的原则

（1）以人为本，相互理解；

（2）公正待人；

（3）原则性和灵活性相结合；

（4）调和冲突，化解矛盾；

（5）顾全大局，服从整体。

二、监理与业主的协调

建设监理是受建设单位的委托而独立、公正进行的工程项目监理工作。监理实践证明，监理目标的顺利实现和与建设单位的协调有很大的关系。监理工程师应从以下几方面加强与业主的协调：

（1）监理工程师首先要理解建设工程总目标及业主的意图。对于未能参加项目决策过程的监理工程师，必须了解项目构思的基础、起因、出发点，否则可能对监理目标及完成任务有不完整的理解，会给工作造成很大的困难。

（2）利用工作之便做好监理宣传工作，增进业主对监理工作的理解，特别是对建设工程管理各方职责及监理程序的理解；主动帮助业主处理建设工程中的事务性工作，以自己规范化、标准化、制度化的工作去影响和促进双方工作的协调一致。

（3）尊重业主，让业主一起投入建设工程全过程。尽管有预定的目标，但建设工程实施必须执行业主的指令，使业主满意。对业主提出的某些不适当的要求，只要不属于原则问题，都可先执行，然后利用适当时机、采取适当方式加以说明或解释；对于原则性问题，可采取书面报告等方式说明原委，尽量避免发生误解，以使建设工程顺利实施。

三、监理与承包商的协调

监理工程师对质量、进度和投资的控制都是通过承包商的工作来实现的，所以做好与承包商的协调工作是监理工程师组织协调工作的重要内容。协调时坚持原则，实事求是，严格按规范、规程办事，讲究科学态度。协调不仅是方法、技术问题，更多的是语言艺术、感情交流和用权适度问题。

与承包商的协调工作主要集中在施工阶段，在施工期间工作环境恶劣、复杂，监理要注重以下协调工作内容：

（1）与承包商项目经理关系的协调。从承包商项目经理及其工地工程师的角度来说，他们最希望监理工程师是公正、通情达理并容易理解别人的；希望从监理工程师处得到明确而不是含糊的指示，并且能够对他们所询问的问题给予及时的答复；希望监理工程师的指示能够在他们工作之前发出。他们可能对本本主义者以及工作方法僵硬的监理工程师最为反感。这些心理现象，作为监理工程师来说，应该非常清楚。一个既懂得坚持原则，又善于理解承包商项目经理的意见，工作方法灵活，随时可能提出或愿意接受变通办法的监理工程师肯定是受欢迎的。

（2）进度问题的协调。对于进度问题的协调，应考虑到影响进度因素错综复杂，协调工作也十分复杂。实践证明，有两项协调工作很有效：一是业主和承包商双方共同商定一级网络计划，并由双方主要负责人签字，作为工程施工合同的附件；二是设立提前竣工奖，由监理工程师按一级网络计划节点考核，分期支付阶段工期奖，如果整个工程最终不能保证工期，由业主从工程款中将已付的预付工期奖扣回并按合同规定予以罚款。

（3）质量问题的协调。质量控制是监理合同中最主要的工作内容，按照工程质量验收标准，在质量控制方面应实行监理工程师质量签字认可制度。对没有出厂证明、不符合使用要求的原材料、设备和构件，不准使用；对工序交接实行报验签证；对不合格的工程部位不予验收签字，也不予计算工程量，不予支付工程款。在建设工程实施过程中，设计变更或工程内容的增减是经常出现的，有些是合同签订时无法预料和明确规定的。对于这种变更，监理工程师要认真研究，合理计算价格，与有关方面充分协商，达成一致意见，并实行监理工程师签证制度。

（4）安全问题的协调。安全工作是项目效益的根本，虽然业主可能并不对施工过程感兴趣，但是一旦发生安全事故，造成人民生命和财产损失，不论责任在哪一方，轻则造成不良影响，重则延误工期甚至使项目失去使用价值。监理工程师应提醒施工企业把"安全"始终放在"第一"的位置，同时在审查施工方案或有关专项技术措施时要突出"安全第一"的方针，不得以发生事故的概率小为由而去冒险。在巡视、检查、旁站时也应注意发现隐患并要求施工单位及时采取有效措施消除隐患，来达到预防的目的。

（5）中间计量与支付的签证协调。在建设工程实施过程中，中间计量与支付的签证是监理工程师必须进行的必要程序，是控制工程质量和投资控制的一个主要措施。监理工程师要认真计量与审核，合理计算价格，与有关方面充分协商，达成一致意见，并实行监理工程师签证制度。

（6）对承包商违约行为的处理。在施工过程中，监理工程师对承包商的某些违约行为进行处理是一件很慎重而又难免的事情。当发现承包商采用一种不适当的方法进行施工，或是用了不符合合同规定的材料时，监理工程师除了立即制止外，可能还要采取相应的处理措施。遇到这种情况，监理工程师应该考虑的是自己的处理意见是否是监理权限以内的，根据合同要求，自己应该怎么做等等。在发现质量缺陷并需要采取措施时，监理工程师必须立即通知承包商。监理工程师要有时间期限的概念，否则承包商有权认为监理工程师对已完成的工程内容是满意或认可的。

（7）合同争议的协调。对于工程中的合同争议，监理工程师应首先采用协商解决的方式，协商不成时才由当事人向合同管理机关申请调解。只有当对方严重违约而使自己的利益受到重大损失且不能得到补偿时才采用仲裁或诉讼手段。如果遇到非常棘手的合同争议问题，不妨暂时搁置而等待时机，另谋良策。

（8）对分包单位的管理。主要是对分包单位明确合同管理范围，分层次管理。将总包合同作为一个独立的合同单元进行投资、进度、质量控制和合同管理，不直接和分包合同发生关系。对分包合同中的工程质量、进度进行直接跟踪监控，通过总包商进行调控、纠偏。分包商在施工中发生的问题，由总包商负责协调处理，必要时，监理工程师帮助协调。当分包合同条款与总包合同发生抵触时，以总包合同条款为准。此外，分包合同不能解除总包商对总包合同所承担的任何责任和义务。分包合同发生的索赔问题，一般由总包商负责，涉及总包合同中业主义务和责任时，由总包商通过监理工程师向业主提出索赔，由监理工程师进行协调。

（9）处理好人际关系。在监理过程中，监理工程师处于一种十分特殊的位置。业主希望得到独立、专业的高质量服务，而承包商则希望监理单位能对合同条件有一个公正的解释。因此，监理工程师必须善于处理各种人际关系，既要严格遵守职业道德，礼貌而坚决地拒收任何礼物，以保证行为的公正性，也要利用各种机会增进与各方面人员的友谊与合作，以利于工程的进展。否则，便有可能引起业主或承包商对其可信赖程度的怀疑。

四、监理与设计单位的协调

设计单位为工程项目建设提供图纸，做出工程预算，以及修改设计等，是工程项目主要相关单位之一。监理单位必须协调设计单位的工作，以加快工程进度，确保质量，降低消耗。

（1）真诚尊重设计单位的意见，在设计单位向承包商介绍工程概况、设计意图、技术要求、施工难点等时，注意标准过高、设计遗漏、图纸差错等问题，应在施工之前解决；施工阶段，严格按图施工；结构工程验收、专业工程验收、竣工验收等工作，约请设计代表参加；若发生质量事故，认真听取设计单位的处理意见等。

（2）如果施工中发现设计问题，应及时向设计单位提出，以免造成大的直接损失。

（3）注意信息传递的及时性和程序性。

这里要注意的是，监理单位与设计单位都是由建设单位委托进行工作的，两者间并没有合同关系，所以监理单位主要是和设计单位做好交流工作，协调要靠建设单位的支持。

五、监理与政府部门及其他单位的协调

（一）与政府部门的协调

（1）工程质量监督站是由政府授权的工程质量监督的实施机构，对委托监理的工程，质量监督站主要是核查勘察设计、施工单位的资质和工程质量检查。监理单位在进行工程质量控制和质量问题处理时，要做好与工程质量监督站的交流和协调工作。

（2）如果发生重大质量事故，在承包商采取急救、补救措施的同时，应敦促承包商立即向政府有关部门报告情况，接受检查和处理。

（3）建设工程合同应送公证机关公证，并报政府建设管理部门备案；征地、拆迁、移民要争取政府有关部门的支持和协作；现场消防设施的配置，宜请消防部门检查认可；要敦促承包商在施工中注意防止环境污染，坚持做到文明施工。

（二）协调与社会团体的关系

一些大中型工程项目建成后，不仅会给业主带来效益，还会给该地区的经济发展带来好处，同时给当地人民生活带来方便。争取社会各界对建设工程的关心和支持，这是一种争取良好社会环境的协调。良好的社会环境为项目的目标实现提供有力保障。

六、建设监理组织协调方法

（一）会议协调法

会议协调法是建设工程监理中最常用的一种协调方法，实践中常用的会议协调法包括第一次工地会议、监理例会、专业性监理会议等。

1. 第一次工地会议

第一次工地会议是建设工程尚未全面展开前，履约各方相互认识、确定联络方式的会议，也是检查开工前各项准备工作是否就绪并明确监理程序的会议。应在项目总监理工程师下达开工令之前举行，由建设单位主持召开会议，由监理单位、总承包单位的授权代表参加，也可要求分包单位参加，必要时邀请有关设计单位人员参加。

2. 监理例会

监理例会是由总监理工程师主持，按一定程序召开的，研究施工中出现的计划、进度、质量及工程款支付等问题的工地会议。监理例会应当定期召开，宜每周召开一次。参加人包括：项目总监理工程师（也可为总监理工程师代表）、其他有关监理人员、承包商项目经理、承包单位其他有关人员。需要时，还可邀请其他有关单位代表参加。会议的主要议题一般如下：对上次会议存在问题的解决和纪要的执行情况检查；工程进展情况；对下月（周）的进度预测；施工单位投入人力设备情况；施工质量，加工订货、材料的质量与供应情况。会议记录由监理工程师写成纪要，经与会各方签字认可，然后分发给有关

各单位。

3. 专业性监理会议

除定期召开工地监理例会以外，还应根据需要组织召开一些专业性协调会议，例如加工订货会、业主直接分包的工程内容承包单位与总包单位之间的协调会、专业性较强的分包单位进场协调会等，由授权的监理工程师主持会议。

（二）交谈协调法

交谈包括面对面的交谈和电话交谈两种形式。无论是内部协调还是外部协调，这种方法使用频率都是相当高的。其作用在于以下几个方面：

（1）保持信息畅通。交谈本身没有合同效力，并且具有方便性和及时性，所以建设工程参与各方之间及监理机构内部都愿意采用。

（2）寻求协作和帮助。采用交谈方式请求协作和帮助比采用书面方式实现的可能性要大。

（3）及时发布工程指令。监理工程师一般都采用交谈方式先发布口头指令，这样，一方面可以使对方及时地执行指令，另一方面可以和对方进行交流，了解对方是否正确地理解了指令。随后再以书面形式加以确认。

（三）书面协调法

当会议或者交谈不方便或不需要时，或者需要精确地表达自己的意见时，就会用到书面协调的方法。书面协调法的特点是具有合同效力，一般常用于以下几方面：

（1）不需双方直接交流的书面报告、报表、指令和通知等。

（2）需要以书面形式向各方提供详细信息和情况通报的报告、信函和备忘录等。

（3）事后对会议记录、交谈内容或口头指令的书面确认。

（四）访问协调法

访问协调法主要用于外部协调中，有走访和邀访两种形式。

（1）走访是指监理工程师在建设工程施工前或施工过程中，对与工程施工有关的各政府部门、公共事业机构、新闻媒介或工程毗邻单位等进行访问，向他们解释工程的情况，了解他们的意见。

（2）邀访是指监理工程师邀请上述各单位（包括业主）代表到施工现场对工程进行指导性巡视，了解现场工作。

（五）情况介绍法

情况介绍法通常是与其他协调方法紧密结合在一起的，它可能是在一次会议前，或是一次交谈前，或是一次走访或邀访前向对方进行的情况介绍。形式上主要是口头的，有时也伴有书面的。介绍往往作为其他协调的引导，目的是使别人首先了解情况。

总之，组织协调是一种管理艺术和技巧，监理工程师需要掌握领导科学、心理学、行为科学方面的知识和技能，知识面要宽，要有较强的工作能力，能够因地制宜、因时制宜地处理问题，采取合适的协调方法，保证工作顺利进行。

思 考 题

2-1 组织结构的要素是什么？

2-2　管理跨度与管理层次之间什么关系？

2-3　试举例说明四种监理组织结构的适用条件。

2-4　组织结构设计的原则是什么？

2-5　影响监理人员数量的因素有哪些？

2-6　建设监理组织协调的方法有哪些？

2-7　阐述建设工程监理实施程序。

2-8　建设单位可选择哪些委托监理模式，各自的优缺点如何？

2-9　监理的协调对象有哪些？

第三章　建设工程监理目标控制

第一节　目标控制概述

一、控制的程序和基本环节

目标控制的基本原理首先表现在控制的过程上，不论是进度控制、质量控制，还是投资控制，其控制的一般过程都包括：投入、转换、反馈、对比和纠偏等基本环节性工作，继而是新的一轮循环，并且是在新的水平、新的高度上进行循环。

（一）控制的程序

控制程序如图 3 - 1 所示。从图中可以看出控制过程：控制是在事先制订的计划基础上进行的，计划要有明确的目标。工程开始实施，要按计划要求将所需的人力、材料、设备、机具、方法等资源和信息进行投入。于是计划开始运行，工程得以进展，并不断输出实际的工程状况和实际的投资、进度、质量目标。由于外部环境和内部系统的各种因素变化的影响，实际输出的投资、进度、质量目标有可能偏离计划目标。为了最终实现计划目标，控制人员要收集工程实际情况和其他有关的工程信息，将各种投资、进度、质量数据和其他有关工程信息进行整理、分类和综合，提出工程状态报告。控制部门根据工程状态报告将项目实际完成的投资、进度、质量状况与相应的计划目标进行比较，以确定是否偏离了计划。如果计划运行正常，那么就按原计划继续运行；反之，如果实际输出的投资、进度、质量目标已经偏离计划目标，或者预计将要偏离，就需要采取纠正措施，或改变投入，或修改计划，或采取其他纠正措施，使工程建设及其计划呈现一种新状态，使工程能够在新的计划状态下进行。

一个建设项目目标控制的全过程就是由这样的一个个循环过程所组成的。循环控制要持续到项目建设动用。控制贯穿项目的整个建设过程。

（二）控制过程的基本环节性工作

从控制的每个循环中我们可以清楚地看到控制过程的基本环节性工作。对于每个控制循环来说，如果缺少这些基本环节中的某一个，这个循环就不健全，就会降低控制的有效性，就不能发挥循环控制的整体作用。每一个控制过程都要经过投入、转换、反馈、对比、纠正等基本步骤。因此，做好投入、转换、反馈、对比、纠正各项工作就成了控制过程的基本环节性工作。

1. 投入——按计划要求投入

控制过程首先从投入开始。一项计划能否顺利地实现，基本条件首先是能否按计划所要求的人力、财力、物力进行投入。计划确定的资源数量、质量和投入的时间是保证计划实施的基本条件，也是实现计划目标的基本保障，因此，要使计划能够正常实施并达到预

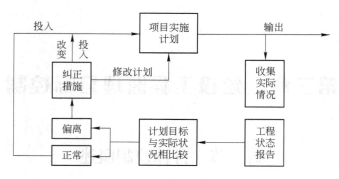

图3-1　控制流程图

计目标，就应当保证能够将质量、数量符合计划要求的资源按规定时间和地点投入到工程建设中去。

　　监理工程师如果能够把握住对"投入"的控制，也就把握住了控制的起点要素。

　　2. 转换——做好转换过程的控制工作

　　所谓转换，主要是指工程项目的实现总是要经由投入到产出的转换过程。正是由于这样的转换才使投入的材料、劳力、资金、方法、信息转变为产出品，如设计图纸、分项（分部）工程、单位工程、单项工程，最终输出完整的工程项目。在转换过程中，计划的运行往往会受到来自外部环境和内部系统多因素干扰，造成实际工程偏离计划轨道。而这类干扰往往是潜在的，未被人们所预料或人们无法预料的。同时，由于计划本身不可避免地存在着程度不同的各种问题，因而造成期望的输出与实际输出之间发生偏离。比如，计划没有经过科学的资源可行性分析、技术可行性分析、经济可行性分析和财务可行性分析，在计划实施过程中就难免发生各种问题。

　　3. 反馈——控制的基础工作

　　对一项即使认为制订得相当完善的计划，控制人员也难以对它运行的结果有百分之百的把握。因为计划实施过程中，实际情况的变化是绝对的，不变是相对的。每个变化都会对预定目标的实现带来一定的影响。因此，控制人员、控制部门对每项计划的执行结果是否达到要求都十分关注。例如，外界环境是否与所预料的一致？执行人员是否能切实按计划要求实施？执行过程会不会发生错误？等等。而这些正是控制功能的必要性之所在。因此，必须在计划与执行之间建立密切的联系，需要及时捕捉工程信息并反馈给控制部门来为控制服务。

　　控制部门需要什么信息，取决于监理工作的需要。信息管理部门和控制部门应当事先对信息进行规划，这样才能获得控制所需要的全面、准确、及时的信息。

　　4. 对比——以确定是否偏离

　　对比是将实际目标成果与计划目标比较，以确定是否偏离。因此，对比工作的第一步是收集工程实际成果并加以分类、归纳，形成与计划目标相对应的目标值，以便进行比较。对比的第二步是对比较结果的判断。什么是偏离？偏离就是指那些需要采取纠正措施的情况。凡是判断为偏离的情况，就是那些已经超过了"度"的情况。因此，对比之前必须确定衡量目标偏离的标准。这些标准可以是定量的，也可以是定性的，还可采用定量与定性相结合的方式。

5. 纠正——取得控制效果

对偏离计划的情况要采取措施加以纠正。如果是轻度偏离，通常可采用较简单的措施进行纠偏。比如，对进度稍许拖延的情况，可适当增加人力、机械、设备等的投入量就可以解决。如果目标有较大偏离，则需要改变局部计划才能使计划目标得以实现。如果已经确认原定计划目标不可能实现，那就要重新确定目标，然后根据新目标制订新计划，使工程在新的计划状态下运行。当然，最好的纠偏措施是把管理的各项职能结合起来，采取系统的办法实施纠偏。这就不仅要在计划上做文章，还要在组织、人员配备、领导等方面进行综合性的纠偏。控制过程各项基本环节工作之间的关系如图3-2所示。

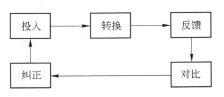

图3-2 控制过程各项基本环节
工作之间的关系图

总之，每一次控制循环结束都有可能使工程呈现一种新的状态，或者是重新修订计划，或者是重新调整目标，使其在这种新状态下继续开展。同时，还应使内部管理呈现一种新状态，力争使工程运行出现一种新气象。

二、目标控制类型

根据控制划分依据的不同，可将控制分为不同的类型。例如，按照控制措施作用于控制对象的时间，可分为事前控制、事中控制和事后控制；按照控制的目标与标准的不同分为作业控制与结果控制；按控制措施的作用范围分为局部控制与全面控制；按照控制措施制定的出发点，可分为主动控制和被动控制。控制类型划分是人为的，是根据不同的分析目的而选择的，而控制措施本身是客观的，同一控制措施可以表述为不同的控制类型。我们着重讨论事中控制、主动控制和被动控制。

（一）事中控制

事中控制又称为现场控制。由图3-3可以看出，这类控制工作的信息反馈与纠正措施都是处于正在进行当中的计划执行过程或工程建设项目的设计、施工转换过程之中，它是基层监理人员主要采用的一种控制工作方法。监理人员通过深入现场、巡视旁站、监督检查，并立即采取纠正措施，以保证控制目标的实现。

工程项目建设监理的事中控制包括的内容有：

（1）向受控人员明确恰当的工作方法和工作过程；

（2）监督检查受控人员的工作以保证工程项目建设目标及其计划的实现；

（3）实时收集工程项目建设中的各种信息；

（4）发现不合标准或与项目总目标及其分解目标相比有偏差时，立即采取纠偏措施。

在实际的施工监理工作中，大量的控制工作都是属于事中控制。例如，现场灌注混凝土时，对原材料的质量控制，对混凝土拌和质量的控制，对浇筑和振捣质量的控制都是现场的事中控制；钻孔灌注桩的孔深测量、沉渣测量，基坑开挖时对位移及沉降的监测和投资控制中的现场计量测量、暂定金额的使用，对隐蔽工程的验收（主要项目有地基与基础工程、主体结构各部位的钢筋工程、防水工程等）都是事中控制。因此，应对混凝土浇筑、室内土方回填、防水卷材特殊部位细部构造处理等关键部位、关键工序的施工质量

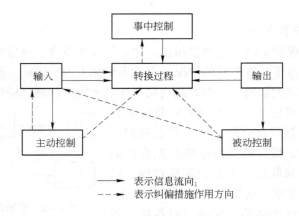

图 3 – 3　按控制措施作用环节划分的控制类型图

实施全过程的现场跟踪监督、旁站监理。隐蔽工程验收后要及时办理验收手续，未经验收或验收不合格不得进入下道工序施工。

从事中控制的内容及所处的阶段来看，事中控制具有下列特征：

（1）事中控制适用于能够及时收集到反馈信息的转换过程，不能及时收集到反馈信息的工作则无法实现事中控制。

（2）事中控制适用于其分解目标及其标准非常明确且单一的转换过程。如果转换过程或受控对象的分解目标复杂、标准繁多，则难以及时发现偏差，导致难以及时采取纠正措施。

（3）事中控制的有效性取决于控制人员的业务素质、管理水平、控制能力、控制经验，以及受控对象对纠偏措施的理解程度。

（4）事中控制是一种过程控制，它需要与主动控制、被动控制相结合，共同完成目标控制工作。

在进行事中控制时，要注意避免单凭主观意志进行工作，控制人员要注意加强自身的业务学习和素质的提高，亲临现场认真仔细地进行信息收集与偏差识别，以目标与标准为依据，服从整体目标控制要求，完成自己的控制职责，逐级实施控制。

（二）主动控制

主动控制是指预先分析目标偏离的可能性，并且拟定和采取各项预防措施，以使计划目标得以实现的一种控制类型。《建设工程监理规范》要求在各个方面都要进行主动控制。

下列措施帮助我们如何采取主动控制行动：

（1）详细调查并分析研究工程项目的外部环境条件，以确定哪些是影响建设目标实现和计划运行的各种有利和不利因素，并将它们考虑在工程建设计划和有关的管理或监理工作职能当中。

（2）揭示各种影响建设目标实现和计划实行的潜在因素，为风险分析和风险管理提供依据，并在工程项目的建设管理和监理工作当中做好风险管理工作。

（3）做好计划的可行性分析，消除那些资源不可行、技术不可行、经济不可行的各种错误和缺陷，保障工程项目的实施有足够的时间、空间、人力、物力和财力。力求使工程建设的计划最优。事实上，计划制订得越明确、越完善，就越能达到最佳的控制效果。

（4）做好监理机构的组织工作，使监理机构与机构的目标和监理工作计划高度一致，把监理的目标控制任务落实到监理机构的每一个成员，做到职权明确、通力协作。

（5）制订备用方案以对付可能出现的意外情况。

（6）制订计划要有一定的"松弛度"，也就是说要考虑一定的风险量，使监理工作保持主动。

（7）保证信息传递渠道的畅通，并加强信息收集和信息处理工作，为预测工程建设的未来发展状况提供全面、及时和可靠的信息。

（三）被动控制

被动控制是指当工程建设按计划进行时，监理或管理人员对计划（包括质量管理方案）的实施进行跟踪，把输出的结果信息进行加工整理，并与原来的计划值进行对比，从中发现偏差，从而采取措施纠正偏差的一种控制类型。

被动控制是一种事中控制和事后控制。它是在计划实施过程中对已经出现的偏差采取控制措施，它虽然不能降低目标偏离的可能性，但可以降低目标偏离的严重程度，并将偏差控制在尽可能小的范围内。《建设工程监理规范》所规定的检查、验收都是被动控制的措施。

被动控制依赖于反馈，并且有一定量的时间滞后。它是根据工程实施情况的综合分析结果进行的控制，其控制效果在很大程度上取决于反馈信息的全面性、及时性和可能性，作为监理机构要尽可能使反馈的时滞减少到最低程度。

（四）组合控制

上面阐述的控制类型对监理工程师而言缺一不可，它们都是实现项目目标所必须采用的控制方式。有效地控制是将各种控制类型紧密地结合起来，力求加大主动控制、事前控制、事中控制在控制过程中的比例，同时进行定期、连续的被动控制、事后控制。只有如此，才能完成项目目标控制的根本任务。比如怎样才能做到主动控制与被动控制相结合呢？我们用图3-4来表明它们的关系。

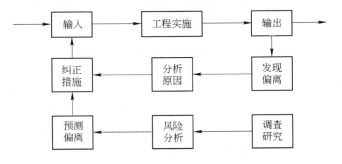

图3-4　主动控制与被动控制相结合示意图

实际上，控制工作的任务就是通过各种途径找出偏离计划的差距，以便采取纠正潜在偏差和实际偏差的措施，来确保计划取得成功。能够做到这一点，关键有两条：一要扩大信息来源，即不仅从被控系统内部获得工程信息还要从外部环境获得有关信息；二要把握住输入这道关，即输入的纠正措施应包括两类，既有纠正可能发生偏差的措施，又有纠正已经发生偏差的措施。

第二节　目标控制的前提工作

如果监理工程师事先不知道他所期望的是什么，那他就很难做好控制工作。实际上目标规划和计划越明确、全面和完善，控制的效果就越好。因此，工程建设监理单位及其监理工程师开展目标控制之前必须做好两项重要的前提工作：一项就是制订出科学的目标规划和计划，这是目标控制的前提；另一项就是在前者的基础上有效地做好目标控制的组织工作，这是目标控制的基本前提和保障。

一、目标的规划与计划

（一）目标规划和计划与目标控制的关系

图 3－5 表示的是工程项目建设过程中的规划与控制之间的关系。

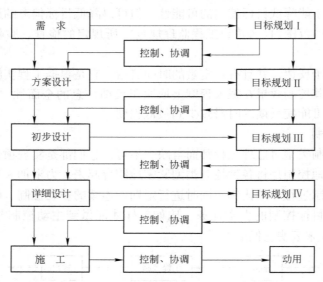

图 3－5　规划与控制的关系示意图

从图中可以看到，目标规划和计划与控制之间是一种交替出现的循环链式的关系。图示告诉我们，建设一项工程，首先要根据业主需求制订目标规划Ⅰ，即确定项目总体投资、进度、质量目标，确定实现项目目标的总体计划和下一阶段即将开始的工作实施计划。在确定目标规划的过程中，重要的是做好需求与规划之间的协调工作，使需求与规划保持一致。然后，按目标规划Ⅰ的要求进行方案设计。在方案设计的过程中根据目标规划实施控制，力求使方案设计符合规划的目标要求。同时，根据输出的方案设计还要对原规划进行必要调整，以解决目标规划中不适当的问题。接下来，根据方案设计的输出，在目标规划Ⅰ的基础上调整、细化项目目标规划，得出较为详细的目标分解和较详细的实现目标的计划，即目标规划Ⅱ。然后根据目标规划Ⅱ进行初步设计。在初步设计过程中进行控制，使初步设计尽量符合规划Ⅱ的要求。如此循环下去，直到项目动用。

与控制的动态性相一致，在项目运行的整个过程中，目标规划和计划也是处于动态变化之中的。工程的实施既要根据目标规划和计划实施控制，力求使之符合目标规划和计划的要求，同时又要根据变化了的内部因素和外部环境适当地调整目标规划和计划，使之适应控制的要求和工程的实际。目标规划和计划要在工程实施当中反复调整，真正成为控制的前提和依据。

（二）目标规划和计划对目标控制的重要性

如果目标规划和计划的质量和水平不高，那么，就很难取得很好的目标控制效果。目标控制能否取得理想成果与目标规划的计划有直接关系。

1. 正确地确定项目目标

若能有效地控制目标，首先要能正确地确定目标。然而，要做到这一点，则需要监理工程师积累足够的有关工程项目的目标数据，建立项目目标数据库，并且能够把握、分析、确定各种影响目标的因素以及确定它们影响量的方法。正确地确定项目投资、进度、质量目标必须全面而详细地占有已建项目的目标数据，并且能够看到拟建项目的特点，找出拟建项目与类似的已建项目之间的差异，计算出这些差异对目标的影响量，从而确定拟建项目的各项目标。

2. 正确地分解目标

为了有效开展投资、进度、质量等方面的目标控制，需要将各项总目标进行分解。目标分解应当满足目标控制的全面性要求。例如，项目投资是由建设工程费、安装工程费、工器具购置费以及其他费组成，为了实施有效控制就需要将目标按建设费用组成进行分解；由于构成项目的每一部分都占用投资，因此，需要按项目结构进行投资分解；由于项目资金总是分阶段、分期支出的，为了合理地使用资金，有必要将投资按使用时间进行分解。目标分解应当满足项目实现过程的系统性要求。例如，为了保障工程项目实体质量，需要从工序质量开始控制，进而实现分部工程、单位工程、单项工程质量控制，从而实现对整个项目质量的最终控制。目标分解还应当与组织结构保持一致。这是因为目标控制总是由机构、人员来进行的，它是与机构、人员、任务、职能分工密切相关的。

3. 制订既可行又优化的计划

实现目标离不开计划。编制计划包括选择确定目标、任务过程和各个具体行动。它需要做出决策，在各种方案里选择实施的行动路线。计划是为实现预期目标而架起的桥梁，它需要确定为实现预期目标所采取的行之有效的措施。因此，计划工作是所有管理工作中永远处于前期的工作。只有制订了计划，使管理人员知道目标、任务和行动，才能解决需要何种组织结构和人员来实现计划的各项要求，才能解决如何实施有效的领导，使所有参加者为组织的目标做出贡献，才能提供评价标准，实现有效控制。因此，计划是目标控制的重要依据和前提。

计划是否可行，是否优化，直接影响目标能否顺利实现。图3-6是制订项目进度计划的工作流程。

图3-6告诉我们，要制订一项计划首先应当确定评审计划的有关准则，它是决定一项计划是否可行和优化的标准和原则。初步计划制订出来，就要先看它是否符合计划的最基本要求，例如进度计划的工期要求。如果计划的基本要求达不到，那么就要重新制订或

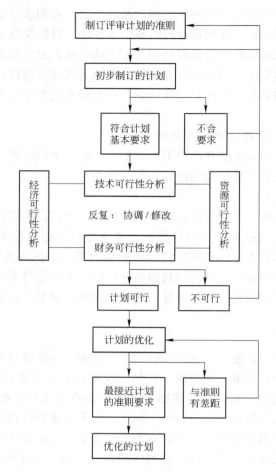

图 3 - 6　计划制订工作流程图

对初步计划进行修改。如果基本要求能够达到，计划制订工作就要深入一步进行，即对计划进行可行性分析，这是制订计划的关键步骤。可行性分析就是剔除各种有碍计划实施的因素，保障计划的实施有足够的资源、技术支持及足够的经济支持。如果确认计划的可行性存在着问题，就应当反复再对计划进行调整、修改直至可行为止。一项仅仅可行的计划，并不能称为优化的计划。优化的计划是与评定计划准则最接近的计划。优化计划的得出往往需要做多次反复调整的工作，直到计划被认为最大限度地接近各项计划准则为止。

只有制订出技术上可行、资源上可行、经济上可行、财务上可行的实现目标的计划，并在此基础上得出最大限度地满足计划准则要求的优化计划，才能为有效的目标控制提供可靠的保障。

二、目标控制的组织

目标控制的目的是为了有效地评价工作，从而及时发现计划执行出现的偏差，并采取有效的纠偏措施，以确保预定的计划目标的实现。因此，管理人员必须知道在实施计划的过程中，如果发生了偏差，责任由谁负责，采取纠偏行动的职责应由谁承担。由于所有的目标控制活动都是人来实现的，如果没有明确组织机构和人员，没有明确如何承担目标控制的各项工作的职能，那么目标控制工作就无法进行。因此，与计划一样，组织也是进行目标控制的前提工作。组织机构设置和任务分工越明确、完整、完善，目标控制的效果也就越好。

为了搞好目标控制工作，监理单位需要做好以下几方面的组织工作：（1）设置目标控制机构；（2）配备合适的工程建设监理人员；（3）落实机构人员目标控制的任务和职能分工；（4）合理组织目标控制的工作流程和信息流程。

第三节　监理目标控制的任务和措施

一、监理目标控制的任务

在建设工程实施的各阶段中，涉及的任务比较多，但设计阶段、施工招标阶段、施工阶段的持续时间长且内容多，本节将主要分析这三个阶段的监理任务。

（一）设计阶段

1. 投资控制任务

在设计阶段，监理单位投资控制的主要任务是通过收集类似建设工程投资数据和资料，协助业主制订建设工程投资目标规划；开展技术经济分析等活动，协调和配合设计单位力求使设计投资合理化；审核概（预）算，提出改进意见，优化设计，最终满足业主对建设工程投资的经济性要求。

设计阶段监理工程师投资控制的主要工作，包括：（1）对建设工程总投资进行论证，确认其可行性；（2）组织设计方案竞赛或设计招标，协助业主确定对投资控制有利的设计方案；（3）伴随着设计各阶段的成果输出制定建设工程投资目标划分系统，为本阶段和后续阶段投资控制提供依据；（4）在保障设计质量的前提下，协助设计单位开展限额设计工作；（5）编制本阶段资金使用计划，并进行付款控制；（6）审查工程概算、预算，在保障建设工程具有安全可靠性、适用性基础上，概算不超估算，预算不超概算；（7）进行设计挖潜，节约投资；（8）对设计进行技术经济分析、比较、论证，寻求一次性投资少而全寿命经济性好的设计方案等。

2. 进度控制任务

在设计阶段，监理单位设计进度控制的主要任务是根据建设工程总工期要求，协助业主确定合理的设计工期要求；根据设计的阶段性输出，由"粗"而"细"地制订建设工程总进度计划，为建设工程进度控制提供前提和依据；协调各设计单位一体化开展设计工作，力求使设计能按进度计划要求进行；按合同要求及时、准确、完整地提供设计所需要的基础资料和数据；与外部有关部门协调相关事宜，保障设计工作顺利进行。

设计阶段监理工程师进度控制的主要工作包括：（1）对建设工程进度总目标进行论证，确认其可行性；（2）根据方案设计、初步设计和施工图设计制订建设工程总进度计划、建设工程总控制性进度计划和本阶段实施性进度计划，为本阶段和后续阶段进度控制提供依据；（3）审查设计单位设计进度计划，并监督执行；（4）编制业主方材料和设备供应进度计划，并实施控制；（5）编制本阶段工作进度计划，并实施控制；（6）开展各种组织协调活动等。

3. 质量控制任务

在设计阶段，监理单位设计质量控制的主要任务是了解业主建设需求，协助业主制订建设工程质量目标规划（如设计要求文件）；根据合同要求及时、准确、完善地提供设计工作所需的基础数据和资料；配合设计单位优化设计，并最终确认设计符合有关法规要求，符合技术、经济、财务、环境条件要求，满足业主对建设工程的功能和使用要求。

设计阶段监理工程师质量控制的主要工作，包括：（1）建设工程总体质量目标论证；（2）提出设计要求文件，确定设计质量标准；（3）利用竞争机制选择并确定优化设计方案；（4）协助业主选择符合目标控制要求的设计单位；（5）进行设计过程跟踪，及时发现质量问题，并及时与设计单位协调解决；（6）审查阶段性设计成果，并根据需要提出修改意见；（7）对设计提出的主要材料和设备进行比较，在价格合理基础上确认其质量符合要求；（8）做好设计文件验收工作等。

（二）施工招标阶段

（1）协助业主编制施工招标文件。

（2）协助业主编制标底。应当使标底控制在工程概算或预算以内，并用其控制合同价。

（3）做好投标资格预审工作。应当将投标资格预审看作公开招标方式的第一轮竞争择优活动。要抓好这项工作，为选择符合目标控制要求的承包单位做好首轮择优工作。

（4）组织开标、评标、定标工作。通过开标、评标、定标工作，特别是评标工作，协助业主选择出报价合理、技术水平高、社会信誉好、保证施工质量、保证施工工期、具有足够承包财务能力和较高施工项目管理水平的施工承包单位。

（三）施工阶段

1. 投资控制的任务

施工阶段建设工程投资控制的主要任务是通过工程付款控制、工程变更费用控制、预防并处理好费用索赔、挖掘节约投资潜力来努力实现实际发生的费用不超过计划投资。为完成施工阶段投资控制的任务，监理工程师应做好以下工作：（1）制订本阶段资金使用计划，并严格进行付款控制，做到不多付、不少付、不重复付；（2）严格控制工程变更，力求减少变更费用；（3）研究确定预防费用索赔的措施，以避免、减少对方的索赔数额；（4）及时处理费用索赔，并协助业主进行反索赔；（5）根据有关合同的要求，协助做好应由业主方完成的，与工程进展密切相关的各项工作，如按期提交合格施工现场，按质、按量、按期提供材料和设备等工作；（6）做好工程计量工作；（7）审核施工单位提交的工程结算书等。

2. 进度控制的任务

施工阶段建设工程进度控制的主要任务是通过完善建设工程控制性进度计划、审查施工单位施工进度计划、做好各项动态控制工作、协调各单位关系、预防并处理好工期索赔，以求实际施工进度达到计划施工进度的要求。

为完成施工阶段进度控制任务，监理工程师应当做好以下工作：（1）根据施工招标和施工准备阶段的工程信息，进一步完善建设工程控制性进度计划，并据此进行施工阶段进度控制；（2）审查施工单位施工进度计划，确认其可行性并满足建设工程控制性进度计划要求；（3）制订业主方材料和设备供应进度计划并进行控制，使其满足施工要求；（4）审查施工单位进度控制报告，督促施工单位做好施工进度控制；（5）对施工进度进行跟踪，掌握施工动态；（6）研究制定预防工期索赔的措施，做好处理工期索赔工作；（7）在施工过程中，做好对人力、材料、机具、设备等的投入控制工作以及转换控制工作、信息反馈工作、对比和纠正工作，使进度控制定期连续进行；（8）开好进度协调会议，及时协调有关各方关系，使工程施工顺利进行。

3. 质量控制的任务

施工阶段建设工程质量控制的主要任务是通过对施工投入、施工和安装过程、产出品进行全过程控制，以及对参加施工的单位和人员的资质、材料和设备、施工机械和机具、施工方案和方法、施工环境实施全面控制，以期按标准达到预定的施工质量目标。

为完成施工阶段质量控制任务，监理工程师应当做好以下工作：（1）协助业主做好施工现场准备工作，为施工单位提交质量合格的施工现场；（2）确认施工单位资质；（3）审查确认施工分包单位；（4）做好材料和设备检查工作，确认其质量；（5）检查施工机械和机具，保证施工质量；（6）审查施工组织设计；（7）检查并协助搞好各项生产环境、劳动环境、管理环境条件；（8）进行施工工艺过程质量控制工作；（9）检查工序质量，严格工序交接检查制度；（10）做好各项隐蔽工程的检查工作；（11）做好工程变更方案的比选，保证工程质量；（12）进行质量监督，行使质量监督权；（13）认真做好质量签证工作；（14）行使质量否决权，协助做好付款控制；（15）组织质量协调会；（16）做好中间质量验收准备工作；（17）做好竣工验收工作；（18）审核竣工图等。

二、监理目标控制的措施

为了取得目标控制的理想成果，应当从多方面采取措施实施控制，通常可以将这些措施归纳为组织措施、技术措施、经济措施、合同措施四个方面。

（一）组织措施

组织措施是从目标控制的组织管理方面采取的措施。如落实目标控制的组织机构和人员，明确各级目标控制人员的任务和职能分工、权力和责任、改善目标控制的工作流程等。

组织措施是其他各类措施的前提和保障，而且一般不需要增加什么费用，运用得当可以收到良好的效果。尤其是对由于业主原因所导致的目标偏差，这类措施可能成为首选措施，故应予以足够的重视。

（二）技术措施

技术措施是建设工程监理目标控制的必要措施。工程项目建设工程监理中的目标控制工作，在很大程度上要通过技术方面的措施来解决问题。任何一个技术方案都有基本确定的经济效果，不同的技术方案就有着不同的经济效果。因此，运用技术措施纠偏的关键，一是要能提出多个不同的技术方案，二是要对不同的技术方案进行技术经济分析。在实践中，要避免仅从技术角度选定技术方案而忽视对其经济效果的分析论证。

使计划能够输出期望的目标正是依靠掌握这些特定技术的监理工程师，并应用各种先进的工程技术，采取一系列有效的技术措施以实现目标控制。

（三）经济措施

经济措施是最易为人接受和采用的措施。需要注意的是，经济措施绝不仅仅是审核工程量及相应的付款和结算报告，还需要从一些全局性、总体性的问题上加以考虑，往往可以取得事半功倍的效果。另外，不要仅仅局限在已发生的费用上。通过偏差原因分析和未完工程投资预测，可发现一些现有和潜在的问题将引起未完工程的投资增加，对这些问题应以主动控制为出发点，及时采取预防措施。由此可见，经济措施的运用绝不仅仅是财务人员的事情。

监理工程师要收集、加工、整理大量的工程经济信息和数据，要对各种实现预定目标的计划进行必要的资源、经济、财务等方面的可行性分析，要对经常出现的各种设计变更和其他工程变更方案进行技术经济分析，以力求减少对计划目标实现的影响，要对工程概、预算进行审计核算，要编制资金使用计划，要对工程付款进行审查。

（四）合同措施

合同措施同样是建设工程监理目标控制的必要措施。由于投资控制、进度控制和质量控制均要以合同为依据，因此合同措施就显得尤为重要。对于合同措施要从广义上理解，除了拟订合同条款、参加合同谈判、处理合同执行过程中的问题、防止和处理索赔等措施之外，还要协助业主确定对目标控制有利的建设工程组织管理模式和合同结构，分析不同合同之间的相互联系和影响，对每一个合同作总体和具体分析等。这些合同措施对目标控制更具有全局性的影响，其作用也就更大。另外，在采取合同措施时要特别注意合同中所规定的业主和监理工程师的义务和责任。

建设工程监理就是根据工程建设合同及建设工程监理合同来实施的监督管理活动。监理工程师实施目标控制也是仅仅依靠工程建设合同来进行的。依靠合同进行目标控制是建设工程监理目标控制的重要手段。

思 考 题

3-1 控制的基本环节工作包括哪些？

3-2 控制的类型有哪些？

3-3 建设工程监理目标控制的措施有哪些？

3-4 建设监理在设计阶段有哪些任务？

3-5 阐述目标规划和计划与目标控制的关系。

3-6 事中控制有哪些特征？

3-7 简述目标规划和计划对目标控制的重要性。

3-8 列举合同措施的具体措施。

第四章　建设工程监理规划与实施细则

第一节　概　　述

一、监理规划

（一）监理规划概念

监理规划是监理单位接受业主委托并签订委托监理合同之后，在项目总监理工程师的主持下，根据委托监理合同，结合工程的具体情况，广泛收集工程信息和资料的情况下制订，经监理单位技术负责人批准，用来指导项目监理机构全面开展监理工作的指导性文件。目的在于提高项目监理工作效果，保证项目监理委托合同得到全面实施。

（二）监理规划作用

1. 指导项目监理机构全面开展监理工作

建设工程监理的中心任务是协助实现项目总目标，而监理规划是实现项目总目标的前提和依据，是实施监理活动的行动纲领。它明确规定，项目监理机构在工程监理实施过程中应当做哪些工作、采用什么方法和手段来完成各项工作、由谁来做这些工作、在什么时间和地点来做这些工作、如何做好这些工作等，对监理活动做出全面、系统的安排。项目监理机构只有依据监理规划，才能做到全面、有序、规范地开展监理工作。

在确定监理任务之后，总监理工程师应当对整个工程建设项目的特点与要求进行较为细致的分析，然后对项目的监理工作进行筹划。筹划的内容包括监理组织的确定、工作内容的分工、进度的控制方法与措施、质量控制的方法与措施、造价控制的方法与措施、安全管理的重点与措施、监理信息种类与管理框架、现场矛盾的协调机制等。总监理工程师的筹划还需要各部门负责人的参与。因此，监理规划的主要作用就是全面指导今后的监理工作。

2. 监理规划是工程建设监理主管机构对监理单位实施监督管理的重要依据

政府建设监理主管部门对所有社会监理单位及其监理活动实施监督、管理和指导。这些监督管理工作主要包括两个方面：一是一般性的资质管理，即对其管理水平、人员素质、专业配套和监理业绩等进行核查和考评，以确定它的资质和资质等级；二是通过监理单位的实际工作来认定它的水平，而监理单位的实际水平和规范化程度，可从监理规划和它的实施中充分地表现出来。因此，建设工程监理主管部门对监理单位进行考核时十分重视对监理规划的检查，并把它作为对监理单位实施监督管理的重要依据。

3. 监理规划是业主确认监理单位是否全面、认真履行监理合同的主要依据

监理规划也是监理单位是否全面履行监理合同的主要说明性文件，它全面地体现监理单位如何落实建设单位所委托的各项监理工作，是建设单位了解、确认和监督监理单位履

行合同的重要资料。业主可通过监理规划来确认监理单位是否履行监理合同。

4. 监理规划是监理单位重要的存档资料

项目监理规划的内容随着工程的进展而逐步调整和完善，它在一定程度上真实地反映了项目监理的全貌，是监理过程的综合性记录。因此，监理单位、建设单位都应把它作为重要的存档资料。

二、监理大纲、监理实施细则

（一）监理大纲

监理大纲又称监理方案，它是监理单位在业主开始委托监理的过程中，特别是在业主进行监理招标过程中，为承揽到监理业务而编写的监理方案性文件。

监理单位编制监理大纲有以下两个作用：一是使业主认可监理大纲中的监理方案，从而承揽到监理业务；二是为项目监理机构今后开展监理工作制订基本的方案。为使监理大纲的内容和监理实施过程紧密结合，监理大纲的编制人员应当是监理单位经营部门或技术管理部门人员，也应包括拟定的总监理工程师。总监理工程师参与编制监理大纲有利于监理规划的编制。监理大纲的内容应当根据业主所发布的监理招标文件的要求而制定，一般来说，应该包括如下主要内容：

（1）拟派往项目监理机构的监理人员情况介绍。在监理大纲中，监理单位需要介绍拟派往所承揽或投标工程的项目监理机构的主要监理人员，并对他们的资格情况进行说明。其中，应该重点介绍拟派往投标工程的项目总监理工程师的情况，这往往决定承揽监理业务的成败。

（2）拟采用的监理方案。监理单位应当根据业主所提供的工程信息，并结合自己为投标所初步掌握的工程资料，制订出拟采用的监理方案。监理方案的具体内容包括：项目监理机构的方案、建设工程三大目标的具体控制方案、工程建设各种合同的管理方案、项目监理机构在监理过程中进行组织协调的方案等。

（3）将提供给业主的阶段性监理文件。在监理大纲中，监理单位还应该明确未来工程监理工作中向业主提供的阶段性的监理文件，这将有助于满足业主掌握工程建设过程的需要，有利于监理单位顺利承揽该建设工程的监理业务。

（二）监理实施细则

监理实施细则又简称监理细则，其与监理规划的关系可以比作施工图设计与初步设计的关系。也就是说，监理实施细则是在监理规划的基础上，由项目监理机构的专业监理工程师针对建设工程中某一专业或某一方面的监理工作编写，并经总监理工程师批准实施的操作性文件。

监理实施细则的作用是指导本专业或本子项目具体监理业务的开展。

（三）监理规划、监理大纲、监理实施细则三者关系

项目监理大纲、监理规划、监理细则是相互关联的，它们都是构成项目监理规划系列文件的组成部分，它们之间存在着明显的依据性关系：在编写项目监理规划时，一定要严格根据监理大纲的有关内容来编写；在制定项目监理细则时，一定要在监理规划的指导下进行。

通常，监理单位开展监理活动应当编制以上系列监理规划文件，但这也不是一成不变

的，就像工程设计一样。对于简单的监理活动，编写监理细则就可以了，而有些项目也可以制订较详细的监理规划，而不再编写监理细则。监理大纲、监理规划、监理细则三者从编制时间、编制人、编制依据、编制目的和编制内容等角度的比较见表4-1。

表4-1 监理大纲、监理规划、监理细则的比较

文件	编制时间	编制人	编制依据	编制目的	编制内容	修 改
监理大纲	投标时	监理单位技术负责人	依据投标文件要求编制	中标前：用于投标和承揽监理业务 中标后：用于指导编制监理规划，指导整个项目开展监理工作	围绕整个项目监理组织所开展的监理工作	无论中标前还是中标后，一旦形成文件则不可修改
监理规划	合同已签订；收到设计文件后	总监理工程师主编 专业监理工程师参与编制	监理大纲是直接依据 委托监理合同及建设工程项目相关合同文件 建设工程相关法律、法规及项目审批文件 与建设工程有关的标准、设计文件和技术资料	是各阶段监理细则编制的依据；明确项目监理机构的工作目标；确定具体的监理工作制度、程序、方法和措施，具有可操作性；指导整个项目组织开展监理工作	围绕整个项目监理组织所开展的监理工作；内容比监理大纲翔实、全面	一般不进行调整。在监理工作实施过程中，如实际情况或条件发生重大变化而需要调整监理规划时，应由总监理工程师修改，经单位审批后重报业主
监理细则	总是滞后于监理规划；在相应工程施工开始前编制	专业监理工程师负责编制	已获批准的监理规划 与专业相关的标准、设计文件和技术资料 相关的施工组织设计	结合工程项目的专业特点，详细具体，具有可操作性；指导具体监理业务实施与开展	内容具有局部性；围绕专业工程的具体监理业务	在监理工作实施工程中，监理细则应根据实际情况进行补充、修改

第二节 建设工程监理规划的编写与实施

监理规划是在项目总监理工程师和项目监理机构充分分析和研究建设工程目标、技术、管理、环境以及参与工程建设的各方等方面的情况而制订的。监理规划要真正能起到指导项目监理机构进行监理工作的作用，监理规划中就应当有明确具体的、符合该工程要求的工作内容、工作方法、监理措施、工作程序和工作制度，并应具有可操作性。

一、监理规划编写的依据

（1）工程项目外部环境调查研究资料。包括自然、社会和经济条件，如工程地质、工程水文、历年气象、区域地形、自然灾害情况、社会治安、政治局势、建筑市场状况、材料和设备厂家、勘察和设计单位、施工安装力量、工程咨询和监理单位、交通设施、通信设施、公用设施、能源和后勤供应、金融市场情况等。

（2）工程建设方面的法律法规。包括中央、地方和部门政策、法律、法规；工程所在地的政策、法律、法规及规定；工程建设的各种规范、标准等。

（3）政府批准的工程建设文件。包括可行性研究报告、立项批文；规划部门确定的规划条件、土地使用条件、环境保护要求、市政管理规定等。

（4）工程建设监理合同。特别是关于监理单位和监理工程师的权利和义务、监理工作范围和内容、有关监理规划方面的要求等方面的内容。

（5）其他工程建设合同。特别是关于项目业主的权利和义务、承建商的权利和义务、监理单位和监理工程师的权利和义务的内容。

（6）项目业主的合理要求。根据监理单位竭诚为客户服务的宗旨，在不超出合同职责范围的前提下，监理单位应最大限度地满足业主的正当合理要求。

（7）工程实施过程输出的有关工程信息。包括方案设计、初步设计、施工图设计、工程实施状况、工程招标投标情况、重大工程变更、外部环境变化等。

（8）监理大纲。包括监理组织方案，拟投入主要监理成员，投资、进度、质量控制方案，信息管理方案，合同管理方案，定期提交给业主的监理工作阶段性成果。

二、监理规划编写的要求

（1）编制时间。在签订监理合同、收到设计文件之后，且在第一次工地会议之前。

（2）编制人。监理规划的编写由总监主持，各专业监理工程师参加。

（3）编制依据。编制依据包括项目文件、法律法规、标准、合同、监理大纲。

（4）编制要求：

1）要针对项目的特点研究项目的目标、技术、管理、环境、参与工程建设各方的情况等。

2）确定监理工作的目标、程序、方法、措施。要与项目的特点结合起来，内容要尽可能具体。如：例会的时间间隔、取样的项目、旁站的项目、隐蔽工程验收的项目划分、质量的评定、上报进度计划和报表时间、工程款支付程序等等。

3）由公司的技术负责人进行审核。

4）要报建设单位。

5）在实施过程中如果主要的情况发生变化，应进行修改。

监理规划的核心作用是全面指导监理工作，使监理工作能够有条不紊地进行。因此，监理规划应当具备很强的针对性和可操作性。具体体现在：

1）各项工作职责落实到具体小组及其负责人；

2）需要施工单位事前编制的专项施工方案清单；

3）经过与相关方协商好的各项工作程序；

4）应当旁站的部位或工序清单；

5）见证检验项目和平行检验项目；

6）现场监理档案资料的分类存放目录。

（5）主要内容：

1）工程项目概况（重点要分析工程的重点和难点）；

2）监理工作的范围、内容、目标；

3）监理工作依据；

4）监理组织形式、人员配备及进场计划、监理人员岗位职责；

5）工程质量控制；

6）工程造价控制；

7）工程进度控制；

8）合同与信息管理；

9）组织协调；

10）安全生产管理职责；

11）监理工作制度；

12）监理工作设施。

三、监理规划的实施

（一）监理规划的严肃性

（1）监理规划一经确定，进行审核并批准后，应当提交给建设单位确认和监督实施。所有监理工作和监理人员必须按此严格执行。

（2）监理单位应根据编制的监理规划建立合理的组织结构、有效的指挥系统和信息管理制度，明确和完善有关人员的职责分工，落实监理工作的责任，以保证监理规划的实现。

（二）监理规划的交底

项目总监理工程师应对编制的监理规划逐级及分专业进行交底。应使监理人员明确：

（1）为什么做。监理人员应明确建设单位对监理单位工作的要求以及监理工作要达到的目标，这要通过项目的投资控制、质量控制、进度控制目标体现出来。

（2）做什么。监理人员应明确监理工作的范围和工作内容。

（3）如何做。监理人员应明确在监理工作中具体采用的监理措施，如组织方面的措施、技术方面的措施、经济方面的措施、合同方面的措施是什么等。在监理规划的基础上，要求各专业监理工程师对监理工作"做什么"、"如何做"进行具体化和补充，即根据监理项目的具体情况负责编写监理实施细则。

（三）对监理规划执行情况进行检查、分析和总结

监理规划在实施过程中要定期进行执行情况的检查，检查的主要内容有：

（1）监理工作进行情况。建设单位为监理工作创造的条件是否具备；监理工作是否按监理规划或监理实施细则展开；监理工作制度是否认真执行；监理工作还存在哪些问题或制约因素等。

（2）监理工作的效果。在监理工作中，监理工作的效果只能分阶段表现出来。如工

程进度是否符合计划要求；工程质量及工程投资是否处于受控状态等。根据检查中发现的问题和对其原因的分析，以及监理实施过程中的各方面发生的新情况和新变化，对原制订的规划进行调整或修改。监理规划的调整或修改，主要是监理工作内容和深度，以及相应的监理工作措施。凡监理目标的调整或修改，除中间过程的目标外，若影响最终的监理目标应与建设单位协商并取得认可。监理规划的调整或修改与编制时的职责分工相同，也应按照拟订方案、审核、批准的程序进行。

实行建设监理制，实现了项目活动的专业化、社会化管理，使得监理单位可以按照项目的特点对每个不同的监理项目实现不同的管理，对每个项目单独编制和实施监理规划就是这种管理的内容的一部分。监理单位为了提高监理水平，应对每个监理的项目进行认真的分析和总结，以此积累经验，并把这些经验转变为监理单位的监理规划，用它们长久地指导监理工作。

第三节　监理实施细则

一、监理细则编写的要求

（1）监理细则是一份全部监理与管理工作的流程，有内容有要求，要具有可操作性，分专业编制。

（2）编制时间。收到施工图与施工组织设计（方案）后编制，在相应的工程开工前完成。

（3）编制人。编制人为专业监理工程师。

（4）审核人。审核人为总监理工程师。

（5）编制依据。编制依据包括规划、施工图、工艺图、施工方案等。

（6）编制要求：

1）要结合施工方案来编制；

2）要有可操作性。时间地点、工作内容与要求、检查方法与频度；

3）不仅要有目标值，还要有过程控制、主动控制及事后检查的措施；

4）当施工方案变化或设计变更时要进行调整；

5）发给施工单位与建设单位；

6）分阶段编写。

（7）主要内容：

1）专业工程的特点；

2）监理工作的流程；

3）监理工作要点；

4）监理工作的方法与措施。

二、监理细则的编制步骤

（1）总监理工程师根据监理规划所确定的专业划分及人员分工，有计划地安排专业监理工程师编制各部位与各专业的监理实施细则。务必在该部位的该专业工程开工前一周以上完成编审工作。

（2）专业监理工程师仔细熟悉图纸、施工组织设计，掌握该部位该专业工程的具体情况，分析其特点，以利于制订有针对性的监理流程及监理工作措施。

（3）专业监理工程师根据该部位该专业工程的具体情况（包括设计要求和施工方案），熟悉施工规范的具体要求，并进一步分析该部位该专业工程的重点、难点、预测可能出现的问题。

（4）专业监理工程师应分析该部位该专业工程的工艺过程及质量要求，确定该部位该专业工程的监理工作流程及具体要求，书面形成监理实施细则。

（5）将该部位该专业工程的监理实施细则报总监审批，审批同意后由本专业的监理人员及承包单位执行。

三、监理细则实例

混凝土工程质量监理细则

混凝土工程质量监理包括试验检测、灌注前的检查、灌注过程中的旁站、拆模前报验、拆模后混凝土外观质量检查。

（一）材料和混凝土质量抽检内容和检测频率

（1）施工人员应按下列频率进行原材料和混凝土强度检验。取样前应书面通知监理部试验员×××或×××进行见证取样。

1）材料检测试验。水泥同品种、同标号每400t为一批，从20袋中取12kg，做水泥安定性试验，专业监理工程师认为有必要时做水泥强度试验；砂、石每200m³为一批，从砂、石堆的上、中、下取砂子20kg，石子60kg。

2）混凝土试配取样。普通混凝土取水泥25kg，砂35kg，石子50kg；抗渗混凝土取水泥50kg，砂60kg，石子100kg。

3）混凝土强度试验。厚大结构每100m³取一组（3块）试块，整体式结构每50m³取一组试块，混合结构每20m³取一组试块，防渗混凝土按500m³取两组（12块），每增加250～500m³取两组。

（2）当试验有结果时，施工人员应会同监理部试验员检查试验报告，并将试验结果复印件报监理部备查。当试验结果不合格时，施工人员应会同监理部试验员按规范要求进行复试或按不合格论处，并立即书面通知监理部。

（3）监理部有权对原材料和混凝土强度进行随机抽查，施工人员应给予协助。

（二）混凝土浇筑前检查

（1）建设、施工、监理等单位考察商品混凝土厂，最后确认商品混凝土厂，或少量混凝土现场机械搅拌，按设计和规范要求提出混凝土试配要求，混凝土试配通知单提交监理部核定存档。

（2）自拌混凝土的水泥、砂、石、外加剂的出厂质保书和试验报告及现场抽检试验报告等提交监理部结构工程专业监理工程师对水泥、砂、石、外加剂进行验收，查水泥出厂日期和批号，对有效期超过三个月的水泥重新取样检验。未经验收或验收不合格严禁在本工程中使用，并应在专业监理工程师书面签署不得使用时8小时内运出施工现场。

（3）施工单位专题报送混凝土浇筑顺序和施工方法报专业监理工程师认可，或按已审批的施工组织设计进行。

（4）木模板浇水湿润，但不得有积水，钢模板在热天应适当浇水，将模板内的杂物和钢筋上的油污清理干净。

（5）施工单位填写混凝土浇灌申请报告报监理，并检查钢筋混凝土、模板、材料、水、电、暖通等监理工程师是否已经检查验收签字，最后由总监或项目监理负责人书面签发给施工单位后，方可进行混凝土浇筑。

（三）混凝土浇筑过程中的质量监理

（1）监理员跟班在浇筑现场和拌和现场，旁站拌和、浇筑过程，并及时记录拌和、浇筑质量。发现问题应及时向专业监理工程师或总监汇报。

（2）监理员跟班现场搅拌时应经常检查材料配合比、每车过磅、搅拌时间、坍落度等情况，并记录汇总。

（3）商品混凝土每车混凝土出料前，高速（12r/min左右）转动1min，再反转出料，应检测混凝土的坍落度。

（4）督促施工单位做混凝土强度和抗渗试块，对商品混凝土每车到现场后均做坍落度检查，不符合要求的一律退场，不得随意在混凝土车内加水，监理员每30~40min检查一次坍落度，并按施工单位应检验强度频率的基础上抽查15%混凝土强度，督促承包商记录清楚退场混凝土的车号，以退场和进场时间来判断是否场外在混凝土车内加水。

（5）检查和督促操作人员按审批的混凝土浇筑顺序和方法对大体积、大面积混凝土进行分层（分层厚度一般40~50cm）、分段浇筑，分层、分段浇筑的间隔时间控制在初凝前，对大体积混凝土经常检查温度情况。

（6）浇筑竖向结构混凝土前，在底部先浇厚50~100mm与混凝土内砂浆成分相同的水泥砂浆，浇筑中不得发生离析现象；浇捣高度超过3m时，应用串筒、溜槽使混凝土下落或开门子洞。

（7）混凝土必须振捣密实，不得漏振，振动器避免碰撞钢筋和模板，柱、墙采用插入式振动器振实，一般振点间隔30~40cm，振10~15s，分层振捣插入下层混凝土50cm，楼板必须用平板振动器振实，厚板最后也必须用平板振动器振实，移动间距应保证振动器的平板能覆盖已振实部分的边缘，采用商品混凝土浇筑楼板，在初凝前1h用平板振动器振实，用铁板收光，初凝前再用木抹子抹平。

（8）操作人员不得直接在模板支撑和钢筋上行走，模板内的临时横木撑随时取出，不得埋入混凝土内。

（9）混凝土浇筑过程中，专业监理工程师或监理员应经常观察模板、支架、钢筋（尤其是板的上层筋）预埋件和预留孔洞的情况，发现有变形、移位时，及时采取措施进行处理。

（10）浇筑混凝土必须连续进行，如遇特殊情况不能保证，必须按规定设置施工缝；浇筑混凝土的间歇时间超过规范允许时间应留施工缝。

（11）在浇筑与柱和墙连动整体的梁和板时，应在柱和墙浇筑完毕后停歇1~1.5h，再继续浇筑混凝土，楼板浇筑中监理员要经常查板厚和上下保护层。

（四）施工缝的留置按审批的施工方案进行，在施工缝处继续浇筑混凝土时，必须在已浇筑混凝土强度达到1.2N/mm^{2}以上，监理员应现场检查施工缝凿毛、清理、湿润、接浆情况，并记录。

（五）模板拆除检查

（1）拆模程序，一般应后支的先拆，先支的后拆，先拆除非承重部分，后拆除承重部分，重大复杂模板拆除，应先制订拆模方案。

（2）非承重的侧模。在混凝土强度能保证其表面棱角不因拆模而受损坏后，方可拆模。

（3）大模板。在常温条件下，墙体混凝土强度必须超过1MPa时方准拆模，但不得在墙上口晃动，撬动或用大锤砸模板。

（4）底模。当梁板结构跨度不大于8m时，混凝土强度达到设计强度标准值的75%，方可拆模；结构跨度大于8m的梁板结构和悬臂构件，混凝土强度达到设计强度标准值的100%，方可拆模；当剩下的2/3施工缝处的梁板未浇时，梁下顶撑不能拆除，拆底模必须征得监理工程师的书面同意后，方可拆模。

（5）已拆除模板及其支架的结构，在混凝土强度符合设计混凝土强度等级后，方可承受全部使用荷载，施工中不得超载使用，严禁集中堆放过重的建筑材料。

（六）混凝土养护

（1）混凝土浇筑完毕后的12h内，对混凝土加以覆盖和浇水养护，浇水次数应能保持混凝土处于湿润状态，当日平均气温低于5℃时，不得浇水，还可以用养护剂进行养护，初凝后表面发现有裂缝及时处理后开始养护。

（2）大体积混凝土应覆盖一层塑料薄膜，两层草垫，最上面盖塑料薄膜，使内外混凝土温差不超过25℃，否则另采取措施。

（3）养护时间。普通硅酸盐混凝土养护不少于7d，掺缓凝外加剂或抗渗性要求的混凝土养护不少于14d，矿渣水泥混凝土养护21d。

（4）混凝土浇筑后，要避免受冻，在温度急剧变化的影响，防止在硬化品受到冲击，振动及过早加载在混凝土强度未达到$1.2N/mm^2$前不允许在其上进行作业。

（七）现浇混凝土结构允许偏差（mm）

（1）线位移。基础15，独立基础10，墙柱梁8，剪力墙5。

（2）垂直度。层高≤5m，8；层高>5m，10；全高，$H/1000$且≤30。

（3）标高。层高±10，全高±30。

（4）截面尺寸。+8、-5。

（5）表面平整度（2m长度上）允许偏差为8。

（6）预埋设施中心线位置。预埋件，10，预埋螺栓预埋管，5。

（7）预留沿中心线位置允许偏差为15。

（8）电梯井。井筒长、宽对定位中心线+25，0；全高垂直，$H/1000$且≤30。

（八）混凝土质量检查和缺陷的修整

（1）拆模后检查混凝土结构表面有无缺陷，检查其偏差是否超过规范要求。

（2）检查混凝土试块强度，如未达到设计要求强度或发现有影响结构性能的缺陷与建设单位和设计单位联系，采取相应措施解决。

（3）拆模发现混凝土结构存在蜂窝、麻面、露筋甚至孔洞等现象时，施工单位不得自行修整，而是做好详细记录，报监理检查后，根据缺陷的严重程度按规范要求进行缺陷修整。

（4）防水混凝土壁的对拉螺栓，将迎水面的木块凿去，并割去露出的螺栓后报监理验收并签字，再用高标号防水砂浆补密实，并进行养护，如有渗漏重新修补。

（九）施工单位对混凝土分项工程质量进行评定，评定表交监理部进行混凝土质量审核。

思 考 题

4-1　监理规划的定义及监理规划的作用是什么？

4-2　编制监理规划的依据是什么？

4-3　监理规划的严肃性如何体现？

4-4　如何编制监理实施细则？

4-5　监理大纲、监理规划、监理实施细则三者的关系与区别是什么？

4-6　监理细则的作用是什么？

4-7　监理规划的内容有哪些？

4-8　监理规范对编写监理细则的基本要求有哪些？

4-9　简述监理细则的编制步骤。

第五章 建设工程监理进度控制

第一节 概 述

建设工程进度控制是指对工程项目建设各阶段的工作内容、工作程序、持续时间和衔接关系，根据进度总目标及资源优化配置的原则编制计划并付诸实施，然后在进度计划的实施过程中检查实际进度是否按计划要求进行，对出现的偏差情况进行分析，采取补救措施或调整、修改原计划后再付诸实施，如此循环，直到建设工程竣工验收交付使用。

一、进度控制的任务

建设监理进度控制是对工程项目各建设阶段的工作内容、工作程序、持续时间和衔接关系等在实施过程中的监督管理。建设全过程与进度控制全过程的关系如表 5－1 所示。

表 5－1 进度控制的全过程

建设过程	项目建议书	可行性研究	项目设计	编制年度计划	施工准备和施工	生产准备竣工验收
进度控制描述	进度建议	进度预测建议	设计进度控制施工进度预测	审核进度目标，批准进度计划	实施进度控制，实现工期目标	及时交工动用

表中按建设阶段描述了进度控制的内容，其具体工作如下：

（1）前期工作阶段。向建设单位提供有关工期的讯息，协助建设单位确定工期总目标；编制项目总进度计划；编制本阶段的详细工作计划，并控制该计划的执行；施工现场调研和分析等。

（2）设计阶段。编制设计阶段工作进度计划并控制其执行；编制详细的出图计划并控制其执行等。

（3）施工阶段。编制施工总进度计划并控制其执行；编制施工年、季、月实施计划并控制其执行等。

监理工程师不仅需要审核设计单位和施工单位提交的进度计划，更要编制进度计划，调整进度计划，采取有效措施，确保进度计划目标的实现。

二、影响进度的因素

影响建设工程进度的不利因素有很多，如人为因素，技术因素，设备、材料及构配件因素，机具因素，资金因素，水文、地质与气象因素，以及其他自然与社会环境等方面的因素。其中，人为因素是最大的干扰因素。从产生的根源看，有的来源于建设单位及其上级主管部门；有的来源于勘察设计、施工及材料、设备供应单位；有的来源于政府、建设主管部门、有关协作单位和社会；有的来源于各种自然条件；也有的来源于建设监理单位本身。在工程建设过程中，常见的影响因素如下：

（1）业主因素。如业主使用要求改变而进行设计变更；应提供的施工场地条件不能及时提供或所提供的场地不能满足工程正常需要；不能及时向施工承包单位或材料供应商付款等。

（2）勘察设计因素。如勘察资料不准确，特别是地质资料错误或遗漏；设计内容不完善，规范应用不恰当，设计有缺陷或错误；设计对施工的可能性未考虑或考虑不周；施工图纸供应不及时、不配套，或出现重大差错等。

（3）施工技术因素。如施工工艺错误；不合理的施工方案；施工安全措施不当；不可靠技术的应用等。

（4）自然环境因素。如复杂的工程地质条件；不明的水文气象条件；地下埋藏文物的保护、处理；洪水、地震、台风等不可抗力等。

（5）社会环境因素。如外单位临近工程施工干扰；节假日交通、市容整顿的限制；临时停水、停电、断路；以及在国外常见的法律及制度变化，经济制裁、战争、骚乱、罢工、企业倒闭等。

（6）组织管理因素。如向有关部门提出各种申请审批手续的延误；合同签订时遗漏条款、表达失当；计划安排不周密，组织协调不力，导致停工待料、相关作业脱节；领导不力，指挥失当，使参加工程建设的各个单位、各个专业、各个施工过程之间交接、配合上发生矛盾等。

（7）材料、设备因素。如材料、构配件、机具、设备供应环节的差错，品种、规格、质量、数量、时间不能满足工程的需要；特殊材料及新材料的不合理使用；施工设备不配套、选型失当、安装失误、有故障等。

（8）资金因素。如有关方拖欠资金、资金不到位、资金短缺、汇率浮动和通货膨胀等。

三、进度控制的措施

为了实施进度控制，监理工程师必须根据建设工程的具体情况，认真制定进度控制措施，以确保建设工程进度控制目标的实现。进度控制措施如下。

（一）组织措施

进度控制的组织措施主要包括：

（1）建立进度控制目标体系，明确工程现场监理机构进度控制人员及其职责分工；

（2）建立工程进度报告制度及进度信息沟通网络；

（3）建立进度计划审核制度和进度计划实施中的检查分析制度；

（4）建立进度协调会议制度，包括协调会议举行的时间、地点、参加人员等；

（5）建立图纸审查、工程变更和设计变更管理制度。

（二）技术措施

进度控制的技术措施主要包括：

（1）审查承包商提交的进度计划，使承包商能在合理的状态下施工；

（2）编制进度控制工作细则，指导监理人员实施进度控制；

（3）采用网络计划技术及其他科学适用的计划方法，并结合计算机的应用，对建设工程进度实施动态控制。

（三）经济措施

进度控制的经济措施主要包括：

（1）及时办理工程预付款及工程进度款支付手续；

（2）对应急赶工给予优厚的赶工费用；

（3）对工期提前给予奖励；

（4）对工程延误收取误期损失赔偿金。

（四）合同措施

进度控制的合同措施主要包括：

（1）推行 CM 承发包模式，对建设工程实行分段设计、分段发包和分段施工；

（2）加强合同管理，协调合同工期与进度计划之间的关系，保证进度目标的实现；

（3）严格控制合同变更，对各方提出的工程变更和设计变更，监理工程师应严格审查后再补入合同文件之中；

（4）加强风险管理，在合同中应充分考虑风险因素及其对进度的影响，以及相应的处理方法；

（5）加强索赔管理，公正地处理索赔。

四、进度控制工作流程

根据监理合同，监理单位从事的监理工作，可以是全过程的监理，也可以是阶段性的监理；可以是整个建设项目的监理，也可以是某个子项目的监理。监理的进度控制工作某种意义上可以说是取决于业主的委托要求。图 5−1 为施工进度控制流程图。

五、进度控制的表示方法

建设工程进度计划的表示方法有多种，常用的有横道图和网络图两种表示方法。

（一）横道图

横道图也称甘特图，是美国人甘特（Gantt）在 20 世纪 20 年代提出的。由于其形象、直观，且易于编制和理解，因而长期以来被广泛应用于建设工程进度控制之中。但利用横道图表示工程进度计划，存在下列缺点：

（1）不能明确地反映出各项工作之间错综复杂的相互关系，因而在计划执行过程中，当某些工作的进度由于某种原因提前或拖延时，不便于分析其对其他工作及总工期的影响程度，不利于建设工程进度的动态控制。

（2）不能明确地反映出影响工期的关键工作和关键线路，也就无法反映出整个工程项目的关键所在，因而不便于进度控制人员抓住主要矛盾。

（3）不能反映出工作所具有的机动时间，看不到计划的潜力所在，无法进行最合理的组织和指挥。

（4）不能反映工程费用与工期之间的关系，因而不便于缩短工期和降低工程成本。

（二）网络图

建设工程进度计划用网络图来表示，可以使建设工程进度得到有效控制。国内外实践

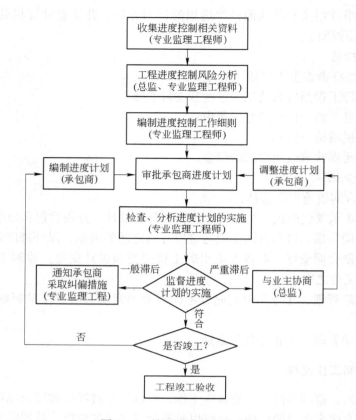

图 5 - 1　施工进度控制流程图

证明，网络计划技术是用于控制建设工程进度的最有效工具。与横道图相比，网络计划具有以下主要特点：

（1）网络计划能够明确表达各项工作之间的逻辑关系。

（2）通过网络计划时间参数的计算，可以找出关键线路和关键工作。

（3）通过网络计划时间参数的计算，可以明确各项工作的机动时间。

（4）网络计划可以利用电子计算机进行计算、优化和调整。

第二节　建设工程监理进度控制方法

监理工程师在进行进度控制时，要遵循系统控制的原理。在进行计划实施的过程当中，由于新情况的产生、各种干扰因素和风险因素的作用，使人们难以执行原定的进度计划，监理工程师要根据动态控制原理，在计划执行过程中不断检查建设工程的实际进展情况，将实际情况与计划安排进行对比，找出偏差，采取措施，调整计划，从而保证工程进度得到有效控制。

一、进度的监测

在项目实施过程中，监理工程师要经常定期地监测进度计划的执行情况，具体如图

5－2 所示。

（1）进度计划执行中的跟踪检查。跟踪检查的主要工作是定期收集反映实际工程进度的有关数据，并且确保数据的完整、准确，为科学的决策奠定基础。因此，监理工程师必须认真做好以下工作：

1）经常定期地收集进度报表资料，进度报表必须由施工单位按照规定的时间，内容认真填写后，报送监理工程师；

2）监理人员常驻现场，检查进度计划的实际执行情况；

3）定期召开现场会议，了解实际进度情况，协调有关方面的进度。

（2）整理、统计和分析收集的数据。收集的数据要进行整理，统计和分析后，形成与计划有可比性的数据，如累计完成工程量、累计完成百分比等。

（3）实际进度与计划进度对比。实际进度与计划进度对比是将实际进度数据与计划进度数据进行比较。通常可以利用表格和图形等方法，从而得出实际进度比计划进度拖后、超前或者一致的结论。

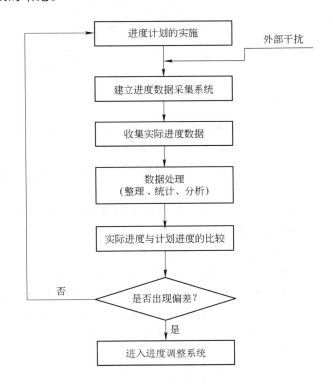

图 5－2　建设工程进度监测过程

二、实际与计划进度比较

实际进度与计划进度的比较是建设工程进度监测的主要环节。常用的进度比较方法包括：横道图比较法、前锋线比较法、列表比较法、S 形曲线比较法、香蕉形曲线比较法等。

(一) 横道图比较法

横道图比较法是指将项目实施过程中检查实际进度收集到的数据,经加工整理后直接用横道线平行绘于原计划的横道线处,进行实际进度与计划进度的比较方法。例如某工程项目基础工程的计划进度和截止到第9周末的实际进度如图5-3所示,其中双线条表示该工程计划进度,粗实线表示实际进度。从图中实际进度与计划进度的比较可以看出,到第9周末进行实际进度检查时,挖土方和做垫层两项工作已经完成;支模板按计划也应该完成,但实际只完成75%,任务量拖欠25%;绑扎钢筋按计划应该完成60%,而实际只完成20%,任务量拖欠40%。

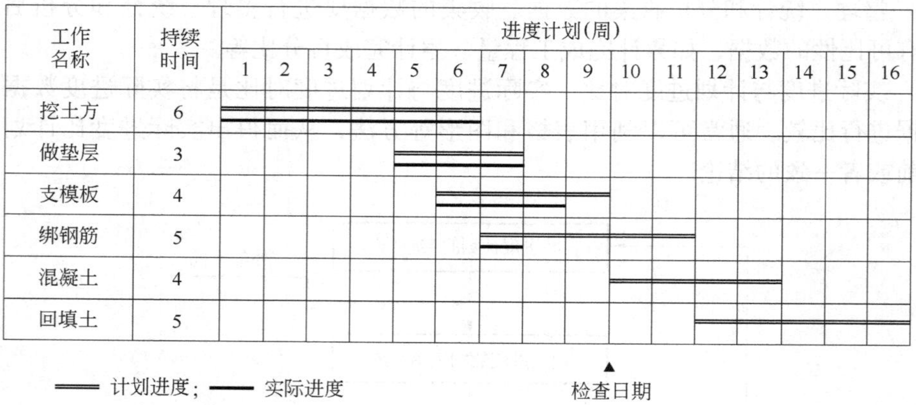

工作名称	持续时间	进度计划(周)															
		1	2	3	4	5	6	7	8	9	10	11	12	13	14	15	16
挖土方	6																
做垫层	3																
支模板	4																
绑钢筋	5																
混凝土	4																
回填土	5																

━━ 计划进度; ── 实际进度   ▲检查日期

图5-3 某基础工程实际进度与计划进度比较图

根据各项工作的进度偏差,进度控制者可以采取相应的纠偏措施对进度计划进行调整,以确保该工程按期完成。

图5-3所表达的比较方法仅适用于工程项目中的各项工作都是均匀进展的情况,即每项工作在单位时间内完成的任务量都相等的情况。事实上,工程项目中各项工作的进展不一定是匀速的。根据工程项目中各项工作的进展是否匀速,可采用匀速进展横道图比较法和非匀速进展横道图比较法。下面主要介绍匀速进展横道图比较法。

匀速进展是指在工程项目中,每项工作在单位时间内完成的任务量都是相等的,即工作的进展进度是均匀的。此时,每项工作累计完成的任务量与时间成线性关系,如图5-3所示。完成的任务量可以用实物工程量、劳动消耗量或费用支出表示。为便于比较,通常用上述物理量的百分比表示。

采用匀速进展横道图比较法时,其步骤如下:

(1) 编制横道图进度计划。

(2) 在进度计划上标出检查日期。

(3) 将检查收集到的实际进度数据经加工整理后按比例用涂黑的粗线标于计划进度的下方,如图5-4所示。

(4) 对比分析实际进度与计划进度:

1) 如果涂黑的粗线右端落在检查日期左侧,表明实际进度拖后;

2) 如果涂黑的粗线右端落在检查日期右侧,表明实际进度超前;

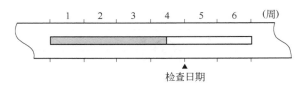

图 5 - 4 匀速进展横道图比较图

3）如果涂黑的粗线右端与检查日期重合，表明实际进度与计划进度一致。

必须指出，该方法仅适用于工作从开始到结束的整个过程中，其进展速度均为固定不变的情况。如果工作的进展速度是变化的，则不能采用这种方法进行实际进度与计划进度的比较；否则，会得出错误的结论。

（二）前锋线比较法

它主要适用于时标网络计划。该方法是从检查时刻的时标点出发，首先连接与其相邻的工作箭线的实际进度点，由此再去连接该箭线相邻工作箭线的实际进度点，依此类推，将检查时刻正在进行的工作实际进度点都依次连接起来，组成一条一般为折线的前锋线。按前锋线与箭线交点的位置判定工作实际进度与计划进度的偏差。简而言之，前锋线法就是通过实际进度前锋线，比较工作实际进度与计划进度偏差，进而判定该偏差对总工期及后续工作影响程度的方法。

前锋线比较法的步骤如下：

（1）绘制早时标网络计划图。实际进度前锋线在早时标网络计划图上标志。早时标网络计划如图 5 - 5 所示。为了反映清楚，需要在早时标网络计划图面上方和下方各设一时间坐标，如图 5 - 6 所示。

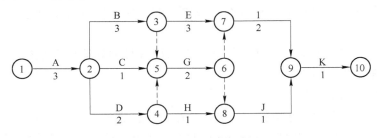

图 5 - 5 早时标网络计划

（2）绘制前锋线。一般从上方时间坐标的检查日绘起，依次连接相邻工作箭线的实际进度点，最后与下方时间坐标的检查日连接。

（3）比较实际进度与计划进度。前锋线明显地反映出检查日有关工作实际进度与计划进度的关系，有以下三种情况：

1）工作实际进度点位置与检查日时间坐标相同，则该工作实际进度与计划进度一致。

2）工作实际进度点位置在检查日时间坐标右侧，则该工作实际进度超前，超前天数为二者之差。

3）工作实际进度点位置在检查日时间坐标左侧，则该工作实际进展拖后，拖后天数

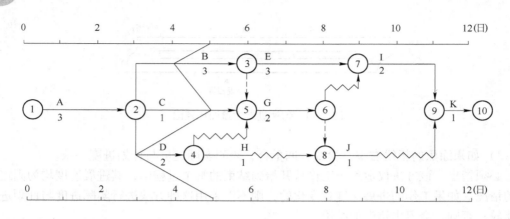

图 5 - 6　前锋线比较法

为二者之差。

（三）列表比较法

当工程进度计划用非时标网络图表示时，可以采用列表比较法进行实际进度与计划进度的比较。

这种方法是记录检查日期应该进行的工作名称及其已经作业的时间，然后列表计算有关时间参数，并根据工作总时差进行实际进度与计划进度比较的方法。

采用列表比较法进行实际进度与计划进度的比较，其步骤如下：

（1）对于实际进度检查日期应该进行的工作，根据已经作业的时间，确定其尚需作业时间。

（2）根据原进度计划计算检查日期应该进行的工作从检查日期到原计划最迟完成时尚余时间。

（3）计算工作尚有总时差，其值等于工作从检查日期到原计划最迟完成时间尚余时间与该工作尚需作业时间之差。

（四）S 形曲线比较法

所谓 S 形曲线比较法，是以横坐标表示进度时间，纵坐标表示累计完成任务量，而绘制出一条按计划时间累计完成任务量的 S 形曲线，将施工项目的各检查时间实际完成的任务量与 S 形曲线进行实际进度与计划进度相比较的一种方法。

从整个工程项目实际进展全过程看，单位时间投入的资源量一般是开始和结束时比较少，中间阶段较多。与其相对应，单位时间完成的任务量也呈同样的变化规律，而随着工程进展累计完成的任务量则呈 S 形变化，这种以 S 形曲线来判断实际进度与计划进度关系的方法，即为 S 形曲线比较法。

S 形曲线比较法也是在图上进行工程项目实际进度与计划进度的直观比较。在工程项目实施过程中，按照规定时间将检查收集到的实际累计完成任务量绘制在原计划 S 形曲线图上，即可得到实际进度 S 形曲线，如图 5 - 7 所示。通过比较实际进度 S 形曲线和计划进度 S 形曲线，可以获得如下信息：

（1）项目实际进展状况。如果工程实际进展点落在计划 S 形曲线左侧，表明此时实际进度比计划进度超前，如图5-7中的a点；如果工程实际进展点落在计划S形曲线右侧，表明此时实际进度拖后，如图中的b点；如果工程实际进展点正好落在计划S形曲线上，则表示此时实际进度与计划进度一致。

（2）工程项目实际进度超前或拖后的时间。曲线比较图中可以直接读出实际进度比计划进度超前或拖后的时间。如图5-7所示，ΔT_a表示T_a时刻实际进度超前的时间；ΔT_b表示T_b时刻实际进度拖后的时间。

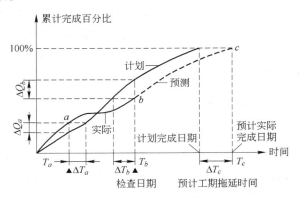

图5-7　S形曲线比较图

（3）项目实际超额或拖欠的任务量。在S形曲线比较图中也可直接读出实际进度比计划进度超额或拖欠的任务量。如图5-7所示，Q_a表示T_a时刻超额完成的任务量，ΔQ_b表示T_b时刻拖欠的任务量。

（4）工程进度预测。如果后期工程按原计划速度进行，则可做出后期工程计划S形曲线如图5-7中虚线所示，从而可以确定工期拖延预测值ΔT。

（五）香蕉形曲线比较法

香蕉形曲线是两条S形曲线组合成的闭合曲线，从S形曲线比较法中得知，按某一时间开始的施工项目的进度计划，其计划实施过程中进行时间与累计完成任务量的关系都可以用一条S形曲线表示。对于一个施工项目的网络计划，在理论上总是分为最早和最迟两种开始与完成时间的。因此，一般情况，任何一个施工项目的网络计划，都可以绘制出两条曲线：其一是计划以各项工作的最早开始时间安排进度而绘制的S形曲线，称为ES曲线；其二是计划以各项工作的最迟开始时间安排进度而绘制的S形曲线，称为LS曲线。两条S形曲线都是从计划的开始时刻开始和完成时刻结束，因此两条曲线是闭合的。一般情况下，其余时刻ES曲线上的各点均落在LS曲线相应点的左侧，形成一个形如香蕉的曲线，故称为香蕉形曲线，如图5-8所示。

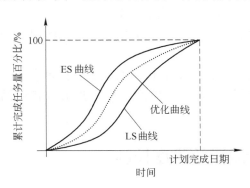

图5-8　香蕉形曲线比较图

在项目的实施中，进度控制的理想状况是任一时刻按实际进度描绘的点，应落在该香蕉形曲线的区域内。香蕉形曲线比较法能直观地反映工程项目的实际进展情况，并可以获得比S形曲线更多的信息。其主要作用有：

（1）合理安排工程项目进度计划。如果工程项目中的各项工作均按其最早开始时间安排进度，将导致项目的投资加大；而如果各项工作都按其最迟开始时间安排进度，则一旦受到进度影响因素的干扰，又将导致工期拖延，使工程进度风险加大。因此，一个科学合理的进度计划优化曲线应处于香蕉形曲线所包围的区域之内。

（2）定期比较工程项目的实际进度与计划进度。在工程项目的实施过程中，根据每次检查收集到的实际完成任务量，绘制出实际进度S形曲线，便可以与计划进度进行比较。如果工程实际进展点落在ES曲线的左侧，表明此刻实际进度比各项工作按其最早开始时间安排的计划进度超前；如果工程实际进展点落在LS曲线的右侧，则表明此刻实际进度比各项工作按其最迟开始时间安排的计划进度拖后。

（3）预测后期工程进展趋势。利用香蕉形曲线可以对后期工程的进展情况进行预测。

三、进度计划的调整

在项目进度监测过程中，一旦发现实际进度与计划进度不符，即出现进度偏差时，监理工程师应认真分析偏差产生的原因及其对后续工作和总工期的影响，并采取合理的调整措施，确保进度总目标的实现。其具体过程如图5-9所示。

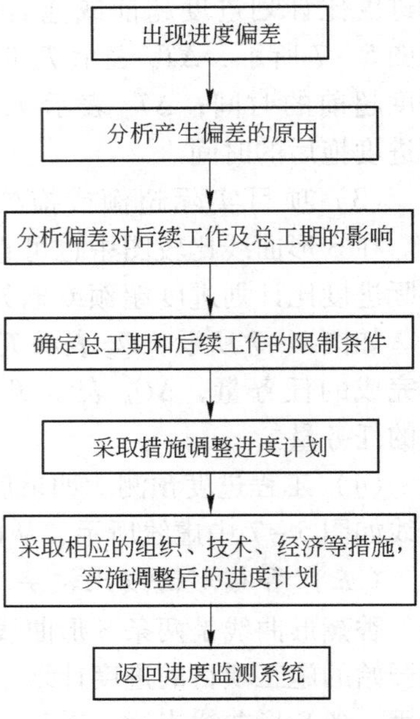

（1）分析进度产生偏差的原因。通过对实际进度与计划进度的比较，若发现出现进度偏差时，为了采取有效措施调整进度计划，必须深入现场进行调查，分析产生进度偏差的原因。

（2）分析偏差对后续工作和总工期的影响。在查明产生偏差的原因之后，要分析偏差对后续工作和总工期的影响程度，确定是否需要进行调整。

（3）确定影响后续工作和总工期的限制条件。在分析偏差对后续工作和总工期的影响并需要采取一定的调整措施后，应当确定可调整的范围。它通常与签订的承包合同有关，需认真分析，防止承包单位提出索赔。

（4）采取进度调整的措施。采取进度调整措施时，应以后续工作及总工期的限制条件为依据，并保证进度控制目标的实现。

（5）实施调整后的进度计划。在工程继续实施中，应采取相应的组织、技术、经济措施执行调整后的进度计划，监理工程师应及时协调有关单位的关系，并采取相应的措施。

图 5-9　建设工程进度调整过程

第三节　建设工程设计阶段的进度控制

建设工程设计阶段是工程项目建设程序中的一个重要阶段，是施工进度和设备材料供应进度控制的前提，同时也是影响工程项目建设工期的关键阶段之一。监理工程师必须采取有效措施对建设工程设计进度进行控制，以确保建设工程总进度目标的实现。

一、影响设计工作进度的因素

建设工程设计工作属于多专业协作配合的智力劳动，在工程设计过程中，影响其进度的因素有很多，归纳起来，主要有以下几个方面：

（1）建设意图及要求改变的影响。建设工程设计是本着业主的建设意图和要求而进行的，所有的工程设计必然是业主意图的体现。因此，在设计过程中，如果业主改变其建设意图和要求，就会引起设计单位的设计变更，必然会对设计进度造成影响。

（2）设计审批时间的影响。建设工程设计是分阶段进行的，如果前一阶段（如初步设计）的设计文件不能顺利得到批准，必然会影响到下一阶段（如施工图设计）的设计进度。因此，设计审批时间的长短，在一定条件下将影响到设计进度。

（3）设计各专业间协调配合的影响。如前所述，建设工程设计是一个多专业、多方面协调合作的复杂过程，如果业主、设计单位、监理单位等各单位之间，以及土建、电气、通信等各专业之间没有良好的协作关系，必然会影响建设工程设计工作的顺利实施。

（4）工程变更的影响。当建设工程采用 CM 法实行分段设计、分段施工时，如果在已施工的部分发现一些问题而必须进行工程变更的情况下，也会影响设计工作进度。

（5）材料代用、设备选用失误的影响。材料代用、设备选用的失误将会导致原有工程设计失效而重新进行设计，这也会影响设计工作进度。

二、设计阶段进度控制工作程序

建设工程设计阶段进度控制的主要任务是出图控制，也就是通过采取有效措施使工程设计者如期完成初步设计、技术设计、施工图设计等各阶段的设计工作，并提交相应的设计图纸及说明。为此，监理工程师要审核设计单位的进度计划和的专业的出图计划，并在设计实施过程中，跟踪检查这些计划的执行情况，定期将实际进度与计划进度进行比较，进而纠正或者修订进度计划。若发现进度拖后，监理工程师应督促设计单位采取有效措施加快进度。图 5 - 10 是考虑三阶段设计的进度控制工作流程图。

三、设计进度控制措施

（一）设计单位的进度控制

为了履行设计合同，按照提交施工图设计文件，设计单位应采取有效措施，控制建设工程设计进度。具体措施包括：

（1）建立计划部门，负责设计单位年度计划的编制和工程项目设计进度计划的编制。

（2）建立健全设计技术经济定额，并按定额要求进行计划的编制与考核。

（3）实行设计工作技术经济责任制，将职工的经济利益与其完成任务的数量和质量挂钩。

（4）编制切实可行的设计总进度计划、阶段性设计进度计划和实际进度作业计划。在编制计划时，加强与业主、监理单位、科研单位及承包商的协作与配合，使设计进度计划积极可靠。

（5）认真实施设计进度计划，力争设计工作有节奏、有秩序、合理搭接地进行。在执行计划时，要定期检查计划的执行情况，并及时对设计进度进行调整，使设计工作始终处于可控状态。

（6）坚持按基本建设程序办事，尽量避免进行"边设计、边准备、边施工"的"三边"设计。

（7）不断分析总结设计进度控制工作经验，逐步提高设计进度控制工作水平。

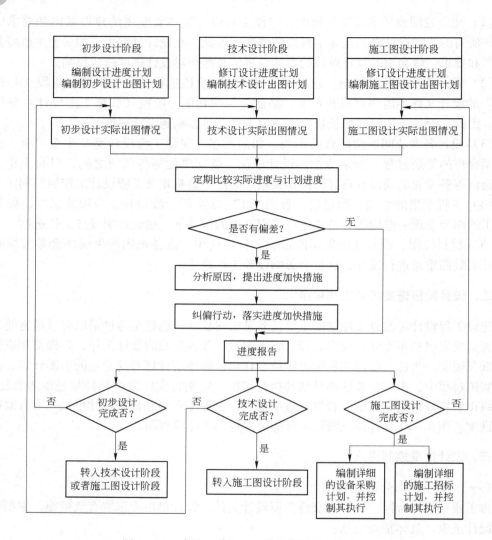

图 5 - 10　建设工程设计阶段进度控制工作流程

（二）监理单位的进度监控

监理单位受业主的委托进行工程设计监理时，应落实项目监理班子中专业负责设计进度控制的人员，按合同要求对设计工作进度进行严格监控。

对于设计进度的监控应实施动态控制。在设计工作开始之前，首先应由监理工程师审查设计单位编制的进度计划的合理性和可行性。在进度计划实施中，监理工程师应定期检查设计工作的实际完成情况，并与计划进度进行比较分析。一旦发现偏差，就应在分析原因的基础上提出纠偏措施，以加快设计工作进度。必要时，应对原进度计划进行调整或修订。

在设计进度控制中，监理工程师要对设计单位填写的设计图纸进度表进行核查分析，并提出自己的见解。从而将各设计阶段的每一张图纸（包括其相应的设计文件）的进度都纳入监控之中。

第四节　施工阶段的进度控制

施工阶段是建设工程实体的形成阶段，对该阶段实施有效控制是建设工程进度控制的重点。做好施工进度计划与项目建设总进度计划的衔接，并跟踪检查施工进度计划的执行情况，在必要时对施工进度计划进行调整，对于建设工程进度控制总目标的实现具有十分重要的意义。监理工程师受业主的委托在建设工程施工阶段实施监理时，其进度控制的总任务就是在满足工程项目建设总进度计划要求的基础上，编制或审核施工进度计划，并对其执行情况加以动态控制，以确保工程项目按期竣工交付使用。

一、施工阶段进度控制目标的确定

为了提高进度计划的预见性和进度控制的主动性，在确定施工进度控制目标时，必须全面细致地分析与工程项目进度有关的各种有利因素和不利因素。只有这样，才能制订出一个科学、合理的进度控制目标。确定施工进度控制目标的主要依据有：工程建设总进度目标对施工工期的要求；工期定额、类似工程项目的实际进度；工程难易程度和工程条件的落实情况等。

在确定施工进度分解目标时，还要考虑以下各个方面：

（1）对于大型工程建设项目，应根据尽早提供可动用单元的原则，集中力量分期分批建设，以便尽早投入使用，尽快发挥投资效益。

（2）合理安排土建与设备的综合施工。要按照它们各自的特点，合理安排土建施工与设备基础、设备安装的先后顺序及搭接。交叉或平行作业，明确设备工程对土建工程的要求和土建工程为设备工程提供施工条件的内容及时间。

（3）结合工程的特点，参考同类工程建设的经验来确定施工进度目标。避免只按主观愿望盲目确定进度目标，从而在实施过程中造成进度失控。

（4）做好资金供应能力与施工力量配备、物资（材料、构配件、设备）供应能力与施工进度需要的平衡工作，确保工程进度目标的要求而不使其落空。

（5）考虑外部协作条件的配合情况。包括施工过程中及项目竣工动用所需的水、电、气、通信、道路及其他社会服务项目的满足程序和满足时间。它们必须与有关项目的进度目标相协调。

（6）考虑工程项目所在地区地形、地质、水文、气象等方面的限制条件。

二、施工阶段进度控制的工作内容

建设工程施工进度控制工作从审核承包单位提交的施工进度计划开始，直至建设工程保修期满为止，其工作内容主要有：

（1）编制施工进度控制工作细则。施工进度控制工作细则是在建设工程监理规划的指导下，由项目监理班子中进度控制部门的监理工程师负责编制的更具有实施性和操作性的监理业务文件。其主要内容包括：

1）施工进度控制目标分解图。

2）施工进度控制的主要工作内容和深度。

3）进度控制人员的具体分工。

4）与进度控制有关各项工作的时间安排及工作流程。

5）进度控制的方法（包括进度检查日期、数据收集方式、进度报表格式、统计分析方法等）。

6）进度控制的具体措施（包括组织措施、技术措施、经济措施及合同措施等）。

7）施工进度控制目标实现的风险分析。

8）尚待解决的有关问题。

（2）编制或审核施工进度计划。为了保证建设工程的施工任务按期完成，监理工程师必须审核承包单位提交的施工进度计划。当建设工程有总承包单位时，监理工程师只需对总承包单位提交的施工总进度计划进行审核即可。而对于单位工程施工进度计划，监理工程师只负责审核而不需要编制。

施工进度计划审核的内容主要有：

1）进度安排是否与施工合同相符，是否符合施工合同中开工、竣工日期的规定。

2）施工进度计划中的项目是否有遗漏，内容是否全面，分期施工的是否满足分期交工要求和配套交工要求。

3）施工顺序的安排是否符合施工工艺、施工程序的要求。

4）资源供应计划是否均衡并满足进度要求。劳动力、材料、构配件、设备及施工机具、水电等生产要素的供应计划是否能保证施工进度的实现，供应是否均衡、需求高峰期是否有足够能力实现计划供应。

5）总分包间的计划是否协调、统一。总包、分包单位分别编制的各项施工进度计划之间是否相协调，专业分工与计划衔接是否明确合理。

6）对实施进度计划的风险是否分析清楚并有相应的对策。

7）各项保证进度计划实现的措施是否周到、可行、有效。

如果监理工程师在审查施工进度计划的过程中发现问题，应及时向承包单位提出书面修改意见（也称整改通知书），并协助承包单位修改。其中重大问题应及时向业主汇报。

（3）按年、季、月编制工程综合计划。在按计划期编制的进度计划中，监理工程师应着重解决各承包单位施工进度计划之间、施工进度计划与资源保障计划之间及外部协作条件的延伸性计划之间的综合平衡与相互衔接问题。并根据上期计划的完成情况对本期计划做必要的调整，从而作为承包单位近期执行的指令性计划。

（4）下达工程开工令。开工前，总监理工程师组织召开有业主和承包单位参加的第一次工地会议。会议要审查施工单位的准备工作，如施工组织设计的编制情况、施工测量定位的审核情况、施工机械与物资的准备情况、有无专业分包、施工质量管理体系等。业主应按照合同规定，做好征地拆迁工作，及时提供施工用地。同时还应当完成法律及财务方面的手续，以便能及时向承包单位支付工程预付款。各种准备工作完成后，总监理工程师应经业主批准下达开工令。

（5）协助承包单位实施进度计划。监理工程师要随时了解施工进度计划执行过程中所存在的问题，并帮助承包单位予以解决，特别是承包单位无力解决的内外关系协调问题。

（6）监督施工进度计划的实施。这是工程项目施工阶段进度控制的经常性工作。监理工程师不仅要及时检查承包单位报送的施工进度报表和分析资料，同时还要进行必要的现场实地检查，核实所报送的已完项目时间及工程量，杜绝虚报现象。

监理工程师还应将检查情况与计划进度相比较，以判定实际进度是否出现偏差。如果出现进度偏差，监理工程师应进一步分析此偏差对进度控制目标的影响程度及其产生的原因，以便研究对策，提出纠偏措施。必要时还应对后期工程进度计划做适当的调整。

（7）组织现场协调会。监理工程师应每月、每周定期组织召开不同层级的现场协调会议，以解决工程施工过程中的相互协调配合问题。在平行、交叉施工单位多，工序交接频繁且工期紧迫的情况下，现场协调会甚至需要每日召开。对于某些未曾预料的突发变故或问题，监理工程师还可以通过发布紧急协调指令，督促有关单位采取应急措施维护施工的正常秩序。

（8）签发工程进度款支付凭证。监理工程师应对承包单位申报的已完分项工程量进行核实，在质量监理人员检查验收后，签发工程进度款支付凭证。

（9）审批工程延期。由于承包单位自身的原因所造成的工程进度拖延称为工程延误；由于承包单位以外的原因所造成的工程进度拖延称为工程延期。

1）工程延误。当出现工期延误时，监理工程师有权要求承包单位采取有效措施加快施工进度。如果经过一段时间后，实际进度没有明显改进，仍然拖后于计划进度，而且显然影响工程按期竣工时，监理工程师应要求承包单位修改进度计划，并提交给监理工程师重新确认。

监理工程师对修改后的施工进度计划的确认，并不是对工程延期的批准，他只是要求承包单位在合理的状态下施工。因此，监理工程师对进度计划的确认，并不能解除承包单位应负的一切责任，承包单位需要承担赶工的全部额外开支和误期损失赔偿。

2）工程延期。如果由于承包单位以外的原因造成工期拖延，承包单位有权提出延长工期的申请。监理工程师应根据合同规定，审批工程延期时间。经监理工程师核实批准的工程延期时间，应纳入合同工期。即新的合同工期应等于原定的合同工期加上监理工程师批准的工程延期时间。

（10）向业主提供进度报告。监理工程师应随时整理进度资料，并做好工程记录，定期向业主提交工程进度报告。

（11）督促承包单位整理技术资料。监理工程师要根据工程进展情况，督促承包单位及时整理有关技术资料。

（12）签署工程竣工报验单并提交质量评估报告。当单位工程达到竣工验收条件后，承包单位在自行预验的基础上提交工程竣工报验单，申请竣工验收。监理工程师在对竣工资料及工程实体进行全面检查、验收合格后，签署工程竣工报验单，并向业主提出质量评估报告。

（13）整理工程进度资料。在工程完工以后，监理工程师应将工程进度资料收集起来，进行归类、编目和建档，以便为今后其他类似工程项目的进度控制提供参考。

（14）工程移交。监理工程师应督促承包单位办理工程移交手续，颁发工程移交证书。在工程移交后的保修期内，还要处理验收后质量问题的原因及责任等争议问题，并督促责任单位及时修理。当保修期结束且再无争议时，建设工程进度控制的任务即告完成。

三、工程延期的处理

（一）工程延期的申报与审批

1. 申报工程延期的条件

由于以下原因导致工程延期，承包单位有权提出延长工期的申请，监理工程师应按合同规定，批准工程延期时间。

（1）监理工程师发出工程变更指令而导致工程量增加。

（2）合同所涉及的任何可能造成工程延期的原因，如延期交图、工程暂停、对合格工程的剥离检查及不利的外界条件等。

（3）异常恶劣的气候条件。

（4）由业主造成的任何延误、干扰或障碍，如未及时提供施工场地、未及时付款等。

（5）除承包单位自身以外的其他任何原因。

2. 工程延期的审批程序

（1）当工程延期事件发生后，承包单位应在合同规定的有效期内以书面形式通知监理工程师（即工程延期意向通知），以便于监理工程师尽早了解所发生的事件，及时做出一些减少延期损失的决定。随后，承包单位应在合同规定的有效期内（或监理工程师可能同意的合理期限内）向监理工程师提交详细的申述报告（延期理由及依据）。监理工程师收到该报告后应及时进行调查核实，准确地确定出工程延期时间。

（2）当延期事件具有持续性，承包单位在合同规定的有效期内不能提交最终详细的申述报告时，应先向监理工程师提交阶段性的详情报告。监理工程师应在调查核实阶段性报告的基础上，尽快做出延长工期的临时决定。临时决定的延期时间不宜太长，一般不超过最终批准的延期时间。

（3）待延期事件结束后，承包单位应在合同规定的期限内向监理工程师提交最终的详情报告。监理工程师应复查详情报告的全部内容，然后确定该延期事件所需要的延期时间。

（4）监理工程师在做出临时工程延期或最终工程延期批准或最终工程延期批准之前，均应与业主和承包单位进行协商。

（二）工程延期的审批原则

监理工程师在审批工程延期时应遵循下列原则：

（1）合同条件。导致工期拖延的原因确实属于承包单位自身以外的，否则不能批准为工程延期。

（2）影响工期。发生延期事件的工程部位，无论其是否处在施工进度计划的关键线路上，只有当所延长的时间超过其相应的总时差而影响到工期时，才能批准工程延期。

（3）实际情况。批准的工程延期必须符合实际情况。

（三）工程延期的控制

发生工程延期事件，不仅影响工程进展，而且会给业主带来损失。因此，监理工程师应做好以下工作，以减少或避免工程延期事件的发生。

（1）选择合适的时机下达工程开工令。监理工程师在下达工程开工令之前，应充分考虑业主的前期准备工作是否充分。特别是征地、拆迁问题是否已解决，设计图纸能否及时提供，以及付款方面有无问题等，以避免由于上述问题缺乏准备而造成工程延期。

（2）提醒业主履行施工承包合同中所规定的职责。在施工过程中，监理工程师应经常提醒业主履行自己的职责，提前做好施工场地及设计图纸的提供工作，并及时支付工程进度款，以减少或避免由此而造成的工程延期。

（3）妥善处理工程延期事件。当延期事件发生以后，监理工程师应根据合同规定进行妥善处理。既要尽量减少工程延期时间及损失，又要在详细调查研究的基础上合理批准工程延期时间。

（四）处理工程延误的手段

如果由于承包单位自身的原因而造成工程拖延，而承包单位又未按照监理工程师的指令改变延期状态时，通常可以采用下列手段进行处理：

（1）拒绝签署付款凭证。当承包单位的施工活动不能使监理工程师满意时，监理工程师有权拒绝承包单位的支付申请。因此，当承包单位的施工进度拖后且又不采取积极措施时，监理工程师可以采取拒绝签署付款凭证的手段制约承包单位。

（2）误期损失赔偿。误期损失赔偿是当承包单位未能按合同规定的工期完成合同范围内的工作时对其的处罚，是建设单位对承包单位提出的反索赔。如果承包单位未能按合同规定的工期和条件完成整个工程，则应向建设单位支付投标书附件中规定的金额，作为该项违约的损失赔偿费。

（3）取消承包资格。如果承包单位严重违反合同，又不采取积极的措施补救，则业主为了保证合同工期，有权取消其承包资格。

取消承包资格是对承包单位违约的严厉制裁，因为业主取消了承包单位的承包资格，承包单位不但要被驱逐出施工现场，而且还要承担由此造成的损失费用。这种惩罚措施一般不轻易采用，而且在做出这项决定前，业主必须事先通知承包单位，并要求其在规定的期限内做好辩护准备。

【例5－1】某施工单位（乙方）承担了某学校（甲方）教学楼室外装饰工程的施工任务。施工网络计划如图5－11所示，合同工期即为网络计划工期。施工过程中由于甲方和乙方以及不可抗力的原因，致使施工计划中各项工作的持续时间受到影响，如表5－2所示，实际工期为72天。为此，乙方提出延长工期16天的索赔要求，甲方只同意延长工期10天。

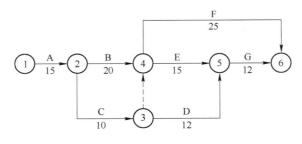

图5－11 施工网络计划

表5-2　影响工作时间表　　　　　　　　　　　　　　（d）

工作代号	建设单位原因	施工单位原因	不可抗力原因
A	0	0	1
B	2	-1	0
C	3	0	0
D	0	3	2
E	2	0	5
F	-2	3	0
G	3	-2	0
合　计	8	3	8

【问题】

（1）监理工程师处理施工单位延长工期要求的原则是什么？

（2）监理工程师应批准乙方延长工期几天较为合理？

【解析】

（1）监理工程师处理延长工期要求的原则有：

1）由于非施工单位原因引起的工期延误应给予延长工期。

2）确定工期延长的天数应考虑受影响的工作是否位于网络计划的关键线路上。

3）如果由于非施工单位造成的各项工作的延误并为改变原网络计划的关键线路，F则应认可的工期延长时间可按位于关键线路上属于非施工单位原因导致的工期延长之和求得。

（2）该工程网络计划的关键线路为：①→②→④→⑤→⑥，位于关键线路上的关键工作是A、B、E、G工作。其中属于非承包单位原因引起的工期延长时间分别为：A工作1d，B工作2d，E工作2+5=7d，G工作3d，所以监理工程师应批准施工单位延长的工期为：1（A）+2（B）+7（E）+3（G）=13d。

思 考 题

5-1　建设工程监理进度控制的概念是什么？

5-2　监理工程师进行进度控制的工作内容是什么？

5-3　阐述设计阶段进度控制的工作程序。

5-4　影响设计工作进度的因素有哪些？

5-5　进度计划调整的方法有哪些？

5-6　处理工程延误的手段有哪些？

5-7　进度控制的方法有哪些？

5-8　进度控制的措施有哪些？

第六章　建设工程监理质量控制

第一节　建设工程质量概述

一、质量与建设工程质量的概念

（一）质量

随着经济的发展和社会的进步，人们对质量的需求不断提高，质量的概念也随着不断深化、发展。具有代表性的质量概念主要有符合性质量和适用性质量。

1. 符合性质量的概念

它以符合现行标准的程度作为衡量依据。符合标准就是合格的产品质量，符合的程度反映了产品质量的一致性。这是长期以来人们对质量的定义，认为产品只要符合标准，就满足了顾客需求。"规格"和"标准"有先进和落后之分，过去认为是先进的，现在可能是落后的。落后的标准即使百分之百地符合，也不能认为是质量好的产品。同时，"规格"和"标准"不可能将顾客的各种需求和期望都规定出来，特别是隐含的需求与期望。

在工程建设中符合相关标准是施工质量控制的主要依据。同时应当指出，各种质量标准均随着技术进步与时代发展而不断修订与更新。

2. 适用性质量的概念

它是以适合顾客需要的程度作为衡量的依据。从使用角度定义产品质量，认为产品的质量就是产品的适用性，即"产品在使用时能成功地满足顾客需要的程度"。

适用性的质量概念，要求人们从"使用要求"和"满足程度"两个方面去理解质量的实质。

质量从"符合性"发展到"适用性"，使人们意识到应把顾客的需求放在首位。顾客对他们所消费的产品和服务有不同的需求和期望，这意味着组织需要决定他们想要服务于哪类顾客，是否在合理的前提下每一件事都满足顾客的需要和期望。工程建设中，设计质量的好坏，不仅要符合相关设计标准，更要强调适用于业主的使用需要。

（二）建设工程质量

建设工程质量简称工程质量，是指反映建设工程满足相关标准规定或合同约定的要求，包括其在安全、使用功能、耐久性能、环境保护等方面所有明显和隐含能力的特性总和。

建设工程作为一种特殊的产品，除具有一般产品共有的质量特性外，还应具有适用性、可靠性、经济性、美观性及环境保护性，共同构成建设工程质量特性系统，如图6-1所示。

建设工程质量不仅包括活动或过程的结果，还包括活动或过程的本身，即还包括生产工程产品的全过程。因此，建设工程质量应该还包括如下建设工程各个阶段的质量及其相

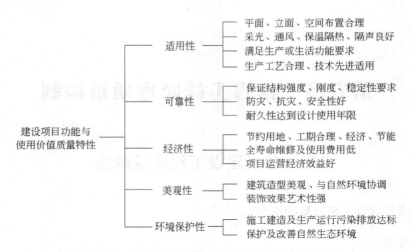

图 6-1　建设项目功能与使用价值质量特征系统

应的工作质量：工程决策质量、工程设计质量、工程施工质量、工程回访保修质量。各阶段的质量内涵可以概括为表 6-1 所示。

（1）适用性。适用性即功能，是指工程满足使用目的的各种性能，包括理化性能、结构性能、使用性能、外观性能等。

（2）耐久性。耐久性即寿命，是指工程在规定的条件下，满足规定功能要求使用的年限，也就是工程竣工后的合理使用寿命周期。

（3）安全性。安全性是指工程建成后在使用过程中保证结构安全、保证人身和环境免受危害的程度。

（4）可靠性。可靠性是指工程在规定的时间和规定的条件下完成规定功能的能力。

（5）经济性。经济性是指工程从规划、勘察、设计、施工到整个产品使用寿命周期内的成本和消耗的费用。

表 6-1　建设工程各阶段的质量内涵

建设工程质量形成各阶段	建设工程质量在各阶段的内涵	合同环境下满足需要的规定
决策阶段	可行性研究；工程项目投资决策	国家的发展规划或业主需求
设计阶段	功能、使用价值的满足程度；工程设计的安全、可靠性； 与自然及社会环境的适应性； 工程概（预）算的经济性； 设计进度的合理性	建设工程勘察、设计合同及有关法律、法规
施工阶段	功能、使用价值的实现程度； 工程的安全、可靠性； 与自然及社会环境的适应性； 工程造价的控制状况； 施工进度的合理性	建设工程施工承包合同及有关法律、法规
保修阶段	保持或恢复原使用功能的能力	工程保修合同及有关法律、法规

二、建设工程质量的影响因素

在工程建设中，无论勘察、设计、施工和机电设备的安装，影响质量的因素主要有人、材料、机械、方法和环境（4M1E）五大方面。因此，事前对这五方面的因素严格予以控制，是保证建设项目工程质量的关键。

（一）人的因素

人是指直接参与工程建设的决策者、组织者、指挥者和操作者。人作为控制的对象，是避免产生失误；作为控制的动力，是充分调动人的积极性，发挥"人的因素第一"的主导作用。

为了避免人的工作失误，调动人的主观能动性，增强人的责任感和质量观，达到以工作质量保工序质量、促工程质量的目的，除了加强政治思想教育、劳动纪律教育、职业道德教育、专业技术知识培训，健全岗位责任制，改善劳动条件，公平合理的激励外，还需根据工程项目的特点，从确保质量出发，本着适才适用、扬长避短的原则来掌握对人的使用。

（二）材料、构配件

材料（包括原材料、成品、半成品、构配件）是工程施工的物质条件，没有材料就无法施工。材料质量是工程质量的基础，材料质量不符合要求，工程质量也就不可能符合标准。因此，加强材料的质量控制，是提高工程质量的重要保证，是创造正常施工条件，实现投资、进度控制的前提。

在工程监理中，监理工程师对材料质量的控制方法应着重于以下工作：

（1）掌握材料信息，优选供货厂家。掌握材料质量、价格、供货能力的信息，选择好供货厂家，就可获得质量好、价格低的材料资源，从而就可确保工程质量，降低工程造价。为此，对主要材料、设备及构配件在订货前，必须要求承包单位申报，经监理工程师论证同意后，方可订货。

（2）合理组织材料供应，确保施工正常进行。监理工程师协助承包单位合理地、科学地组织材料采购、加工、储备、运输，建立严密的计划、调度、管理体系，加快材料的周转，减少材料的占用量，按质按量、如期地满足建设需要，乃是提高供应效益，确保正常施工的关键环节。

（3）合理地组织材料使用，减少材料的损失。正确按定额计量使用材料，加强运输、仓库、保管工作，加强材料限额管理和发放工作，健全现场材料管理制度，避免材料损失、变质，乃是确保材料质量、节约材料的重要措施。

（4）加强材料检查验收，严把材料质量关。材料质量控制的内容主要有：掌握材料的质量标准、材料取样、试验方法，进行材料的性能检验，明确材料的适用范围等。

（5）要重视材料的使用认证，以防错用或使用不合格的材料。

（三）施工方法

这里所指的方法控制，包含工程项目整个建设周期内所采取的技术方案、工艺流程、组织措施、检测手段、施工组织设计等方面的控制。

尤其是施工方案正确与否，是直接影响工程项目的进度控制、质量控制、投资控制三大目标能否顺利实现的关键。往往由于施工方案考虑不周而拖延进度，影响质量，增加投资。为此，监理工程师在参与制订和审核施工方案时，必须结合工程实际，从技术、组织、管理、工艺、操作、经济等方面进行全面分析、综合考虑，力求方案技术可行、经济合理、工艺先进、措施得力、操作方便，有利于提高质量、加快进度、降低成本。

（四）施工机械设备的选用

机械设备的控制，包括生产机械设备和施工机械设备两大类，现仅就施工机械设备选用中有关质量控制问题予以简述。

施工机械设备是实现施工机械化的重要物质基础，是现代化工程建设中必不可少的设施，对工程项目的施工进度和质量均有直接影响。为此，在项目施工阶段，监理工程师必须综合考虑施工现场条件、建筑结构形式、机械设备性能、施工工艺和方法、施工组织与管理、建筑技术经济等各种因素参与承包单位机械化施工方案的制订和评审。使之合理装备、配套使用、有机联系，以充分发挥建筑机械的效能，力求获得较好的综合经济效益。从保证项目施工质量角度出发，监理工程师应着重从机械设备的选型、机械设备的主要性能参数和机械设备的使用操作要求三方面予以控制。

（五）环境因素

影响工程项目质量的环境因素较多，有工程技术环境，如工程地质、水文、气象等；工程管理环境，如质量保证体系、质量管理制度等；劳动环境，如劳动组合、劳动工具、工作面等。环境因素对工程质量的影响，具有复杂而多变的特点，如气象条件就变化万千，温度、湿度、大风、暴雨、酷暑、严寒都直接影响工程质量，往往前一工序就是后一工序的环境，前一分项、分部工程也就是后一分项、分部工程的环境。因此，根据工程特点和具体条件，应对影响质量的环境因素，采取有效的措施严加控制。

环境因素与施工方案和技术措施紧密相关，如在含细砂的工程地质条件下进行基础工程施工时，就不能采用明沟排水大开挖的施工方案。因为工程的地质条件为砂类土，地下水位又高，采用大开挖、明排水施工时，必然会产生流砂现象。这样，不仅会使施工条件恶化，拖延工期，增加对流砂处理的费用，而且将会影响地基的质量。

【例 6-1】某汽车工业学院试验楼，共三层，局部二层，建筑面积 $3500m^2$，人工挖孔桩基础，在成孔施工中，遇到粉质黏土层和淤泥，大量的地下水，成孔在 3m 以下非常困难，采用钢套筒支护，挖至 13m 深时，附近地面下陷，相邻建筑出现裂缝，并继续发展，不得已将孔洞回填。

主要原因查明如下：

（1）地质土层埋深勘探不详，地质报告显示基岩埋深在 13m，实际超过 16m，本工程地质钻孔数量不足，未能探明地层，仅钻四个孔，且变化较大，应补孔。

（2）基础设计选型不当。地基土质不良，且具有丰富的地下水，采用人工挖孔桩不合适，采用筏式基础或板式基础为宜。

【问题】

（1）对项目工程质量产生影响的因素都有哪些？

（2）在本例中，是哪方面的因素对工程质量产生了影响？

【解析】

（1）影响工程质量的因素很多，但归纳起来主要有五个方面，即人、工程材料、机械设备、方法和环境。

（2）勘察、设计都是通过人来完成的，归根结底是由于人的因素对工程质量产生了影响。

三、建设工程质量标准

工程建设标准是从事工程建设一个非常重要的工作依据，作为监理人员必须对国家的标准体系有一个全面的了解和认识。

（一）标准的分类

标准化工作是一项复杂的系统工程，标准为适应不同的要求从而构成一个庞大而复杂的系统，为便于研究和应用，人们从不同的角度和属性将标准进行分类。

1. 根据适用范围分类

根据《中华人民共和国标准化法》（以下简称《标准化法》）的规定，我国标准分为国家标准、行业标准、地方标准和企业标准四类。

（1）国家标准。由国务院标准化行政主管部门制定的需要全国范围内统一的技术要求，称为国家标准。

（2）行业标准。没有国家标准而又需在全国某个行业范围内统一的技术标准，由国务院有关行政主管部门制定并报国务院标准化行政主管部门备案的标准，称为行业标准。

（3）地方标准。没有国家标准和行业标准而又需在省、自治区、直辖市范围内统一的工业产品的安全、卫生要求，由省、自治区、直辖市标准化行政主管部门制定并报国务院标准化行政主管部门和国务院有关行业行政主管部门备案的标准，称为地方标准。

（4）企业标准。企业生产的产品如果没有国家标准、行业标准和地方标准，由企业制定的作为组织生产的依据的相应的企业标准，或在企业内制定适用的严于国家标准、行业标准或地主标准的企业（内控）标准，由企业自行组织制定的并按省、自治区、直辖市人民政府的规定备案（不含内控标准）的标准，称为企业标准。

这四类标准主要是适用范围不同，不是标准技术水平高低的分级。

2. 根据法律的约束性分类

（1）强制性标准。强制性标准主要是保障人体健康、人身财产安全的标准和法律、行政法规规定强制执行的标准。对不符合强制性标准的产品禁止生产、销售和进口。根据《标准化法》的规定，企业和有关部门对涉及其经营、生产、服务、管理有关的强制性标准都必须严格执行，任何单位和个人不得擅自更改或降低标准。对违反强制性标准而造成不良后果以至重大事故者，由法律、行政法规规定的行政主管部门依法根据情节轻重给予行政处罚，直至由司法机关追究刑事责任。

强制性标准是国家技术法规的重要组成部分，它符合世界贸易组织贸易技术壁垒协定关于"技术法规"的定义，即"强制执行的规定产品特性或相应加工方法的包括可适用的行政管理规定在内的文件。技术法规也可包括或专门规定用于产品、加工或生产方法的术语、符号、包装标志或标签要求"。为使我国强制性标准与WTO/TBT规定衔接，其范围要严格限制在国家安全、防止欺诈行为、保护人身健康与安全、保护动物植物的生命和健康以及保护环境五个方面。

（2）推荐性标准。推荐性标准是指导性标准，基本上与WTO/TBT对标准的定义接轨，即"由公认机构批准的，非强制性的，为了通用或反复使用的目的，为产品或相关生产方法提供规则、指南或特性的文件。标准也可以包括或专门规定用于产品、加工或生产方法的术语、符号、包装标准或标签要求"。推荐性标准是自愿性文件。

推荐性标准由于是协调一致文件，不受政府和社会团体的利益干预，能更科学地规定特性或指导生产，《标准化法》鼓励企业积极采用，为了防止企业利用标准欺诈消费者，要求采用低于推荐性标准的企业标准组织生产的企业向消费者明示其产品标准水平。

（3）标准化指导性技术文件。标准化指导性技术文件是为仍处于技术发展过程中（为变化快的技术领域）的标准化工作提供指南或信息，供科研、设计、生产、使用和管理等有关人员参考使用而制定的标准文件。

符合下列情况可判定为指导性技术文件：

1）技术尚在发展中，需要有相应的标准文件引导其发展或具有标准价值，尚不能制定为标准的；

2）采用国际标准化组织、国际电工委员会及其他国际组织的技术报告。

国务院标准化行政主管部门统一负责指导性技术文件的管理工作，并负责编制计划、组织草拟、统一审批、编号、发布。

指导性技术文件编号由指导性技术文件代号、顺序号和年号构成。

3. 根据标准的性质分类

（1）技术标准。技术标准是指对标准化领域中需要协调统一的技术事项而制定的标准。其主要是规定事物的技术性内容。

（2）管理标准。管理标准是指对标准化领域中需要协调统一的管理事项所制定的标准。其主要是规定人们在生产活动和社会生活中的组织结构、职责权限、过程方法、程序文件以及资源分配等事宜，它是合理组织国民经济，正确处理各种生产关系，正确实现合理分配，提高生产效率和效益的依据。

（3）工作标准。工作标准是指对标准化领域中需要协调统一的工作事项所制定的标准。工作标准是针对具体岗位而规定人员和组织在生产经营管理活动中的职责、权限，对各种过程的定性要求以及活动程序和考核评价要求。

4. 根据标准化的对象和作用分类

（1）基础标准。基础标准是指在一定范围内作为其他标准的基础并普遍通用，具有广泛指导意义的标准。如：名词、术语、符号、代号、标志、方法等标准；计量单位制、公差与配合、形状与位置公差、表面粗糙度、螺纹及齿轮模数标准；优先数系、基本参数系列、系列型谱等标准；图形符号和工程制图；产品环境条件及可靠性要求等。

（2）产品标准。产品标准是指为保证产品的适用性，对产品必须达到的某些或全部特性要求所制定的标准，包括：品种、规格、技术要求、试验方法、检验规则、包装、标志、运输和贮存要求等。

（3）方法标准。方法标准是指以试验、检查、分析、抽样、统计、计算、测定、作业等各种方法为对象而制定的标准。

（4）安全标准。安全标准是指以保护人和物的安全为目的而制定的标准。

（5）卫生标准。卫生标准是指为保护人的健康，对食品、医药及其他方面的卫生要求而制定的标准。

（6）环境保护标准。环境保护标准为保护环境和有利于生态平衡对大气、水体、土壤、噪声、振动、电磁波等环境质量、污染管理、监测方法及其他事项而制定的标准。

以上每一种分法之一的标准共同组合成一项标准，如国际单位制（SI）为强制性的基础技术国家标准。因此，四种分法共可组成144（2×4×3×6＝144）类标准。

（二）标准的代号和编号

1. 国家标准的代号和编号

国家标准的代号由大写汉字拼音字母构成，强制性国家标准代号为"GB"，推荐性国家标准的代号为"GB/T"。

国家标准的编号由国家标准的代号、标准发布顺序号和标准发布年代号（四位数）组成，示例如下：

强制性国家标准　GB 50319—2013《建设工程监理规范》

推荐性国家标准　GB/T 11968—1997《蒸压加气混凝土砌块》

国家实物标准（样品），由国家标准化行政主管部门统一编号，编号方法采用国家实物标准代号（为汉字拼音大写字母"GSB"）加《标准文献分类法》的一级类目、二级类目的代级类目范围内的顺序、四位数年代号相结合的办法。

2. 行业标准的代号和编号

（1）代号和编号。行业标准代号由汉字拼音大写字母组成。行业标准的编号由行业标准代号、标准发布顺序及标准发布年代号（四位数）组成，示例如下：

强制性行业标准编号　JC890—2001

推荐性行业标准编号　SL/T191—1996

（2）行业标准代号。由国务院各有关行政主管部门提出其所管理的行业标准范围的申请报告，国务院标准化行政主管部门审查确定并正式公布该行业标准代号。

3. 地方标准的代号和编号

（1）地方标准的代号。由汉字"地标"大写拼音字母"DB"加上省、自治区、直辖市行政区划代码的前两位数字，再加上斜线T组成推荐性地方标准；不加斜线T为强制性地方标准，如：

强制性地方标准：DB××

推荐性地方标准：DB××/T

（2）地方标准的编号。地方标准的编号由地方标准代号、地方标准发布顺序号、标准发布年代号（四位数）三部分组成。

（3）企业标准的代号和编号：

1）企业标准的代号。企业标准的代号由汉字"企"大写拼音字母"Q"加斜线再加企业代号组成，企业代号可用大写拼音字母或阿拉伯数字或两者兼用所组成。企业代号按中央所属企业和地方企业分别由国务院有关行政主管部门或省、自治区、直辖市政府标准化行政主管部门会同同级有关行政主管部门加以规定。示例：Q／。

企业标准一经制定颁布，即对整个企业具有约束性，是企业法规性文件，没有强制性企业标准和推荐企业标准之分。

2）企业标准的编号。企业标准的编号由企业标准代号、标准发布顺序号和标准发布年代号（四位数）组成。

第二节　建设工程质量控制

一、质量控制概述

质量控制是质量管理的一部分，致力于满足质量要求。质量要求应转化为由一些定性和定量的规范表示的质量特性，以便于质量控制的执行和检查。

质量控制贯穿于质量形成的全过程、各环节，在控制时应排除这些环节的技术、活动偏离有关规范的现象，使其恢复正常，达到控制的目的。

质量控制的内容是"采取的作业技术和活动"。这些活动包括：

（1）确定控制对象，例如一道工序、设计过程、制造过程等。

（2）规定控制标准，即详细说明控制对象应达到的质量要求。

（3）制定具体的控制方法，例如工艺规程。

（4）明确所采用的检验方法，包括检验手段。

（5）实际进行检验。

（6）说明实际与标准之间有差异的原因。

（7）为解决差异而采取的行动。

工程项目质量要求则主要表现为工程合同、设计文件、基数规范规定的质量标准。因此，工程项目质量控制就是为了保证达到工程合同规定的质量标准而采取的一系列措施、手段和方法。

工程监理的质量控制，是指监理单位受业主委托，为保证工程合同规定的质量标准对工程项目进行的质量控制。其目的在于保证工程项目能够按照工程合同规定的质量要求达到业主的建设意图，取得良好的投资效益。其控制依据除国家制定的法律、法规外，主要是合同、设计图纸。在设计阶段及其前期的质量控制以审核可行性研究报告及设计文件、图纸为主，审核项目设计是否符合业主要求。在施工阶段驻现场实地监理，检查是否严格按图施工，并达到合同中规定的质量标准。

二、质量控制的主体与程序

建设工程质量控制是指致力于满足工程质量要求，也就是为了保证工程质量满足工程合同、规范标准所采取的一系列措施、方法和手段。工程质量要求主要表现为工程合同、设计文件、技术规范标准规定的质量标准。

（一）建设工程质量控制主体

建设工程质量控制按其实施主体不同，主要包括以下四个方面：

（1）政府的工程质量控制。

（2）工程监理单位的质量控制。

（3）勘察设计单位的质量控制。

（4）施工单位的质量控制。

（二）建设工程质量控制程序

建设工程质量控制按工程质量的形成过程，应贯穿于全过程各阶段，包括决策阶段质量控制、工程设计阶段质量控制、工程施工阶段质量控制和竣工验收阶段质量控制。

建设工程全过程质量控制如图 6-2 所示。

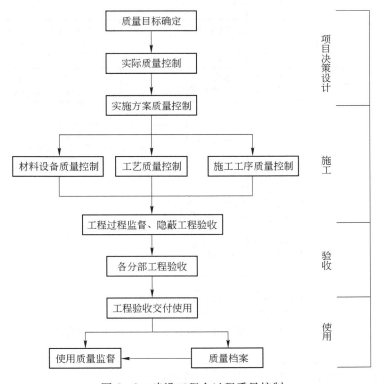

图 6-2　建设工程全过程质量控制

工程项目的质量控制应按照一定的程序进行，制定监理工作程序时应根据专业工程的特点并结合建设工程合同及各种管理工作的要求进行。质量控制程序还应体现事前控制、主动控制的要求，并落实主动控制与被动控制相结合的原则。在质量控制过程中，当有些实际情况发生变更时，如承包单位的数量发生变化、合同发生变更、进度要求发生变化、材料供应情况发生变化、有关法律法规或规范发生变化，此时质量控制程序应适应这些变化，并对质量控制程序进行适当的调整。

下面列出了一些具体的控制程序，可供实际工作参考。

（1）施工组织设计（施工方案）审核工作程序。施工组织设计（施工方案）审核工作程序如图 6-3 所示。

（2）开工审核工作程序。开工审核工作程序如图 6-4 所示。

（3）分包单位资格审核监理工作程序。分包单位资格审核监理工作程序可以采取如图 6-5 所示的程序。

（4）材料、设备供应单位资质审核工作程序。材料、设备供应单位资质审核工作程序如图 6-6 所示。

（5）建筑材料审核工作程序。建筑材料审核工作程序如图 6-7 所示。

（6）技术审核工作程序。技术审核工作程序可以采用图 6-8 所示的程序。

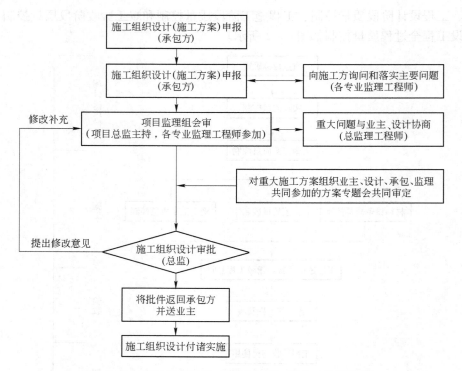

图 6－3　施工组织设计（施工方案）审核工作程序图

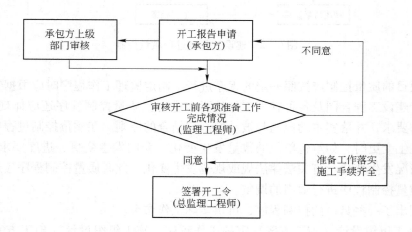

图 6－4　开工审核工作程序图

（7）施工图纸会审工作程序及实施要点如图 6－9 所示。

（8）监理旁站检查工作程序。监理旁站检查工作程序如图 6－10 所示。

此外，监理工作中应根据实际情况制定工作程序，如设备验收程序、测量复核程序、试验见证程序、竣工验收程序等。

三、质量控制的原则

监理工程师在质量控制过程中，应遵循以下几点原则：

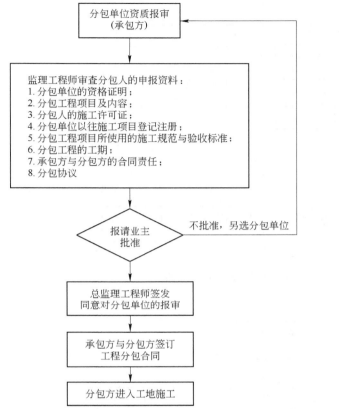

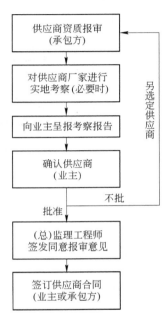

图6-5　分包单位资格审核监理工作程序图　　　图6-6　材料、设备供应单位
资质审核工作程序图

（1）坚持"质量第一、用户至上"。建筑产品作为一种特殊的商品，使用年限较长，工程质量是百年大计，直接关系到人民生命财产的安全。因此，工程项目在施工中应自始至终地把"质量第一、用户至上"作为质量控制的基本原则。

（2）以人为核心。人是质量的创造者，质量控制必须"以人为本"，把人作为控制的动力，调动人的积极性、创造性，增强人的责任感，树立"质量第一"观念，提高人的素质，避免人的失误，以人的工作质量保证工序质量、工程质量。

（3）以预防为主。以预防为主就是要从对质量做事后检查把关，转向对工程质量的检查、对工序质量的检查、对中间产品质量的检查。

（4）坚持质量标准，严格检查，一切用数据说话。质量标准是评价产品质量的尺度，数据是质量控制的基础和依据。产品质量是否符合质量标准，必须通过严格检查，用数据说话。

（5）贯彻科学、公正、守法的职业规范。各级质量管理人员，在处理质量问题过程中，应尊重客观事实，尊重科学、正直、公正，不持偏见；遵纪、守法，杜绝不正之风；既要坚持原则，严格要求，秉公办事，又要谦虚谨慎，实事求是，以理服人，热情帮助。

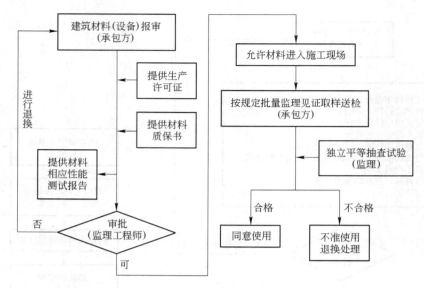

图 6-7　建筑材料审核工作程序图

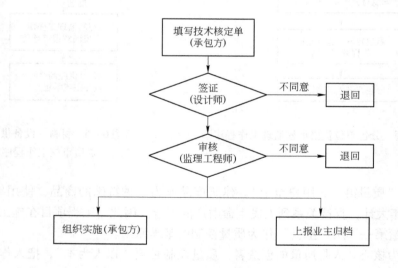

图 6-8　技术审核工作程序图

四、质量控制的依据

（一）工程承包合同文件

工程施工承包合同文件和监理合同中分别规定了参与建设的各方在质量控制方面的权利和义务的条款，有关各方必须履行在合同中的承诺。尤其是监理单位，既要履行监理合同的条款，又要监督施工单位、设计单位履行有关的质量控制条款。因此，监理工程师要熟悉这些条款，据以进行质量监督和控制。当发生质量纠纷时，及时采取措施予以解决。

工程承包合同文件还包括招标文件、投标文件及补充文件。

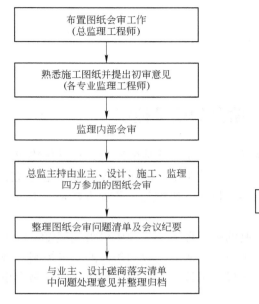

图 6-9　施工图纸会审工作程序及
　　　　实施要点图

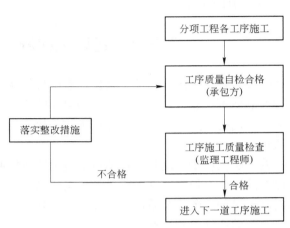

图 6-10　监理旁站检查工作程序图

（二）设计文件

"按图施工"是施工阶段质量控制的一项重要原则，因此，经过批准的设计图纸和技术说明书等设计文件，无疑是质量控制的重要依据。但是从严格质量管理和质量控制的角度出发，监理单位在施工之前还应组织设计单位及施工单位进行设计交底及图纸会审工作，以达到使施工单位了解设计意图和质量要求，以及发现图纸差错和减少质量隐患的目的。

（三）有关质量检验与控制的专门技术标准

这类文件依据一般是针对不同行业、不同的质量控制对象而制定的技术法规性的文件，包括各种有关的技术标准、技术规范、规程或质量方面的规定。

所谓技术标准有国际标准（如 ISO 系列）、国家标准、行业标准和企业标准之分。它是建立和维护正常的生产和工作秩序应遵守的准则，也是衡量工程、设备和材料质量的尺度。例如质量检验及评定标准，材料、半成品或构配件的技术检验和验收标准等。所谓技术规程或规范，一般是执行技术标准，保证施工有秩序地进行，而为有关人员制定的行动的准则，通常它们与质量的形成有密切关系，应严格遵守，例如施工技术规程、操作规程、设备维护和检修规程、安全技术规程，以及施工及验收规范等。各种有关质量方面的规定，一般是有关主管部门根据需要而发布的带有方针目标性的文件，它对于保证标准和规程、规范的实施和改善实际存在的问题，具有指令性和及时性的特点。

（四）有关的法律与法规

它包括三个层次的法律法规：第一层次是国家的法律；第二层次是部门的规章；第三层次是地方法律与规定。

（五）工程的项目文件

工程的项目文件包括：

（1）项目建议书；

（2）可行性报告；

（3）工艺方案；

（4）项目计划书等。

第三节　建设工程施工阶段的质量控制

建设工程施工阶段是使工程设计意图最终实现并形成工程实体的阶段，也是最终形成工程产品质量和建设工程使用价值的重要阶段。因此，施工阶段的质量控制不仅是建设工程质量控制的重点，也是工程监理工作的核心内容。目前，建设工程监理主要是施工阶段的监理。

施工阶段质量控制是工程项目全过程质量控制的关键环节，工程质量很大程度上取决于施工阶段质量控制。施工阶段的质量控制是一个由对投入的资源和条件的质量控制，进而对施工过程及各环节质量进行控制，直到对所完成的工程产出品的质量检验与控制为止的全过程的系统控制过程。

建设工程施工阶段具有以下特点：

（1）施工阶段是以执行计划为主的阶段。在施工阶段，创造性劳动较少。但是对于大型、复杂的建设工程来说，其施工组织设计（包括施工方案）对创造性劳动的要求相当高，某些特殊的工程构造也需要创造性的施工劳动来完成。

（2）施工阶段是实现建设工程价值和使用价值的主要阶段。设计过程也创造价值，但在建设工程总价值中所占的比例很小，建设工程的价值主要是在施工过程中形成的。

虽然建设工程的使用价值从根本上说是由设计决定的，但是如果没有正确的施工，就不能完全按照设计要求实现其使用价值。对于某些特殊的建设工程来说，能否解决施工中的特殊技术问题，能否科学地组织施工，往往成为其设计所预期的使用价值能否实现的关键。

（3）施工阶段是资金投入量最大的阶段。虽然施工阶段影响投资的程度只有 10% 左右，但其绝对数额还是相当可观的，而且，这时对投资的影响基本上是从投资数额上来理解的，而较少考虑价值工程和全寿命费用，因而是非常现实和直接的。

（4）施工阶段需要协调的内容多。

（5）施工质量对建设工程总体质量起保证作用。

此外，施工阶段还有一些其他特点，其中较为主要的表现在以下两方面：

（1）持续时间长，风险因素多。施工阶段是建设工程实施各阶段中持续时间最长、出现风险因素最多的阶段。

（2）合同关系复杂，合同争议多。施工合同与其他合同联系最为密切、履行时间最长、本身涉及的问题最多、最易产生合同争议和索赔。

一、施工准备阶段的质量控制

施工准备阶段的质量控制属事前控制，如事前的质量控制工作做得充分，不仅是工程项目施工的良好开端，而且会为整个工程项目质量的形成创造极为有利的条件。

（一）监理工作准备

（1）组建项目监理机构，进驻现场；

（2）完善组织体系，明确岗位职责；

（3）编制监理规划性文件；

（4）拟定监理工作流程；

（5）监理设备仪器准备；

（6）熟悉监理依据，准备监理资料。

（二）开工前的质量监理工作

（1）参与设计技术交底；

（2）审查承包单位的现场项目质量管理体系、技术管理体系和质量管理体系；

（3）审查分包单位的资质；

（4）审定施工组织设计；

（5）第一次工地会议。

（三）现场施工准备的质量控制

（1）查验承包单位的测量放线；

（2）施工平面布置的检查；

（3）工程材料、半成品、构配件报验的签认；

（4）检查进场的主要施工设备；

（5）审查主要分部（分项）工程施工方案。

（四）审查现场开工条件并签发开工报告

监理工程师应审查承包单位报送的工程开工报审表及相关资料，具备开工条件时，由总监理工程师签发，并报建设单位。

开工条件包括：

（1）施工许可证已获政府主管部门批准；

（2）征地拆迁工作能满足工程进度的需要；

（3）施工组织设计已获总监理工程师批准；

（4）承包单位现场管理人员已到位，机具、施工人员已进场，主要工程材料已落实；

（5）进场道路及水、电、通信已满足开工条件。

二、施工过程的质量控制

（一）施工过程质量控制的方法与手段

1. 审查承包单位的有关文件

需要审查的具体文件有图纸、施工方案、分包申请、变更申请与方案、质量问题与事故处理方案、各种配比、测量方案、试验方案、验收报告、材料采购报告等，通过审查这些文件的正确性、可靠性来保证工程质量，这是事前控制的重要内容。监理机构必须有能力审查或确认这些文件。

2. 现场落实有关文件

工程项目在建设过程中会形成许多文件需要得到落实。如来自设计单位的设计要求；多方共同形成的有关施工方案处理方案、会议决定；来自质量监督机构的质量监督文件或要求；来自建设单位与承包单位共同形成的工程变更、来自监理机构的监理通知；来自政府机构的有关文件和要求；来自建设单位的有关配合要求等。

3. 下达指令性文件

它是运用监理工程师指令控制权的具体形式。所谓指令性文件是表达监理工程师对施工承包单位提出指示和要求的书面文件，用以向施工单位指出施工中存在的问题，提请施工单位注意，以及向施工单位提出要求或指示其做什么或不做什么等等。监理工程师的各种指令都必须用书面文字确认，而且以文字为准。指令性文件包括监理工程师对承包人的原材料、混凝土配合比、施工技术方案、施工机械配备等方面的批复文件；包括监理工程师发现和确认发生了工程质量事故时向承包人发放的质量事故通知单；还包括设计变更指令、补充技术标准、要求以及一些通知、会议纪要、备忘录、情况通报等。监理工程师运用这些指令性文件给承包人指出施工中存在的问题或质量事故的苗头，提醒承包人加以注意或改进；提出对质量问题的处理意见或对承包人提出意见的批复等。这些指令性文件都将作为主要的技术资料收入竣工文件的基础资料部分，永久存档。

4. 现场检查与验收有关施工的质量

监理人员必须深入现场检查和验收材料质量、工序质量、测量放样等施工质量，旁站有关的重要施工过程。

检验的方法有：目测法、检测工具量测法及试验法。

（1）目测法。即凭借感官进行检查，也可以叫做感觉性检验。这类方法主要是根据质量要求，采用看、摸、敲、照等手法对检查对象进行检查。

"看"，就是根据质量标准要求进行外观检查，例如清水墙表面是否洁净，喷涂的密实度和颜色是否良好、均匀，工人的施工操作是否正常，混凝土振捣是否符合要求等。

"摸"，就是通过触摸手感进行检查、鉴别，例如油漆的光滑度，浆活是否牢固、不掉粉等。

"敲"，就是运用敲击方法进行音感检查，例如对拼镶木地板、墙面瓷砖、大理石镶贴、地砖铺砌等的质量均可通过敲击检查，根据声音虚实、脆闷判断有无空鼓等质量问题。

"照"，就是通过人工光源或反射光照射，仔细检查难以看清的部位。

（2）量测法。就是利用量测工具或计量仪表，通过实际量测结果与规定的质量标准或规范的要求相对照，从而判断质量是否符合要求。量测的手法可归纳为：靠、吊、量、套。

"靠"，是指用直尺、塞尺检查诸如地面、墙面的平整度等。

"吊"，是指用托线板线锤检查垂直度。

"量"，是指用量测工具或计量仪表等检测断面尺寸、轴线、标高、温度、湿度等数值并确定其偏差，例如大理石板微缝尺寸与数量、摊铺沥青拌和料的温度等。

"套"，是指以方尺套方辅以塞尺，检查诸如踏角线的垂直度、预制构件的方正、门窗口及构件的对角线等。

（3）试验法。通过现场取样，送实验室进行试验，取得有关数据，分析判断质量是否合格。

力学性能试验，如测定抗拉强度、抗压强度、抗弯强度、承载力等。

物理性能试验，如测定比重、密度、含水量、凝结时间、安定性等。

化学性能试验，如材料的化学成分、耐酸性、耐碱性、抗腐蚀等。

无损测试，如超声波探伤检测、磁粉探伤检测、X 射线探伤检测等。

5. 进行工程质量的检验

监理人员应对工程的质量进行检验和评价。当然监理人员必须依据有关的检查和检验的结果对工程质量进行评价，因此，监理人员应要求施工单位按照法律和规范的规定对工程质量进行必须的检验。同时监理机构还应视工程质量情况采取见证取样、见证试验、平行检验等方法对工程质量进行检验并取得检验结果。

见证取样和送检是指在工程监理人员或建设单位的见证下，由施工单位的现场试验人员对工程中涉及结构安全的试块、试件和材料在现场取样，并送至经过省级以上建设行政主管部门对其计量认证的质量检测单位进行检测的行为。

见证试验是指对只能在现场进行一些检验检测，由施工单位或检测机构进行检测，监理人员全过程进行见证并记录试验检测结果的行为。

平行检验是指项目监理机构利用一定的检查或检测手段，在承包单位自检的基础上，按照一定的比例独立进行检查或检测的活动。

6. 利用支付控制手段

这是国际上较通用的一种重要的控制手段，也是业主或承包合同赋予监理工程师的支付控制权。从根本上讲，国际上对合同条件的管理主要是采用经济手段和法律手段。因此，质量监理是以计量支付控制权为保障手段的。所谓支付控制权，就是对施工承包单位支付任何工程款项，均需由监理工程师开具支付证明书，没有监理工程师签署的支付证书，业主不得向承包方进行支付工程款。工程款支付的条件之一就是工程质量要达到规定的要求和标准。如果施工单位的工程质量达不到要求的标准，而又不能按监理工程师的指示承担处理质量缺陷的责任，予以处理使之达到要求的标准，监理工程师有权采取拒绝开具支付证书的手段，停止对施工单位支付部分或全部工程款，由此造成的损失由施工单位负责。显然，这是十分有效的控制和约束手段。

7. 现场监理

（1）现场巡视。它是监理人员最常用的手段之一，通过巡视，一方面可掌握正在施工的工程质量情况，另一方面可通过目视或常用工具检查施工质量。施工前监理人员应对施工放线及高程控制进行检查，严格控制，不合格者不得施工；有些在施工过程中也应随时注意控制，发现偏差，及时纠正，并指令施工单位处理。

（2）旁站监理。这是驻地监理人员经常采用的一种主要的现场检查形式，即是在施工过程中于现场观察、监督与检查其施工过程，注意并及时发现质量事故的苗头和质量影响因素不利的发展变化、潜在的质量隐患以及出现的质量问题等，以便及时进行控制。对于隐蔽工程、关键部位、关键工序的施工，进行旁站监督更为重要。当通过后续的验收或检查、检测无法完全了解施工质量的好坏时，监理人员也应该进行旁站，以验证施工质量符合施工验收规范的规定。

在实施旁站监理工作中，如何确定工程的关键部位、关键工序，必须结合具体的专业工程而言。就房屋建筑工程而言，其关键部位、关键工序包括两类内容：基础工程类：一是土方回填，混凝土灌注桩浇筑，地下连续墙、土钉墙、后浇带及其他结构混凝土、防水混凝土浇筑，卷材防水层细部构造处理，钢结构安装；二是主体结构工程类：梁柱节点钢筋隐蔽过程，混凝土浇筑，预应力张拉，装配式结构安装，钢结构安装，网架结构安装，索膜安装。至于其他部位是否需要旁站监理，可由建设单位与监理企业根据工程具体情况协商确定。

旁站监理人员的主要职责是：

1）检查施工企业现场质检人员到岗、特殊工种人员持证上岗以及施工机械、建筑材料准备情况。

2）在现场跟班监督关键部位、关键工序的施工执行施工方案以及工程建设强制性标准情况。

3）核查进场建筑材料、建筑构配件、设备和商品混凝土的质量检验报告等，并可在现场监督施工企业进行检验或者委托具有资格的第三方进行复验。

4）做好旁站监理记录和监理日记，保存旁站监理原始资料。

（3）平行检验。平行检验是指一方是承包单位对自己负责施工的工程项目进行检查验收，而另一方是监理机构，他是受建设单位的委托，在施工单位自检的基础上，按照一定的比例，对工程项目进行独立检查和验收。对同一被检验项目的性能在规定的时间里进行的两次检查验收。

平行检验是工程建设监理在质量过程控制中的重要手段，同时也是其他行业进行质量控制的重要方法。

（4）见证取样和送检见证试验。试验数据是监理工程师判断和确认各种材料和工程部位内在品质的主要依据。每道工序中诸如材料性能、拌和料配合比、成品的强度等物理力学性能以及打桩的承载能力等，常需通过试验手段取得试验数据来判断质量情况。

见证取样的试块、试件和材料送检时，应由送检单位填写委托单，委托单应由见证人员和送检人员签字。检测单位应检查委托单及试样上的标识和封志，确认无误后方可进行检测。检测单位应严格按照有关管理规定和技术标准进行检测，出具公正、真实、准确的检测报告。见证取样和送检的检测报告必须加盖见证取样检测的专用章。

（二）施工活动前的质量控制（质量预控）

1．质量控制点的设置

（1）质量控制点的概念。质量控制点就是质量控制人员在分析项目的特点之后，把影响工序施工质量的主要因素、施工活动中的重要部位或薄弱环节和一旦发生质量问题危害大的环节等事先列出来，分析影响质量的原因，并提出相应的措施，以便进行预控的关键点。在国际上质量控制点又根据其重要程度分为"见证点"（Witness Point）、"停止点"（Hold Point）和"旁站点"（Standby Point）。

（2）选择质量控制点的一般原则。可作为质量控制点的对象涉及面广，它可能是技术要求高、施工难度大的结构部位，也可能是影响质量的关键工序、操作或某一环节。总之，不论是结构部位，还是影响质量的关键工序、操作、施工顺序、技术参数、材料、机械、自然条件、施工环境等均可作为质量控制点来控制。概括说来，应当选择那些保证质量难度大的、对质量影响大的或者是发生质量问题时危害大的对象作为质量控制点。具体说，选择作为质量控制点的对象它们可以是：

1）施工过程中的关键工序或环节以及隐蔽工程，例如预应力结构的张拉工序，钢筋混凝土结构中的钢筋架立。

2）施工中的薄弱环节，或质量不稳定的工序、部位或对象，例如地下防水层施工。

3）对后续工程施工或后续工序质量或安全有重大影响的工序、部位或对象，例如预应力结构中的预应力钢筋质量（如硫、磷含量）、模板的支撑与固定等。

4）采用新技术、新工艺、新材料的部位或环节。

5）施工上无足够把握的、施工条件困难的或技术难度大的工序或环节，例如复杂曲线模板的放样等。

显然，是否设置为质量控制点，主要是视其对质量特征影响的大小、危害程度以及其质量保证的难度大小而定。表 6-2 所示为建筑工程质量控制点设置的一般位置示例。

表 6-2　质量控制点的设置位置

分项工程	质 量 控 制 点
测量定位	标准轴线桩、水平桩、龙门板、定位轴线
地基、基础	基坑（槽）尺寸、标高、土质、地基承载力、基础垫层标高，基础位置、尺寸、标高，预留洞孔、预埋件位置、规格等
砌　体	砌体轴线、砂浆配合比、预留孔洞、预埋件位置、砌块排列
模　板	位置、尺寸、标高、预埋件位置、模板强度及稳定性
钢筋混凝土	水泥品种、标号，砂石质量，混凝土配合比，外加剂比例，混凝土振捣，钢筋品种、规格、尺寸、接头，预留洞（孔）及预埋件规格数量和尺寸等，预制构件的吊装等
吊　装	吊装设备、吊具、索具、地锚
钢结构	翻样图、放大样、连接形式的要点
装　修	材料品质、色彩、各种工艺

（3）质量控制点的设置。设置质量控制点是保证达到施工质量要求的必要前提。在工程开工前，监理工程师就明确提出要求，要求承包单位在工程施工前根据施工过程质量控制的要求，列出质量控制点明细表，表中详细列出各质量控制点的名称或控制内容、检验标准及方法等，提交监理工程师审查批准后，在此基础上实施质量预控。监理工程师在拟定质量控制工作计划时，应予以详细的考虑，并以制度来保证落实。

质量控制点的表格形式，见表 6-3。在工程开工前，由专业监理工程师组织承包单位编制，并由总监理工程师批准后执行。

表 6-3　××工程质量控制点

工　程　编　号				工程名称	质量控制点			质量验收标准及方法
分部	子分部	分项	检验批		W 点	H 点	S 点	

2. 审查作业指导书

分项工程施工前，承包单位应将作业指导书报监理工程师审查。无作业指导书或作业指导书未经监理工程师批准，相应的工序或分项工程不得进入正式实施。承包单位强行施工，可视为擅自开工，监理工程师有权令其停止该分项工程的施工。

3. 测量器具精度与实验室条件的控制

（1）施工测量前，监理工程师应要求承包单位报验测量仪器的型号、技术指标、计量部门的检定证书，测量人员的上岗证明，监理工程师审核后，方可进行正式测量。

（2）工程作业开始前，监理部应要求承包单位报送实验室的资质证明文件。监理工程师也应到实验室考核，确认能满足工程质量检验要求，则予以批准，同意使用。

4. 劳动组织与人员资格控制

开工前，监理工程师应检查承包单位的人员与组织，其内容包括相关制度是否健全，并应有措施保证其能贯彻落实；应检查管理人员是否到位、操作人员是否持证上岗。

（三）施工活动过程中的质量控制

监理工程师在施工中的质量控制主要是协助承包商完善工序控制，提出工序控制的质量要求，加强工程质量预控、巡视和质量检查，以确保工程质量达到合同文件的质量标准。其主要工作如下：

（1）监理工程师对进入现场的所有材料、设备、构配件的进场验收等都要进行检验、核查三证，对不符合要求的限期退场，对重要材料、设备的生产过程，必要时应跟踪检查，落实合同要求的试验，并对质量控制点增加试验。

（2）按工程项目的具体情况，制定巡视工地的次序和周期，对关键工序、特殊工序重要部位和关键质量控制点进行旁站，及时进行质量检查，以避免导致工程质量事故。

（3）加强施工工序过程的质量控制，抓好工序检查管理，坚持上道工序不合格就不能转入下道工序施工的原则。上道工序完成后，先由承包商进行自检、互检、专职检，符合合同条件要求的，再通知监理人员到现场会同检验。检验合格签署认可书后，方可进入下一道工序施工。

（4）审查设计变更和图纸修改，变更和修改应符合合同与程序要求。

（5）开好监理例会，重点质量控制部位应召开专题会议，形成现场质量管理制度。监理工程师认为施工不符合设计要求、规范、验评标准规定或合同约定时，必要时有权指令承包商停工整改，若发生质量事故，监理工程师应督促承包商对事故的原因、责任进行分析，并按程度进行工程质量事故的处理。

（6）审查分包合同和分包工程内容。

（7）隐蔽工程的验收，未经监理人员检验或同意，不得将隐蔽工程覆盖，严格进行中间交工验收，本道工序符合规定要求后，准予进行下一道工序施工。

（四）施工活动结果的质量控制

建设工程在施工单位自行质量检查评定的基础上，参与建设活动的有关单位共同对检验批、分项、分部、单位工程的质量进行抽样复验，根据相关标准以书面形式对工程质量达到合格与否做出确认。

要保证最终单位工程产品的合格，监理工程师必须使每道工序及各个中间产品均符合质量要求，对其做出相应的抽样复检。

三、工程质量事故的处理

（一）工程质量事故处理的依据

工程质量事故发生后，事故处理主要应解决的问题是搞清原因、落实措施、妥善处理、消除隐患和界定责任。其中核心及关键是搞清原因。进行工程质量事故处理的主要依据有以下四个方面：

（1）质量事故的实况资料。

（2）具有法律效力的、得到有关当事各方认可的工程承包合同、设计委托合同、材料或设备购销合同以及监理合同或分包合同等合同文件。

（3）有关的技术文件和档案。

（4）有关的建设法规。

在这四方面依据中，前三种是与特定的工程项目密切相关的具有特定性质的依据。第四种法规性依据，是具有很高权威性、约束性、通用性和普遍性的依据，因而它在工程质量事故处理的事务中，也具有极其重要的、不容置疑的作用。

（二）工程质量事故处理程序

发生质量事故后，总监理工程师要立即下达停工指令。事态继续发展时应要求施工单位采取防止事态发展的措施。当事故不再发展时应要求施工单位进行事故调查。事故严重时，往往由上级组织事故调查与处理，此时监理单位和施工单位要积极配合保全相关资料和相关现场。工程质量事故调查与处理程序如图 6-11 所示。监理工程师应把握好在质量事故处理过程中如何履行自己的职责。

（三）事故调查

调查的主要目的是要明确事故的范围、缺陷程度、性质、影响和原因，为事故的分析处理提供依据。调查应力求全面、准确、客观。

调查报告的内容主要包括：

（1）与事故有关的工程情况。

（2）质量事故的详细情况，诸如质量事故发生的时间、地点、部位、性质、现状及发展变化情况等。

（3）事故调查中有关的数据、资料。

（4）质量事故原因分析与判断。

（5）是否需要采取临时防护措施。

（6）事故处理及缺陷补救的建议方案与措施。

（7）事故涉及的有关人员的情况。

事故情况调查是事故原因分析的基础，有些质量事故原因复杂，常涉及勘察、设计、施工、材料、维护管理、工程环境条件等方面，因此，调查必须全面、详细、客观、准确。在事故调查的基础上进行事故原因分析，正确判断事故原因。

（四）质量事故的处理

事故处理方案的制订应以事故原因分析为基础。如果某些事故一时认识不清，而且事故一时不致产生严重的恶化，可以继续进行调查、观测，以便掌握更充分的资料数据，做进一步分析，找出原因，以利于制订处理方案；切忌急于求成，不能对症下药，采取的处

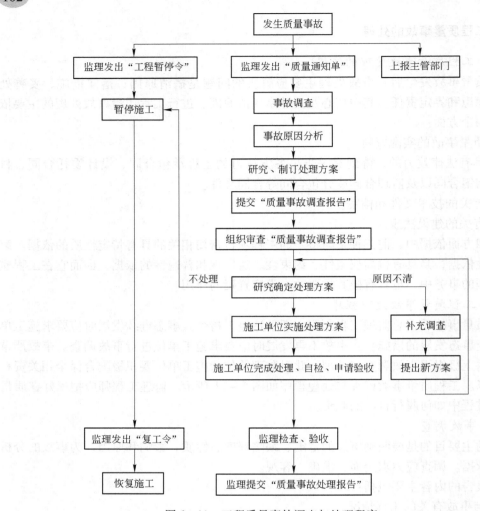

图 6 – 11　工程质量事故调查与处理程序

理措施不能达到预期效果，造成反复处理的不良后果。

　　制订的事故处理方案，应体现安全可靠、不留隐患、满足功能、技术可行、经济合理等原则。如果一致认为质量缺陷不需专门的处理，必须经过充分的分析、论证。

　　发生的质量事故不论是否是由于施工承包单位方面的责任原因造成的，质量缺陷的处理通常都是由施工承包单位负责实施。如果发生的质量事故不是由于施工单位方面的责任原因造成的，则处理质量缺陷所需的费用或延误的工期，应给予施工单位补偿。工程质量事故处理方案类型如下：

　　（1）修补处理。通常当工程的某个检验批、分项或分部的质量虽未达到规定的规范、标准或设计要求，存在一定缺陷，但通过修补或更换器具、设备后还可达到要求的标准，又不影响使用功能和外观要求，在此情况下，可以进行修补处理。

　　（2）返工处理。当工程质量未达到规定的标准和要求，存在的严重质量问题，对结构的使用和安全构成重大影响，且又无法通过修补处理的情况下，可对检验批、分项、分部甚至整个工程返工处理。

（3）不做处理。某些工程质量问题虽然不符合规定的要求和标准构成质量事故，但视其严重情况，经过分析、论证、法定检测单位鉴定和设计等有关单位认可，对工程或结构使用及安全影响不大，也可不做专门处理。

【例6-2】　某厂房项目下部为钢筋混凝土基础，上面安装设备。业主分别和土建、安装单位签订了设备基础、设备安装工程施工合同。两个承包商都编制了相互协调的进度计划。进度计划已得到批准。基础施工完毕，设备安装单位按计划将材料及设备运到现场，准备施工。安装单位经检测发现有近1/4的设备预埋螺栓偏位过大，无法安装设备，须返工处理。安装工作因基础返工而受到影响，安装单位提出索赔要求。

【问题】

（1）安装单位的损失由谁负责，为什么？

（2）监理工程师如何处理本工程的质量问题？

【解析】

（1）安装单位的损失应由业主负责，因为双方有合同关系，业主未能按合同规定提供施工条件。

（2）监理工程师应：

1）向基础施工单位发监理通知，要求其返工处理；

2）责成施工单位进行质量问题调查；

3）审核、分析质量问题调查报告，判断和确认质量问题产生的原因；

4）审核签认质量问题处理方案；

5）指令施工单位按既定的处理方案实施处理，并进行跟踪检查；

6）组织有关人员对处理结果进行严格检查、鉴定和验收，写出质量问题处理报告，报建设单位和监理单位存档。

【例6-3】　政府投资的某办公综合楼项目，先招标选定了一家施工阶段的监理，后又通过公开招标选定了一家施工单位。

已具备开工条件，开工前质量控制的流程是：开工准备→提交工程开工报审表→审查开工条件→批准开工申请。

在工程实施中发生了下列事件：

事件1：开工前，总监理工程师召开了第一次工地会议，并要求施工单位及时办理施工许可证，确定工程水准点、坐标控制点，并按政府有关规定及时办理施工噪声和环境保护等相关手续。

事件2：开工前，设计单位组织召开了设计交底会。会议结束后，总监理工程师整理了一份《设计修改建议书》，提交给设计单位。

事件3：施工开始前，施工单位向专业监理工程师报送了"施工测量放线报验单"，同时附有测量放线控制成果及保护措施。专业监理工程师复核了控制桩的校核成果和保护措施后，即予以签认。

【问题】

（1）按工程实体质量形成过程的时间可分为哪三个施工阶段的质量控制环节？

（2）总监要求监理工程师搜集施工质量控制依据，作为专业监理工程师应该搜集哪几类资料？

（3）开工前的各项流程由哪个单位进行？

（4）指出事件1中总监理工程师做法的不妥之处，并写出正确做法。

（5）指出事件2中设计单位和总监理工程师做法的不妥之处，并写出正确做法。

（6）事件3中，专业监理工程师还应检查、复验哪些内容？

【解析】

（1）施工阶段质量控制的三个环节是：

1）施工准备控制；

2）施工过程控制；

3）竣工验收控制。

（2）施工阶段监理工程师进行质量控制的依据有：

1）工程合同文件；

2）设计文件；

3）国家及政府有关部门颁发的有关质量管理方面的法律、法规性文件；

4）有关质量检验与控制的专门技术法规性文件。

（3）开工前的各项流程的实施者：

1）开工准备由承包单位进行；

2）提交工程开工报审表由承包单位进行；

3）审查开工条件由监理单位完成；

4）批准开工申请由监理单位完成。

（4）事件1：

1）不妥之处：总监理工程组织召开第一次工地会议。

正确做法：由建设单位组织召开。

2）不妥之处：要求施工单位办理施工许可证。

正确做法：由建设单位办理。

3）不妥之处：要求施工单位及时确定水准点和坐标控制点。

正确做法：由建设单位提供。

（5）事件2：

1）不妥之处：设计单位组织召开设计交底会。

正确做法：由建设单位组织。

2）不妥之处：总监理工程师直接向设计单位提交《设计修改建议书》。

正确做法：应提交给建设单位，由建设单位交给设计单位。

（6）事件3：

1）检查施工单位专职测量人员的岗位证书及测量设备检定证书。

2）复核（平面和高程）控制网和临时水准点的测量成果。

【例6-4】某工程项目，建设单位与施工总承包单位按《建设工程施工合同（示范文本)》签订了施工承包合同，并另委托某监理公司承担了施工阶段的监理任务。施工总承包单位将桩基工程分包给一家专业施工单位。总监理工程师组织监理人员做好工程质量预控，设置质量控制点。

实施过程中：（1）总监理工程师组织监理人员熟悉设计文件时发现部分图纸设计不当，即通过计算修改了该部分图纸，并直接签发给施工总承包单位；（2）在工程定位放线期间，总监理工程师又指派测量监理员复核施工总承包单位报送的原始基准点、基准线和测量控制点；（3）总监理工程师审查了分包单位直接报送的资格报审表等相关资料。

在承重结构混凝土施工前，负责见证取样的监理工程师通知总监理工程师在施工现场进行了混凝土试块的见证取样，由承包单位项目经理对送检样品进行加封后，由监理工程师送往试验室。

【问题】

（1）设置质量控制点的原则？

（2）对总监理工程师在实施过程中所处理的几项工作是否妥当进行评价，并说明理由。如果有不妥当之处，写出正确做法。

（3）在见证取样过程中是否有不妥之处？请指出来并说明应如何办理。

【解析】

（1）选择质量控制点的一般原则有：

1）施工过程中的关键工序或环节以及隐蔽工程；

2）施工中的薄弱环节，或质量不稳定的工序、部位或对象；

3）对后续工程施工或对后续工序质量或安全有重大影响的工序、部位或对象；

4）采用新技术、新工艺、新材料的部位或环节；

5）施工上无足够把握的、施工条件困难的或技术难度大的工序或环节。

（2）不妥之处主要内容如下：

1）不妥：直接修改部分图纸及签发给施工总包单位不妥，总监理工程师无权修改图纸。正确做法：对图纸中存在的问题通过建设单位向设计单位提出书面意见和建议。

2）指派测量监理员进行复核不妥。测量复核不属于测量监理员的工作职责。正确做法：应指派专业监理工程师进行。

3）审查分包单位直接报送的资格报审表等相关资料不妥。应对施工总承包单位报送的分包单位资质情况审查、签认。

（3）内容如下：

1）不妥之处：负责见证取样的监理工程师通知总监理工程师现场进行见证取样。

正确做法：承包单位在实施见证取样前通知负责见证取样的监理工程师，在监理工程师的现场监督下，承包单位按相关规范的要求，完成材料、试块、试件等的取样过程。

2）不妥之处：承包单位项目经理对送检样品进行加封。

正确做法：监理工程师对送检样品进行加封。

3）不妥之处：由监理工程师送往试验室。正确做法：由承包单位送往试验室。

第四节　建设工程施工质量验收

一、施工质量验收的术语

（1）验收。建设工程在施工单位自行质量检查评定的基础上，参与建设活动的有关单位共同对检验批、分项、分部、单位工程的质量进行抽样复验，根据相关标准以书面形式对工程质量达到合格与否做出确认。

（2）进场验收。对进入施工现场的材料、构配件、设备等按相关标准规定要求进行检验，对产品达到合格与否做出确认。

（3）检验批。按同一的生产条件或按规定的方式汇总起来供检验用的，由一定数量样本组成的检验体。

（4）检验。对检验项目中的性能进行量测、检查、试验等，并将结果与标准规定要求进行比较，以确定每项性能是否合格所进行的活动。

（5）见证取样检验。在监理单位或建设单位监督下，由施工单位有关人员现场取样，并送至具备相应资质的检测单位所进行的检测。

（6）交接检验。经施工的承接方与完成方双方检查并对可否继续施工做出确认的活动。

（7）主控项目。建筑工程中的对安全、卫生、环境保护和公众利益起决定性作用的检验项目。主控项目是对检验批的基本质量起决定性影响的检验项目。

（8）一般项目。一般项目是除主控项目以外的检验项目，是对检验批的基本质量不起决定性影响的检验项目。

（9）抽样检验。按照规定的抽样方案，随机的从进场的材料、构配件、设备或建筑工程检验项目中，按检验批抽取一定数量的样本所进行的检验。

（10）计数检验。在抽样检验的样本中，记录每一个体有某种属性或计算每一个体中的缺陷数目的检查方法。

（11）计量检验。在抽样检验的样本中，对每一个体测量其某个定量特性的检查方法。

（12）观感质量。通过观察和必要的量测所反映的工程外在质量。

（13）返修。对工程不符合标准规定的部位采取整修等措施。

（14）返工。对不合格的工程部位采取重新制作、重新施工等措施。

二、施工质量验收规定

建设工程质量验收应划分为单位（子单位）工程、分部（子分部）工程、分项工程和检验批。逐级递进验收体系及验收规定如图 6-12 所示。

（一）检验批质量验收

检验批是构成建设工程质量验收的最小单位，是判定单位工程质量合格的基础。检验批质量合格应符合下列规定：

（1）主控项目和一般项目的质量经抽样检验合格。

（2）具有完整的施工操作依据和质量检查记录。

检验批质量合格除主控项目和一般项目的质量经抽样检验符合要求外，其施工操作依据的技术标准应符合设计、验收规范的要求。采用企业标准的不能低于国家、行业标准。有关质量检查的内容、数据、评定，由施工单位项目专业质量检查员填写，检验批验收记录及结论由监理单位监理工程师填写完整。

上述两项均符合要求，该检验批质量方能判定合格。若其中一项不符合要求，该检验

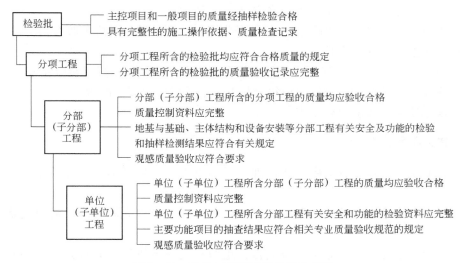

图 6 - 12　建设工程施工质量验收规定

批质量则不得判定为合格。

（二）分项工程质量验收

分项工程质量合格应符合下列规定：

（1）分项工程所含的检验批均应符合合格质量的规定。

（2）分项工程所含的检验批的质量验收记录应完整。

分项工程是由所含性质、内容一样的检验批汇集而成，是在检验批的基础上进行验收的，实际上是一个汇总统计的过程，并无新的内容和要求，但验收时应注意：

（1）应核对检验批的部位是否全部覆盖分项工程的全部范围，有无缺漏部位未被验收。

（2）检验批验收记录的内容及签字人是否正确、齐全。

（三）分部（子分部）工程质量验收

分部工程仅含一个子分部时，应在分项工程质量验收基础上，直接对分部工程进行验收；当分部工程含两个及两个以上子分部工程时，则应在分项工程质量验收的基础上，先对子分部工程分别进行验收，再将子分部工程汇总成分部工程。

分部（子分部）工程质量验收合格应符合下列规定：

（1）分部（子分部）工程所含分项工程质量均应验收合格。

（2）质量控制资料应完整。

（3）地基与基础、主体结构和设备安装等分部工程有关安全及功能的检验和抽样检测结果应符合有关规定。

（4）观感质量验收应符合要求。

（四）单位（子单位）工程质量验收

单位工程未划分子单位工程时，应在分部工程质量验收的基础上，直接对单位工程进行验收；当单位工程划分为若干子单位工程时，则应在分部工程质量验收的基础上，先对子单位工程进行验收，再将子单位工程汇总成单位工程。

单位（子单位）工程质量验收合格应符合下列规定：

（1）单位（子单位）工程所含分部（子分部）工程的质量均应验收合格。

（2）质量控制资料应完整。

（3）单位（子单位）工程所含分部工程有关安全和功能的检测资料应完整。

（4）主要功能项目的抽查结果应符合相关专业质量验收规范的规定。

（5）观感质量验收应符合要求。

三、施工质量验收的组织

（1）检验批及分项工程应由专业监理工程师组织施工单位项目专业质量负责人等进行验收。

（2）分部工程应由总监理工程师组织施工单位项目负责人和技术、质量负责人等进行验收。

（3）单位工程完工后，施工单位应自行组织有关人员进行检查评定，并向建设单位提交工程验收报告。

（4）建设单位收到工程验收报告后，应由建设单位负责人组织施工、设计、监理等单位负责人进行单位工程验收。

（5）单位工程有分包单位施工时，分包单位对所承包的工程项目按规定的程序检查评定，总包单位应派人参加。

（6）当参加验收的各方对工程质量验收意见不一致时，可请当地建设行政主管部门或工程质量监督机构协调处理。

（7）单位工程质量验收合格后，建设单位应在规定时间内将工程竣工验收报告和有关文件，报建设行政管理部门备案。工程质量监督机构应当在工程竣工验收之日起5日内，向备案机关提交工程质量监督报告。

四、质量不符合要求时的处理规定

（1）经返工重做或更换器具、设备的检验批，应重新进行验收。重新验收质量时，要对该检验批重新抽样、检查和验收，并重新填写检验批质量验收记录表。

（2）经有资质的检测单位检测鉴定能够达到设计要求的检验批，应予以验收。这种情况多数是指留置的试块失去代表性，或因故缺少试块的情况，以及试块试验报告缺少某项有关主要内容，也包括对试块或试验结果有怀疑时，经有资质的检测机构对工程进行检测测试，其测试结果证明，该检验批的工程质量能够达到设计图纸要求，这种情况应按正常情况给予验收。

（3）经有资质的检测单位检测鉴定达不到设计要求，但经原设计单位核算认可能够满足结构安全和使用功能的检验批，可予以验收。

（4）经返修或加固处理的分项、分部工程，虽改变外形尺寸但仍能满足安全使用要求，可按技术处理方案和协商文件进行验收。

（5）通过返修或加固处理仍不能满足安全使用要求的分部（子分部）工程、单位（子单位）工程，严禁验收。

【例6-5】某办公综合楼建设工程项目，建设单位通过招标选定某施工单位承担该建设工程项目的施工任务。建设单位与施工单位签订的建设工程施工合同约定，该施工项目为省优工程。

工程竣工时，施工单位经过初验，认为已按合同约定的等级完成施工，提请竣工验收。由于场地狭小，施工单位仍占用部分房屋作为办公用房。根据对竣工验收资料的要求，施工单位已将全部质量保证资料复印齐全待审核。

经监理单位初步抽验，观感质量综合评价结论为"一般"。并对质量保证资料中存在的问题提出了监理通知单。

【问题】

（1）根据实际情况能否提出竣工验收，为什么？

（2）外观是否需要整改，为什么？

（3）若施工单位按照监理单位的要求整改完毕并通过后由谁主持竣工验收会，要由哪些单位参加？

【解析】

（1）工程项目仍被施工单位占用，质量保证资料、观感评定还不符合要求，不能提请竣工验收，还应进行整改。

（2）外观需要整改，以便能使观感质量评定结论达到"好"，以符合省优的要求。

（3）监理预验收通过后组织竣工验收会，由业主主持，监理单位协助。施工单位、设计单位、监理单位、质量监督等有关单位参加。

第五节 建设工程监理的节能质量控制

一、建筑节能概述

我国的建筑节能标准化工作从 20 世纪 80 年代起步，首先从严寒寒冷地区（北方）开始，逐步向夏热冬冷地区（过渡地区）和夏热冬暖地区（南方）推进；从建筑类型上，从仅限于居住建筑一类，逐步覆盖公共建筑；从专业技术的范畴，从仅包括围护结构、采暖系统和空调系统等，现已涉及照明、生活设备、运行管理技术等等。到目前为止，建筑节能领域的现行标准已成体系。

（一）建筑节能质量控制的特点

（1）强制性。国家已发布《建筑节能工程施工质量验收规范》 （GB 50411——2007）、建筑节能设计标准、材料标准等一系列规范标准，已将建筑节能情况作为工程评优的重要内容，同时加大了节能标准实施的监管力度，因此建筑节能的质量控制有鲜明的强制性。

（2）系统性。建筑节能是一个庞大的系统工程，从规划到设计，再到施工、监理，每个环节都有节能要求。

（3）相关性。建设单位、设计单位、施工单位、监理单位、施工图审查机构、工程检测机构等各参建单位均应严格执行建筑节能法规、规范和技术标准，履行合同约定义务，并依法对建筑工程节能质量负责。

（4）差异性。建筑节能受结构类型、质量要求、施工方法等因素的影响，还受自然条件的影响，因此在建筑节能质量的控制上有一定的差异性，主要体现在：节能建筑物的墙体、幕墙、门窗、屋面和地面的工程质量上、围护结构外墙的质量以及供热采暖和空气调节、配电与照明、监测与控制工程等方面在设计、施工质量控制方面的差异性。

（二）建筑节能监理工作内容

2007 年，原建设部发布了《建筑节能工程施工质量验收规范》，自 2007 年 10 月 1 日开始，新建、改建及扩建的民用建筑工程均按此规范验收，而单位工程竣工验收应在建筑节能分部工程验收合格后进行。

该规范将节能分部工程划分为 10 个分项工程，包括墙体节能工程、幕墙节能工程、门窗节能工程、屋面节能工程、地面节能工程、采暖节能工程、通风与空调节能工程、空调与采暖系统的冷热源及管网节能工程、配电与照明节能工程和监测与控制节能工程。明确节能工程应按分项工程验收，而各检验批应按主控项目和一般项目验收。主控项目应全部合格；一般项目应合格，当采用计数检验时，应有 90% 以上的检查点合格，且其余检查点不得有严重缺陷；各检验批应具有完整的施工操作依据和质量验收记录。

建筑节能工程并非是相对独立的一个分部工程，而是贯穿于整个单位工程的施工过程；但是，建筑节能又是作为单独的一个分部工程进行验收和评定的。因此，建筑节能工程的监理质量控制是动态控制过程，按建筑节能监理工作内容可以分为施工准备阶段、施工阶段和竣工验收阶段三个方面。

二、建筑节能监理质量控制

（一）节能施工准备阶段中监理的质量预控

通常，监理单位在设置现场项目监理机构时，习惯按照工程内容配置土建、电气、通风空调、给排水等专业监理工程师负责开展本专业的监理工作，鉴于《建筑节能工程施工质量验收规范》与其他相关验收规范协调一致，互相补充的关系，一般由各个专业的监理工程师承担本专业的建筑节能监理工作。

建筑节能属于较新内容，监理单位应结合监理人员的专业特点，对从事建筑节能工程监理的相关从业人员进行建筑节能标准与技术等专业知识的培训，关注建筑节能的国家及地方新法律、法规、规范、规程、标准的发布情况。在施工现场配备国家和地方有关建筑节能法规文件以及与本工程相关的建筑节能强制性标准。

熟悉设计文件，合理划分节能工程各分部工程、分项工程、检验批、隐蔽工程，确定质量检验标准。《建筑节能工程施工质量验收规范》1.0.4 规定：建筑节能工程施工质量验收除应执行本规定外，尚应遵守《建筑工程施工质量验收统一标准》（GB 50300—2001）、各专业工程施工验收规范和国家现行有关标准的规定。因此要做好建筑节能工程监理工作，总监应组织监理人员熟悉设计文件，参加施工图会审和设计交底。识别出建筑工程具体包含哪些节能分项，以及各分项工程具体应遵循的各个验收规范的要求，按照协调一致，互相补充的原则，合理划分节能工程各分部工程、分项工程、检验批、隐蔽工程，并会同承包商或业主确定建筑节能工程质量检验标准。

建筑节能工程施工前，总监应要求承包商按照建筑节能强制性标准和设计文件，编制符合建筑节能特点的具有针对性的施工方案，包括编制建筑节能内容的《试验检测计划》，报送监理审核。审核时尤其要注意方案的针对性和可操作性。审查建筑节能设计图纸是否经过施工图设计审查单位审查合格。未经审查或审查不符合强制性建筑节能标准的施工图不得使用。

项目监理人员应参加由建设单位组织的建筑节能设计技术交底会，总监理工程师对建筑节能设计技术交底会议纪要进行签认，并对图纸中存在的问题通过建设单位向设计单位提出书面意见和建议。建筑节能工程开工前，承包单位报送建筑节能专项施工方案和技术措施应已审查通过。

（二）节能施工过程中监理的质量控制方法和措施

（1）监理工程师应按下列要求审核承包单位报送的拟进场的建筑节能工程材料/构配件/设备报审表（包括墙体材料、保温材料、门窗部品、采暖空调系统、照明设备等）及其质量证明资料，具体如下：

1）质量证明资料（保温系统和组成材料质保书、说明书、形式检验报告、复验报告，如：现场搅拌的粘结胶浆、抹面胶浆等，应提供配合比通知单）是否合格、齐全，是否与设计和产品标准的要求相符。产品说明书和产品标识上注明的性能指标是否符合建筑节能标准。

2）是否使用国家明令禁止、淘汰的材料、构配件、设备。

3）有无建筑材料备案证明及相应验证要求资料。

4）按照委托监理合同约定及建筑节能标准有关规定的比例，进行平行检验或见证取样、送样检测。对未经监理人员验收或验收不合格的建筑节能工程材料、构配件、设备，不得在工程上使用或安装；对国家明令禁止、淘汰的材料、构配件、设备，监理人员不得签认，并应签发监理工程师通知单，书面通知承包单位限期将不合格的建筑节能工程材料、构配件、设备撤出现场。

（2）当承包单位采用建筑节能新材料、新工艺、新技术、新设备时，应要求承包单位报送相应的施工工艺措施和证明材料，组织专题论证，经审定后予以签认。

（3）督促检查承包单位按照建筑节能设计文件和施工方案进行施工。总监理工程师审查建设单位或施工承包单位提出的工程变更，发现有违反建筑节能标准的，应提出书面意见加以制止。

（4）对建筑节能施工过程进行巡视检查。对建筑节能施工中墙体、屋面等隐蔽工程的隐蔽过程、下道工序施工完成后难以检查的重点部位，进行旁站或现场检查，符合要求予以签认。对未经监理人员验收或验收不合格的工序，监理人员不得签认，承包单位不得进行下一道工序的施工。

（5）对承包单位报送的建筑节能隐蔽工程、检验批和分项工程质量验评资料进行审核，符合要求后予以签认。对承包单位报送的建筑节能分部工程和单位工程质量验评资料进行审核和现场检查，应审核和检查建筑节能施工质量验评资料是否齐全，符合要求后予以签认。

（6）对建筑节能施工过程中出现的质量问题，应及时下达监理工程师通知单，要求承包单位整改，并检查整改结果。

（三）建筑节能工程现场检验监理控制

1. 围护结构现场主体检测控制

（1）配合建设单位委托具备检测资质的检测机构，协助建设单位考察其资质、人员资格、检测能力、试验设备等。

（2）与建设单位、检测单位和施工单位协商检测部位、检测数量、检测方法，并将检测方法、抽样数量、检测合格判定标准列在合同内约定。

（3）协助检测单位落实检测前的多项准备工作。

（4）检测前检查现场设施的安全性。

（5）监理人员对现场围护结构检测进行见证。

（6）根据检测单位出具的检测报告对检测中发现的不符合设计及规范要求的问题请设计、施工单位共同协商整改方案，落实整改计划；督促检查整改工作的实施。

2. 系统节能性能检测监理控制

（1）协助建设单位选择检测单位。系统节能性能检测是一项专业性很强的工作，是保证工程节能效果的重要环节。监理应协助建设单位选择具有相应资质的专业检测机构。

（2）协助建设单位与检测单位协商系统节能性能检测方案。根据项目情况和特点协助建设单位与检测单位讨论系统节能性能检测的项目、每项内容、抽查的数量、检测方法以及检测计划的安排、需要相关单位配合的内容等。检测方法应按国家现行标准执行，检测项目及抽样数量不应低于规范的规定。

（3）组织落实检测前的多项准备工作。召集检测工作涉及的各相关施工单位安排人员、工具、资料做好配合工作，以保证检测工作按计划顺利进行。

（4）帮助协调检测过程中的相关事宜。由于检测工作可能会涉及多一个专业、多家施工单位、设备生产单位、使用单位，监理人员应积极协调检测工作中的各项配合工作，以保证检测计划顺利实施。

（5）检测发现问题汇总。检测过程是对整个设备安装节能工程施工质量的综合验证，经过检测可以看出其是否真正达到设计和有关节能标准的要求，监理人员应对检测过程跟踪了解，对发现的问题记录汇总。

（6）对检测中发现的问题落实整改。监理项目部根据检测单位出具的检测报告，对检测中发现的不符合设计及规范要求的问题联系业主请设计或联系安装调试人员共同协商整改方案，落实整改计划，并督促整改工作实施。

三、建筑节能质量验收的基本要求和监理工作内容

建筑节能分部工程的质量验收，应在检验批、分项工程全部验收合格的基础上，进行外墙节能构造实体检验，严寒、寒冷和夏热冬冷地区的外窗气密性现场检测，以及系统节能性能检测和系统联合试运转与调试，确认建筑节能工程质量达到验收条件后方可进行。

（一）建筑节能质量验收的基本要求

建筑节能工程质量验收必须符合下列要求：

（1）建筑节能工程施工质量应符合《建筑节能工程施工质量验收规范》的规定。

（2）建筑节能工程施工应符合设计文件的要求。

（3）参加节能验收的各方人员应具备规定的资格。

（4）节能工程质量验收均应在施工单位自行检查评定合格的基础上进行。

（5）质量控制资料完整。

（6）所包括的分项工程符合要求。

（7）外墙节能构造现场实体检验结果应符合设计要求。

（8）严寒、寒冷、夏热冬冷地区的外窗气密性现场实体检测结果应合格。

（9）建筑设备工程系统节能性能检测结果应合格。

（10）承担见证取样、材料和实体质量检验的人员，单位的资格、资质应符合要求。

（二）竣工验收阶段的监理工作内容

（1）竣工验收阶段监理应参与建设单位委托建筑节能测评单位进行的建筑节能能效测评，并审查承包单位报送的建筑节能工程竣工资料。

（2）监理组织对包括建筑节能工程在内的预验收，对预验收中存在的问题，督促承包单位进行整改，整改完毕后签署建筑节能工程竣工报验单。

（3）出具监理质量评估报告。工程监理单位在监理质量评估报告中必须明确执行建筑节能标准和设计要求的情况。

（4）签署建筑节能实施情况意见。工程监理单位在《建筑节能备案登记表》上签署建筑节能实施情况意见，并加盖监理单位印章。

（三）建筑节能质量验收的程序和监理质量评估

1. 建筑节能质量验收的程序

建筑节能工程验收的程序和组织应遵守《建筑工程施工质量验收统一标准》的要求，并应符合下列规定：

（1）节能工程的检验批验收和隐蔽工程验收应由监理工程师主持，施工单位相关专业的质量检查员与施工员参加。

（2）节能分项工程验收应由监理工程师主持，施工单位项目技术负责人和相关专业的质量检查员、施工员参加；必要时可邀请设计单位相关专业的人员参加。

（3）节能分部工程验收应由总监理工程师主持，施工单位项目经理、项目技术负责人和相关专业的质量检查员、施工员参加；施工单位的质量或技术负责人应参加，设计单位节能设计人员应参加。

2. 建筑节能合格标准

（1）建筑节能工程的检验批质量验收合格，应符合下列规定：

1）检验批应按主控项目和一般项目验收。

2）主控项目应全部合格。

3）一般项目应合格，当采用计数检验时，至少应有90%以上的检查点合格，且其余检查点不得有严重缺陷。

4）应具有完整的施工操作依据和质量验收记录。

（2）建筑节能分项工程质量验收合格，应符合下列规定：

1）分项工程所含的检验批均应合格。

2）分项工程所含检验批的质量验收记录应完整。

（3）建筑节能分部工程质量验收合格，应符合下列规定：

1）分项工程应全部合格。

2）质量控制资料应完整。

3）外墙节能构造现场实体检验结果应符合设计要求。

4）严寒、寒冷和夏热冬冷地区的外窗气密性现场实体检测结果应合格。

5）建筑设备工程系统节能性能检测结果应合格。

（四）建筑节能监理质量评估

建筑节能工程预验收后，监理对存在的问题要督促施工单位整改，整改完毕由总监理工程师组织专业监理工程师编制建筑节能分部工程质量评估报告。

质量评估报告编制完成后由总监理工程师签字报监理公司审批，审批通过后由公司技术负责人签字并盖监理单位章。

工程质量评估报告一般应主要包括以下内容：工程概况；工程质量目标和验收依据；分项工程的划分及施工单位自评情况；工程质量的控制重点和制定对策措施，包括监理单位的质量控制、原材料、成品半成品、辅助材料检测情况，对质量保证资料的审查情况；现场实体检测情况；施工中存在的问题及处理；分部工程验收（预验收）的工作情况介绍（验收的时间、地点、参加验收的单位及相关人员）；工程质量评价等内容。

质量评估结论一般应包括：质量是否达到施工承包合同约定的要求；是否满足设计图纸等文件所要求的安全及使用功能要求，实现设计意图，满足业主使用要求；是否符合国家各专业验收规范强制性标准及条款的规定；监理质量评估结论。

节能分部工程质量评估报告应能客观、公正、真实地反映所评估的分部、分项工程的施工质量状况，能对监理过程进行综合描述，能反映工程的主要质量状况、反映出工程的现场实体检测等情况。质量评估报告应注重数据，淡化过程。"用数据说话"是一重要原则。

【例6-6】某建设工程项目，建设单位委托某监理公司负责施工阶段，目前正在施工，在工程施工中发生如下事件：

事件1：工程监理单位发现施工单位不按照民用建筑节能强制性标准施工，要求施工单位改正，施工单位拒不改正。

事件2：未经监理工程师签字，施工单位采购的某不符合节能要求的门窗正在建筑上安装，监理应如何处置？

【问题】

（1）事件1中监理应如何处置？

（2）事件2中监理应如何处置？

【解析】

（1）工程监理单位发现施工单位不按照民用建筑节能强制性标准施工的，应当要求施工单位改正；施工单位拒不改正的，工程监理单位应当及时报告建设单位，并向有关主管部门报告。

（2）未经监理工程师签字，包括墙体材料、保温材料、门窗、采暖制冷系统和照明设备等各种材料设备均不得在建筑上使用或者安装，施工单位不得进行下一道工序的施工。监理工程师应下达监理通知单要求改正，必要时报告总监理工程师，由总监理工程师下达暂停令。

【例6-7】某住宅工程，节能分部工程从项目开工到验收，得到了业主的高度重视，业主成立了创优领导小组，实行质量责任制。要求节能分部工程一次性通过验收。业主委托某监理公司进行施工监理，为保证工程一次验收通过，业主拟定的验收程序如下：

（1）该工程的节能施工质量验收按《建筑节能工程施工质量验收规范》及有关专业验收规范进行。

（2）节能施工中，各分项工程的质量验收记录由施工单位专业质量检验员填写，专业监理工程师组织施工单位项目专业质量检验员验收。

（3）为确保工程进度，业主要求外墙节能构造现场实体检验与分部验收评定同时进行。

（4）节能分部工程完成后，由专业监理工程师组织施工单位负责项目负责人和技术、质量负责人进行验收。

【问题】

（1）以上各种做法是否妥当，如不妥，指出不妥之处，并改正。

（2）节能检验批工程验收合格条件有哪些？

【解析】

（1）的解答如下：

1）妥当。

2）不妥。节能分项工程验收由监理工程师主持，应由施工单位项目技术负责人和相关专业的质量检查员、施工员参加；必要时可邀请设计单位相关专业的人员参加。

3）建筑节能分部工程的质量验收，应在检验批、分项工程全部验收合格的基础上进行。外墙节能构造实体检验，严寒、寒冷和夏热冬冷地区的外窗气密性现场检测，以及系统节能性能检测和系统联合试运转与调试，在确认建筑节能工程质量达到验收条件后方可进行。

4）专业监理工程师组织施工单位项目负责人和技术、质量负责人进行验收不妥，应由总监理工程师组织验收。

（2）建筑节能工程的检验批质量验收合格，应符合下列规定：

1）检验批应按主控项目和一般项目验收。

2）主控项目应全部合格。

3）一般项目应合格，当采用计数检验时，至少应有90%以上的检查点合格，且其余检查点不得有严重缺陷。

4）应具有完整的施工操作依据和质量验收记录。

思 考 题

6-1　工程质量特性表现为哪些方面？

6-2　工程质量的影响因素有哪些？

6-3　施工阶段的质量控制监理工作有哪些？

6-4　监理质量控制的手段有哪些？

6-5　监理人员如何组织工程验收？

6-6　建筑工程质量不符合要求时如何处理？

6-7　如何进行质量事故调查？

6-8　什么是见证取样？简述其工作程序和要求。

6-9　建筑节能质量验收的基本要求有哪些？

第七章 建设工程监理安全生产管理

第一节 安全生产和安全监理

一、安全生产

安全生产就是指生产经营活动中，为保证人身健康与生命安全，保证财产不受损失，确保生产经营活动得以顺利进行，促进社会经济发展、社会稳定和进步而采取的一系列措施和行动的总称。

建设工程项目安全生产的特点：

（1）随着建筑业的发展，超高层、高新技术及结构复杂、性能特别、造型奇异、个性化的建筑产品不断出现。这给建筑施工带来了新的挑战，同时也给安全管理和安全防护技术提出了新的要求。

（2）施工现场受季节气候、地理环境的影响较大，如雨期、冬期及台风、高温等因素，都会给施工现场的安全带来很大威胁；同时，施工现场的地质、地理、水文及现场内外水、电、路等环境条件也会影响施工现场的安全。

（3）施工生产的流动性要求安全管理举措必须及时、到位。当一建筑产品完成后，施工队伍就必须转移到新的工作地点去，即要从刚熟悉的生产环境转入另一陌生的环境重新开始工作；脚手架等设备设施、施工机械都要重新搭设和安装，这些流动因素时常孕育着不安全因素，是施工项目安全管理的难点和重点。

（4）生产工艺复杂多变，要求有配套和完善的安全技术措施予以保证。建筑安全技术涉及面广，涉及高危作业、电气、起重、运输、机械加工和防火、防爆、防尘、防毒等多工种、多专业，组织安全技术培训难度较大。

（5）施工场地窄小。建筑施工多为多工种立体作业，人员多，工种复杂。施工人员多为季节工、临时工等，没有受过专业培训，技术水平低，安全观念淡薄，施工中由于违反操作规程而引发的安全事故较多。

（6）施工周期长，劳动作业条件恶劣。由于建筑产品的体积特别庞大，故而施工周期较长。从基础、主体、屋面到室外装修等整个工程的70%均需进行露天作业，劳动者要忍受春、夏、秋、冬的风雨交加、酷暑严寒的气候变化，环境恶劣，工作条件差，容易导致伤亡事故的发生。

（7）施工作业场所的固定化使安全生产环境受到局限。建筑产品坐落在一个固定位置上，产品一经完成就不可能再进行搬移，这就导致了必须在有限的场地和空间上集中大量人力、物资机具来进行交叉作业，因而容易产生物体打击等伤亡事故。

二、安全生产管理

安全生产管理是指建设行政主管部门、建设工程安全监督机构、建筑施工企业及有关单位对建设工程生产过程中的安全，进行计划、组织、指挥、控制、监督等一系列的管理活动。

（一）安全生产管理原则

（1）安全第一，预防为主的原则。根据《中华人民共和国安全生产法》的总方针和指导思想，"安全第一"从保护和发展生产力的角度出发，表明了生产范围内安全与生产的关系，肯定了安全生产在建设活动中的首要位置和重要性。"预防为主"体现了事先策划、事中控制及事后总结，通过信息收集、归类分析、制定预案等过程进行控制和防范。"预防为主"体现了政府对建设工程安全生产过程中"以人为本"、"关爱生命"和"关注安全"的宗旨。

（2）以人为本、关爱生命，维护作业人员合法权益的原则。安全生产管理应遵循维护作业人员合法权益的原则，应改善作业人员的工作与生活条件，施工单位必须为作业人员提供安全防护设施，对其进行安全教育培训，为施工人员办理意外伤害保险，且作业与生活环境应达到国家规定的安全生产、生活环境标准，真正体现出以人为本，关爱生命。

（3）职权与责任一致的原则。国家有关建设行政主管部门和相关部门对建设工程安全生产管理的职权和责任应该相一致，其职能和权限应该明确。建设主体各方应该承担相应的法律责任，对工作人员不能够依法履行监督管理职责的，应该给予行政处分，构成犯罪的，依法追究刑事责任。

（二）安全生产管理目标

安全生产管理目标是建设工程项目管理机构制定的施工现场安全生产保证体系所要达到的各项基本安全指标。安全生产管理目标的主要内容有：

（1）杜绝重大人身伤亡、财产损失和环境污染等事故；

（2）一般事故频率控制目标；

（3）安全生产标准化工地创建目标；

（4）文明施工创建目标；

（5）其他目标。

（三）安全生产管理制度

安全生产管理制度包括以下内容：

（1）安全生产责任制度；

（2）安全生产检查制度；

（3）安全生产验收制度；

（4）安全生产教育培训制度；

（5）安全生产技术管理制度；

（6）安全生产奖罚制度；

（7）安全生产值班制度；

（8）工人因工伤亡的事故报告、统计制度；

（9）重要劳动防护用品定点使用管理制度；

（10）消防保卫管理制度。

三、安全监理的内容

（一）建设工程安全监理含义

安全监理是指工程监理企业对工程建设中的人、机、物、环境及施工全过程的安全生产进行监督管理，并采取组织措施、技术措施、经济措施和合同措施，监督管理施工单位的建设行为符合国家安全生产、劳动保护法律、法规和相关政策，将建设工程安全风险有效地控制在允许的范围内，以确保施工的安全性。

施工单位应对建设工程项目施工现场安全生产负责，工程监理单位和监理工程师的安全监理不得代替施工单位的安全生产管理。

（二）建设工程安全监理的作用

（1）防止或减少安全生产事故；

（2）实现工程投资效益最大化；

（3）提高施工单位安全生产管理水平；

（4）规范建设工程参与各方主体的安全生产行为；

（5）有利于建设工程安全生产保证机制的形成；

（6）提高建设工程行业的整体安全生产管理水平。

（三）建设安全监理工作的主要内容

（1）贯彻执行"安全第一、预防为主"的方针，国家现行的安全生产的法律、法规，工程建设行政主管部门的安全生产规章和标准。

（2）督促施工单位落实安全生产的组织保证体系，建立健全安全生产责任制。

（3）督促施工单位对工人进行安全生产教育及分部、分项工程的安全技术交底。

（4）审查施工方案及安全技术措施。

（5）检查并督促施工单位按照建筑工程施工安全技术标准和规范要求，落实分部、分项工程或各工序、关键部位的安全防护措施。

（6）督促检查施工阶段现场的消防工作，做好冬季防寒、夏季防暑、文明施工以及卫生防疫工作。

（7）不定期地组织安全综合检查，提出处理意见并限期整改。

（8）发现违章冒险作业的要责令其停止作业，发现隐患的要责令其停工整改。

第二节　监理人员安全生产管理职责

一、监理安全职责的行为主体

安全工作贯穿于施工过程中的每一个方面和环节，当然监理工作的每一个方面均可能涉及安全问题。落实监理安全责任的行为主体只能是所有在岗的现场监理人员。他们的工作责任包括：审查施工方面与专项施工技术措施中的安全内容；在施工现场开展日常监理工作的同时注重发现安全隐患；严格执行国家的强制性标准，避免安全事故的发生。因此每一个监理人员都应该学习安全管理和安全技术方面的知识，积累安全管理方面的经验。

对于规模较大的工程项目，也可视情况设立一名专职的安全岗位，以统一组织安全方面的有关工作，更好地落实有关监理安全责任。

二、监理安全职责的工作原则

（一）安全第一、预防为主

安全工作是项目效益的根本，虽然业主可能并不对施工过程感兴趣，但是一旦发生安全事故，造成人民生命和财产损失，不论责任在哪一方，轻则造成不良影响，重则延误工期甚至使项目失去使用价值。"安全第一"的含义是指安全生产是施工企业与管理部门的头等大事，当安全与生产发生矛盾时首先必须解决安全问题，然后才能在安全的环境下组织生产。"预防为主"的含义是指安全教育、检查整改工作要做到群众化、经常化、制度化、科学化，采取有效预防措施避免伤亡事故和职业危害。

在监理工作中，监理人员应提醒施工企业把安全始终放在第一的位置，同时在审查施工方案或有关专项技术措施时要突出"安全第一"的方针，不得以发生事故的概率小而去冒险。在巡视、检查、旁站时也应注意发现隐患并要求施工单位及时采取有效措施消除隐患，来达到预防的目的。

（二）以人为本

人是社会进步的核心，人的生命是无上宝贵的。我国所有的劳动安全法规均是以保护劳动者免受伤害为第一要务，其次才是保护财产的安全。国际劳工组织所制定的劳工公约也是如此。因此，监理人员在开展监理工作的过程中，要以人为本，注重保护劳动者的人身安全与身心健康。

坚持"以人为本"的原则有三层含义：一是首先要尽最大努力保护所有施工操作人员的生命安全与身体不受伤害；二是要在安全生产中要特别发挥人的力量来提高安全度；三是要消除人的不安全行为。

（三）在"质量、进度、成本"中落实安全

工程质量是监理工作永恒的主题，应该注意没有安全的项目根本没有质量可言，监理人员在进行方案审查、质量检查、工序验收等工作中，要首先注意安全状态然后才是质量水平。

进度是监理工作的控制目标之一，进度的快慢与项目效益直接相关。但是只有解决了安全问题之后，质量才有保障，不返工才有进度。同时应该注意安全费用应该纳入项目的成本之中。没有安全，更没有经济效益。

三、监理人员安全生产管理职责

监理人员在履行安全生产管理职责时应严格遵循"安全第一，预防为主"的方针，经过分析事故的直接原因与间接原因，将人的不安全行为与物的不安全状态结合到具体的建设工程施工管理中。经过归纳可以认为，监理人员只要抓好以下十个方面的工作，即可实现预防建设工程安全事故的目标，就能履行好监理人员安全生产管理职责：

（1）针对施工所处的安全环境，制订必要的确保安全的施工方案、安全措施以达到事前预控的目标。

（2）对进入施工现场的工程材料、工程设备、施工机具与设备、临时周转材料如钢

管扣件等均应严格按质量标准验收。

（3）对从业的管理人员和操作人员进行针对性的资格能力鉴定、安全教育和培训、安全交底，及时提供必需的劳动防护用品。

（4）对安全防护物资进行验收、标识、检查和防护。

（5）对施工设施、设备及安全防护设施的搭设和拆除进行交底与过程防护、监控，在使用前进行验收、检测、标识，在使用中检查、维护和保养，并及时调整和完善。

（6）对重点防火部位、活动和物资进行标识、防护，配置消防器材和实行动火审批。

（7）保持场容场貌、作业环境和生活设施文明卫生，规范有序，保护道路管线和周边环境。

（8）对与重大危险源和重大不利环境因素有关的重点部位、过程和活动，组织专人监控。

（9）形成并保存施工过程控制活动的记录。

（10）建立施工安全的组织保证体系和制度保证体系，从组织上和制度上落实安全生产管理工作。

第三节　安全监理的工作程序和内容

一、安全监理的工作程序

（一）安全监理准备阶段

（1）监理机构编制安全监理规划和安全监理实施细则。通常在编制项目监理规划时，安全管理规划作为监理规划中的一项重要内容，同时针对安全管理编制安全监理实施细则。具体的编制内容一般包括：工程项目概况及分析、安全监理工作的目标、安全监理工作依据、安全监理工作的范围和内容、安全监理人员岗位职责和工作程序、安全监理工作的具体措施和应急预案以及安全监理工作制度。

（2）监理机构熟悉施工现场和周边环境情况。

（3）监理机构将法律规定的安全责任和有关事宜告知建设单位。

（二）施工准备阶段

项目监理机构审查核验施工单位提交的有关安全技术文件和资料，并由总监理工程师在有关安全技术文件报审表上签署意见；倘若审查未通过，安全技术措施及专题施工方案不得实施。

（三）施工阶段

项目监理机构应按安全监理规划和安全监理细则的要求，进行巡视检查，对发现的各类安全事故隐患，应书面通知施工单位，并督促其立即整改；情况严重的，监理单位应及时下达工程暂停令，要求施工单位停工整改，并同时报告建设单位。安全事故隐患消除后，监理单位应检查整改结果，签署复查或者复工意见。施工单位拒不整改或不停工整改的，监理单位应当及时向建设主管部门报告，以电话形式报告的，应当有通话记录，并及时补充书面报告。检查、整改、复查、报告等情况应记载在监理日志中。监理单位应核查施工单位提交的施工起重机械、整体提升脚手架、模板等自升式架设设施和安全设施等验收记录，并由安全监理人员签收备案。

（四）竣工验收阶段

项目监理机构应将有关安全生产的技术文件、验收记录、监理规划、监理实施细则、监理月报、监理会议纪要及相关书面通知等按规定立卷归档。

安全监理工作流程见图7－1。

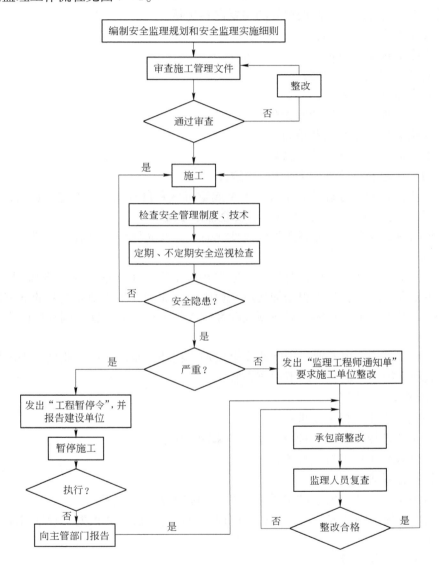

图7－1 安全监理工作流程图

二、安全监理的工作内容

（一）安全监理策划

1. 安全监理规划

项目监理机构应根据《建设工程安全生产管理条例》的规定，按照工程建设强制性标准、《建设工程监理规范》和相关行业监理规范的要求，编制包括安全监理内容的项目监理规划，即安全监理规划，以指导项目监理机构开展安全监理工作。

安全监理规划是由总监理工程师主持、安全监理人员和专业工程师参与编制，并经工程监理单位负责人批准。

安全监理规划是监理规划的重要组成部分，应与监理规划同步编制完成，必要时可以单独编制。单独编写的安全监理规划的主要内容包括：

（1）安全监理工作依据；

（2）安全监理工作目标；

（3）安全监理范围和内容；

（4）安全监理工作程序；

（5）安全监理岗位设置和职责分工；

（6）安全监理工作制度和措施；

（7）安全监理实施细则编写计划；

（8）初步认定的危险性较大工程一览表；

（9）初步认定的需办理验收手续的大型起重机械和自升式架设设施一览表；

（10）其他与新工艺、新技术有关的安全监理措施。

当分阶段施工或者施工方案发生较大变化时，应及时调整安全监理规划。

2. 安全监理实施细则

对于中型及以上项目，项目监理机构应在相应工程施工之前编制安全监理实施细则。安全监理实施细则是结合施工现场的场所、设施、作业等安全活动而编制的安全监理工作操作性文件，做到详细、具体。对各项危险性较大的工程，应单独编制相应的安全监理实施细则。

安全监理实施细则由专业工程师或安全监理工程师编制，并由总监理工程师批准。

安全监理实施细则应包括以下主要内容：

（1）相应的工程概况；

（2）相关的强制性标准要求；

（3）安全监理控制要点、检查方法、频率和措施；

（4）监理人员工作安排及分工；

（5）检查记录表；

（6）对施工单位相应安全技术措施（或专项施工方案）的检查方案。

安全监理实施细则的编制人应对相关监理人员进行交底，并根据工程项目实际情况及时修订、补充和完善。

（二）施工准备阶段

1. 审查施工单位的安全技术措施和专项施工方案

审查施工单位编制的施工组织设计中的安全技术措施和危险性较大的分部、分项工程安全专项施工方案是否符合工程建设强制性标准要求，并由总监理工程师在有关报审表上签署意见；审查未通过的，安全技术措施及安全专项施工方案不得实施。审查的主要内容应当包括：

（1）安全技术措施的内容是否符合工程建设强制性标准及相关规定。

（2）冬期、雨期等季节性施工方案的制订是否符合强制性标准要求。

（3）施工单位编制的地下管线保护措施方案是否符合强制性标准要求。

（4）施工总平面布置是否符合安全生产的要求，办公室、宿舍、食堂、道路灯临时设施设置以及排水、防火措施是否符合强制性标准要求。

（5）施工现场临时用电施工组织设计或者安全用电基数措施和电气防火措施是否符合强制性标准要求。

（6）安全生产事故应急预案的编制情况。

2. 检查施工单位的现场安全生产保证体系

检查施工单位在工程项目上的安全生产规章制度和安全监管机构的建立、健全及专职安全生产管理人员配备情况，督促施工单位检查各分包单位的安全生产规章制度的建立情况。这些制度包括：安全生产责任制度；安全生产教育培训制度；操作规程；安全生产检查制度；机械设备（包括租赁设备）管理制度；安全施工技术交底制度；消防安全管理制度；安全生产事故报告处理制度。

3. 审查施工单位的有关安全生产的资质

审查施工单位的资质证书、安全生产许可证是否合法有效；审查专业分包单位和劳务分包单位的建筑企业资质证书和安全生产许可证，并检查总承包单位与分包单位的安全协议签订情况；审查承包单位项目负责人和专职安全生产管理人员的安全生产考核合格证书是否齐全有效；审查专职安全生产管理人员的配备与到位数量是否符合有关规定；审查特种作业人员的特种作业操作资格证书是否合法有效，特种作业人员包括电工、焊工、架子工、起重机械工、塔式起重机司机及指挥人员等。

4. 审查施工现场及毗邻建筑物、构筑物与地下管线的专项保护措施

监理工程师应参加建设单位向承包单位提供施工现场及毗邻区域内的地上、地下管线资料和相邻建筑物、构造物及地下工程的有关资料的移交，并在移交单上签字。开工前，监理工程师应审查承包单位制定的对毗邻建筑物、构造物的地下管线等专项保护措施，总监理工程师在报送该文件的"报验申请表"上签署意见。当专项保护措施不满足要求时，总监理工程师应要求承包单位修改后重新报批。

5. 检查开工条件

在监理工程师发出开工通知书之前，监理工程师应认真检查施工单位的施工人员、施工机械设备、施工场地等是否存在安全事故隐患，安全生产准备工作是否达到开工条件，经检查合格后方可发出开工指令，以避免在工程施工过程中发生安全事故。

（三）施工阶段

1. 实施安全监督检查

项目监理机构应按安全监理规划定期进行安全检查，检查结果应写入项目监理日志，并应组织相关单位进行有针对性的安全专项检查。

（1）安全监督检查的方式。施工现场安全监督检查的方式主要有以下三种：

1）旁站监督。旁站监督是指在关键部位或关键工序的施工过程中，由监理人员在现场进行的监督活动。在施工阶段，许多建设工程安全事故隐患是由于现场操作不当或不符合标准、规范、规程所致，安全事故的发生也往往是由于违章操作或违章指挥而产生的。通过监理人员在现场的旁站监督，可以及时发现安全问题并及时加以控制。

2）日常巡视。日常巡视是指监理人员对现场正在施工的部位及工序进行的定期及不定期的巡查活动。巡视不限于某一部位及工艺过程，其检查范围为现场所有安全生产活动。监理人员对施工现场进行巡视时，应做好安全检查记录，并针对发现的安全问题按其严重程度及时向施工单位发出相应的监理指令，责令其消除安全事故隐患。

3）平行检验。平行检验是指监理人员利用一定的检查或检测手段，在施工单位自检的基础上，按照一定的比例独自进行检查或检测的活动。平行检验在安全技术复核及复验工作中采用较多，是监理人员对安全设施、施工机械等进行安全验收核查的手段。

（2）安全监督检查的主要内容：

1）在施工过程中，项目监理机构应检查施工单位现场安全生产保证体系的运行，并检查和监督施工单位安全管理制度的落实情况，将检查进行记录。

2）项目监理机构应监督施工单位按照施工组织设计中的安全技术措施和专项施工方案组织施工，及时制止违章施工指挥和施工作业。

3）对危险性较大的分部、分项工程的作业情况应加强巡视检查，根据作业进展情况安排巡视次数，一般一日不少于一次，并填写危险性较大工程巡视检查记录表。

4）应检查施工现场各种安全标志和安全防护措施是否符合强制性标准要求。检查重点是施工现场已发生伤亡事故处或危险场所是否设置了明显的符合标准要求的安全警示标志牌；施工现场的材料堆放，防火、急救器材，临时用电，临边洞口，高处交叉作业防护等是否与安全防护费用使用计划相一致，是否符合建设工程强制性标准要求。

5）对须经项目监理机构核验的大型起重机和自升式架设设施清单应进行审查，并核查施工单位对大型起重机械、整体提升脚手架、整体提升模板等设施和其他安全设施的验收手续，由安全监理人员签收备案。

2．召开监理例会、安全专题会议

（1）项目监理机构应对其与施工单位召开监理例会。在监理例会上，应检查上次例会有关安全生产决议的落实情况，分析未落实事项的原因，确定下一阶段施工单位安全管理工作的内容，明确重点监控的措施和施工部位，并针对存在的问题提出意见。

（2）总监理工程师必要时应召开安全专题会议，由总监理工程师或监理人员主持，施工单位的项目负责人、现场技术负责人、现场安全管理人员及相关单位人员参加。监理人员应做好及时整理会议纪要，会议纪要应与各方会签，及时发至相关各方，并有签收手续。

3．发出监理指令

在施工安全监理工作中，监理人员通过日常巡视及安全检查，发现违规施工和存在安全事故隐患时，应立即发出监理指令。监理指令有以下三种形式：

（1）口头指令。监理人员在日常巡视中发现施工现场的一般安全事故隐患，凡是通过立即整改能够消除的，可向施工单位管理人员发出口头指令，责令并监督其改正，同时在监理日记中记录。

（2）监理工程师通知单。如口头指令发出后，施工单位未能及时消除安全事故隐患，或当发现安全事故隐患后，安全监理人员认为有必要时，总监理工程师或者安全监理人员应及时签发有关安全的"监理工程师通知单"，要求承包单位限期整改并限时书面回复，安全监理人员应按时复查整改结果。"监理工程师通知单"应抄送建设单位。

（3）工程暂停令。当发现施工现场存在重大安全事故隐患时，总监理工程师应及时签发"工程暂停令"，暂停部分或全部在施工程的施工，责令施工单位限期整改，并同时报告建设单位。安全事故隐患消失后，经过安全监理人员复查合格，施工单位可申请复工，总监理工程师签署复查或复工意见。

4. 编制或整理监理工作文件

项目监理机构应按月编制安全监理工作月报。安全监理工作月报应包括以下内容：

（1）当月危险性较大的工程作业和施工现场安全现状及分析（必要时附影像资料）。

（2）当月安全监理的主要工作、措施和效果。

（3）当月签发的安全监理文件和指令。

（4）下月安全监理工作计划。

总监理工程师应指定专人负责安全监理资料的管理。安全监理资料应及时收集和整理，分类有序，真实完整，妥善保管。在有关主管部门进行安全检查和安全事故调查处理时，项目监理机构应如实提供安全监理资料。

（四）竣工验收阶段

项目监理机构竣工验收阶段的安全监理工作主要有：

（1）工程监理单位应参加建设单位组织的工程竣工验收，签署工程监理单位意见。

（2）项目监理机构应从两个方面进行安全监理工作总结：

1）向建设单位提交的安全监理工作总结，其内容包括：委托监理合同履行情况概述、安全监理任务或安全监理目标完成情况的评价等。

2）向工程监理单位提交的安全监理工作总结，其内容包括：安全监理工作的经验，如采用某种技术、方法的经验，采用某种经济措施、组织措施的经验，委托监理合同执行方面的经验等；安全监理工作存在的问题及今后改进的建议。

（3）将有关安全生产的技术文件、验收记录、监理规划、监理实施细则、监理月报、监理会议纪要及相关书面通知等按规定立卷归档。安全资料档案的验收、移交和管理应按委托监理合同或档案管理的有关规定执行。

【例 7 - 1】2009 年 6 月 27 日 5 时 30 分许，上海市××区"莲花河畔景苑"一栋 13 层在建住宅楼发生楼体倒覆事故，造成一名工人死亡。在之前的 26 日，邻近的淀浦河防汛墙出现了 70 余米塌方险情，有关方面连夜组织了抢险。涉案的开发商、建筑商和监理被追究法律责任。上海××建设监理公司总工程师兼"莲花河畔景苑"总监被判处有期徒刑 3 年。

【解析】

总监乔×虽然知道先建高楼再挖地下车库的施工顺序不妥，多次提出抗议，并且拒绝在挖土令上签字，但是对隐患的严重程度估计不足，没有及时下达工程暂停令并向建设单位报告。乔×作为总监理工程师，对建设单位××公司指定没有资质的人员承包土方施工违规堆土未按照法律规定及时、有效制止，也没有向政府主管部门报告。监理的专业技术素质对规避监理风险也是很重要的。本案中，如果监理人员能发现设计文件中存在的缺陷并通过正确的书面形式向设计单位提出建议，使设计不足能够及早弥补；如果在实施监理的过程中监理人员能够对施工单位不合理的施工顺序进行纠正，也许事故不会发生。或者，即使事故发生了，有能反映监理程序管理和技术管理正确性的文件存在，该总监的法律责任有可能免除或减轻。

第四节　安全专项施工方案的审查

一、审查方案的方法

（一）程序性审查

程序性审查是指安全专项施工方案是否经施工单位有关部门的专业技术人员进行审核，经审核合格的，是否由施工单位技术负责人签字并加盖单位公章，专项施工方案经专家论证审查的，是否履行论证，并按论证报告修改专项方案，不符合程序的应予退回。

程序性审查的程序是：

第一，先强调施工单位要编制施工方案或专项施工方案、用电方案等，批准后才能实施；施工单位编制的方案要有编制人、审核人、批准人；当施工单位未编制时，监理人员应要求施工单位编制并按规定先进行内部审查，否则不同意施工。

专项施工方案应当由施工单位技术部门组织本单位施工技术、安全、质量等部门的专业技术人员进行审核。

第二，施工组织设计和专项施工方案经技术、安全、质量等部门的专业技术人员审核合格的，由施工单位技术负责人签字。实行施工总承包的，专项方案应当由总承包单位技术负责人及相关专业承包单位技术负责人签字。

第三，专项方案编制应当包括以下内容：

（1）工程概况。包括危险性较大的分部、分项工程概况，施工平面布置，施工要求和技术保证条件。

（2）编制依据。包括相关法律、法规、规范性文件、标准、规范及图纸（国标图集）、施工组织设计等。

（3）施工计划。包括施工进度计划、材料与设备计划。

（4）施工工艺技术。包括技术参数、工艺流程、施工方法、检查验收等。

（5）施工安全保证措施。包括组织保障、技术措施、应急预案、监测监控等。

（6）劳动力计划。包括专职安全生产管理人员、特种作业人员等。

（7）计算书及相关图纸。

第四，危险性较大的施工方案要由施工单位组织专家进行论证、审查。

第五，监理机构组织专业监理工程师进行审查，符合要求后签认，交由施工单位进行施工，并要求施工单位的专职安全员进行监督执行。

（二）符合性审查

专项施工方案必须符合安全生产法律、法规、规范，工程建设强制性标准及工程所在地方有关安全生产的规定，必要时附有安全验算结果。须经专家论证审查的项目，应附有专家论证的书面报告。安全专项施工方案还应有紧急救援措施等应急救援预案。对施工方案只进行程序性审查是不够的。《建设工程安全生产管理条例》第十四条明确要求监理人员审查施工方案或施工组织设计中的安全技术措施是否符合工程建设强制性标准，也就是要进行"强制性标准符合性审查"。

监理人员要对照相关的工程建设强制性标准对施工方案中涉及安全的核心内容进行审查。可以这样认为，如果一个施工方案或施工组织设计中的安全技术措施符合了工程建设强制性标准，其安全性就可以得到保证，否则只能是强制性标准出了问题。应该指出，工程建设强制性标准包括工程建设的最关键的安全要求和最基本的质量要求。它涉及国家标准、行业标准及地方标准，内容包括房屋建设、城市建设、铁路公路等若干个行业。监理人员要不断学习和领会有关的工程建设强制性标准的具体要求，并严格执行。

当总监理工程师组织专业监理工程师审查无法确认其方案是否符合工程建设强制性标准时，可向监理单位的技术负责人或安全负责人报告，由监理企业组织企业内的有关专家进行审查。仍然不能确认其方案是否符合工程建设强制性标准时，应由总监理工程师向业主报告，由施工单位或业主组织有关专家进行审查，当参加审查的专家认可方案能够符合工程建设强制性标准，能够保证安全施工时，由总监理工程师根据专家的签字认可的审查意见签字同意施工，交施工企业专职安全人员监督现场施工。如专家中有不同意见时，应由施工企业修改施工方案直至通过。

（三）针对性审查

监理机构应审核专项施工方案是否针对工程特点、施工工艺所处环境、施工管理模式、现场实际情况等，当不能满足要求时，应采取必要的安全措施。

二、审查方案的范围

《建设工程安全生产管理条例》（以下简称《条例》）规定，施工单位应当在施工组织设计中编制安全技术措施和施工现场临时用电方案，并附具安全验算结果，经施工单位技术负责人、总监理工程师签字后实施，由专职安全生产管理人员进行现场监督。住房与城乡建设部根据《条例》发布了《危险性较大工程安全专项施工方案编制及专家审查办法》（建质〔2009〕87号），规定下列范围与规模的工程应编制安全专项施工方案。

（一）基坑支护、降水工程

开挖深度超过3m（含3m）或虽未超过3m但地质条件和周边环境复杂的基坑（槽）支护、降水工程。

（二）土方开挖工程

开挖深度超过3m（含3m）的基坑（槽）的土方开挖工程。

（三）模板工程及支撑体系

（1）各类工具式模板工程。包括大模板、滑模、爬模、飞模等工程。

（2）混凝土模板支撑工程。包括搭设高度5m及以上、搭设跨度10m及以上、施工总荷载10kN/m² 及以上、集中线荷载15kN/m及以上、高度大于支撑水平投影宽度且相对独立无联系构件的混凝土模板支撑工程。

（3）承重支撑体系。用于钢结构安装等满堂支撑体系。

（四）起重吊装及安装拆卸工程

（1）采用非常规起重设备、方法，且单件起吊重量在10kN及以上的起重吊装工程。

（2）采用起重机械进行安装的工程。

（3）起重机械设备自身的安装、拆卸。

（五）脚手架工程

（1）搭设高度24m及以上的落地式钢管脚手架工程。

（2）附着式整体和分片提升脚手架工程。

（3）悬挑式脚手架工程。

（4）吊篮脚手架工程。

（5）自制卸料平台、移动操作平台工程。

（6）新型及异型脚手架工程。

（六）拆除、爆破工程

（1）建筑物、构筑物拆除工程。

（2）采用爆破拆除的工程。

（七）其他

（1）建筑幕墙安装工程。

（2）钢结构、网架和索膜结构安装工程。

（3）人工挖扩孔桩工程。

（4）地下暗挖、顶管及水下作业工程。

（5）预应力工程。

（6）采用新技术、新工艺、新材料、新设备及尚无相关技术标准的危险性较大的分部、分项工程。

上述工程范围是针对技术水平与安全管理水平一般的施工企业而言的。然而，对于一些技术力量不足或安全管理水平不高的施工企业或项目经理部，以及经验不足或项目的安全环境较差时，除了上述范围以外，可以适当扩大审查的范围。也就是经过监理机构的安全分析，认为有可能引起安全事故的分部、分项工程，监理机构也应要求施工企业的项目经理部编制安全专项施工方案报其公司技术负责人审查后再报项目监理机构审查签字，而不可以刻板地拘泥于该文件所规定的范围。

三、专家论证的范围

相关文件规定，超过一定规模的危险性较大的分部、分项工程，施工企业应当组织专家组进行论证，具体范围如下所述。

（一）深基坑工程

（1）开挖深度超过5m（含5m）的基坑（槽）的土方开挖、支护、降水工程。

（2）开挖深度虽未超过5m，但地质条件、周围环境和地下管线复杂，或影响毗邻建（构）筑物安全的基坑（槽）的土方开挖、支护、降水工程。

（二）模板工程及支撑体系

（1）工具式模板工程。包括滑模、爬模、飞模工程。

（2）混凝土模板支撑工程。包括搭设高度8m及以上、搭设跨度18m及以上、施工总荷载15kN/m^{2}及以上、集中线荷载20kN/m及以上的混凝土模板支撑工程。

（3）承重支撑体系。用于钢结构安装等满堂支撑体系、承受单点集中荷载700kg以上的支撑体系。

（三）起重吊装及安装拆卸工程

（1）采用非常规起重设备、方法，且单件起吊重量在 100kN 及以上的起重吊装工程。

（2）起重量 300kN 及以上的起重设备安装工程；高度 200m 及以上内爬起重设备的拆除工程。

（四）脚手架工程

（1）搭设高度 50m 及以上落地式钢管脚手架工程。

（2）提升高度 150m 及以上附着式整体和分片提升脚手架工程。

（3）架体高度 20m 及以上悬挑式脚手架工程。

（五）拆除、爆破工程

（1）采用爆破拆除的工程。

（2）码头、桥梁、高架、烟囱、水塔或拆除中容易引起有毒有害气（液）体或粉尘扩散、易燃易爆事故发生的特殊建（构）筑物的拆除工程。

（3）可能影响行人、交通、电力设施、通信设施或其他建（构）筑物安全的拆除工程。

（4）文物保护建筑、优秀历史建筑或历史文化风貌区控制范围的拆除工程。

（六）其他

（1）施工高度 50m 及以上的建筑幕墙安装工程。

（2）跨度大于 36m 及以上的钢结构安装工程；跨度大于 60m 及以上的网架和索膜结构安装工程。

（3）开挖深度超过 16m 的人工挖孔桩工程。

（4）地下暗挖工程、顶管工程、水下作业工程。

（5）采用新技术、新工艺、新材料、新设备及尚无相关技术标准的危险性较大的分部、分项工程。

专家论证的主要内容包括：

（1）专项方案内容是否完整、可行。

（2）专项方案计算书和验算依据是否符合有关标准规范。

（3）安全施工的基本条件是否满足现场实际情况。

专项方案经论证后，专家组应当提交论证报告，对论证的内容提出明确的意见，并在论证报告上签字。该报告作为专项方案修改完善的指导意见。

住房与城乡建设部还要求组织专家论证审查时应注意以下几个方面：

（1）建筑施工企业应当组织不少于 5 人的专家组，对已编制的安全专项施工方案进行论证审查。

（2）建设单位项目负责人或技术负责人，监理单位项目总监理工程师及相关人员，施工单位分管安全的负责人、技术负责人、项目负责人、项目技术负责人、专项方案编制人员、项目专职安全生产管理人员，勘察、设计单位项目技术负责人及相关人员应出席专项施工方案审查会议。本项目参建各方的人员不得以专家身份参加专家论证会。

（3）施工单位应当根据论证报告修改完善专项方案，并经施工单位技术负责人、项目总监理工程师、建设单位项目负责人签字后，方可组织实施。

（4）施工单位应当指定专人对专项方案实施情况进行现场监督和按规定进行监测。发现不按照专项方案施工的，应当要求其立即整改；发现有危及人身安全紧急情况的，应当立即组织作业人员撤离危险区域。

值得提出的是，除了上述住房与城乡建设部规定的六类工程外，如果施工企业技术力量不足或经验不足，其技术负责人难以确定其方案的安全性时，或者企业内部针对方案的安全性有较大分歧时，施工单位也应组织专家审查其方案的安全性，监理人员出席会议。

四、审查方案的内容

施工企业编制与审查安全专项施工方案的核心内容是确保安全及便于组织施工，尤其是要把安全放在第一位，同时施工企业还是方案的实施者，因此，它要对方案的可靠性、安全性、经济性和工期等负全部责任。

《建设工程安全生产管理条例》规定，工程监理单位审查施工组织设计中的安全技术措施或者专项施工方案的标准是该方案是否符合工程建设强制性标准。它是一种通过强制性标准的符合性审查来审查方案的可靠性与安全性，就如政府审图机构审查施工图一样。因此，相对于施工企业来说，该条例对监理单位审查安全专项方案时的要求要低一些，但是保证满足强制性标准并不能绝对保证方案的安全性。我们建议监理机构要对方案的安全性进行关注，当发现尽管符合工程建设强制性标准但方案的安全性仍难以保证时，应要求施工企业修改，当项目监理机构内部有不同意见时应交由监理企业技术负责人组织企业内部专家进行审查。因为安全需要多层次和全方位的管理，这并不表示：由于监理机构没有发现其中的问题事后又证明方案虽满足强制性标准但仍然存在安全缺陷时，监理机构要承担责任。

【例7-2】某写字楼工程，地下1层，地上15层，框架-剪力墙结构。首层中厅高12m，施工单位的项目部编制的模板支架施工方案是满堂扣件式钢管脚手架，方案由项目部技术负责人审批后实施。施工中，某工人在中厅高空搭设脚手架时随手将扳手放在脚手架上，脚手架受震动后扳手从上面滑落，顺着楼板预留洞口（平面尺寸0.25m×0.50m）砸到在地下室施工的王姓工人头部。由于王姓工人认为在室内的楼板下作业没有危险，故没有戴安全帽，被砸成重伤。

【问题】

（1）说明该起安全事故的直接与间接原因。

（2）写出该模板支架施工方案正确的审批程序？

（3）扳手放在脚手架上是否正确？说明理由。

（4）何谓"三宝"和"四口"，本例的预留洞口应如何防护？

【解析】

（1）直接原因与间接原因包括：该工人违规操作（或将扳手放在脚手架上），预留洞口未防护，王姓工人未戴安全帽，现场安全管理（或安全检查）不到位，安全意识淡薄。

（2）该施工方案应先由施工企业的技术负责人审批，该模板支架高度超过8m还应组织专家组审查论证通过，再报监理单位审批同意。

（3）不正确，工具不能随意放在脚手架上，工具暂时不用应放在工具袋内。

（4）"三宝"指安全帽、安全网、安全带；"四口"指预留洞口、楼梯口、通道口、电梯井口。楼板等处边长为25～50cm的洞口，可用竹、木等作盖板盖住洞口，盖板必须能保持四周搁置均衡，固定牢靠，盖板应防止挪动移位。

第五节　建设工程安全隐患和安全事故的预防与处理

一、安全隐患及其处理

隐患是指未被事先识别或未采取必要防护措施的可能导致安全事故的危险源或不利环境因素。事故隐患指可导致事故发生的物的危险状态、人的不安全行为及管理上的缺陷。

（一）施工安全隐患与原因分析方法

由于影响建设工程安全的因素众多，一个建设工程安全隐患的发生，可能是上述原因之一或是多种原因所致，要分析确定是哪种原因所引起的，必然要对安全隐患的特征、表现，以及其在施工中所处的实际情况和条件进行具体分析，基本步骤有以下方面：

（1）现场调查研究，观察记录，必要时留下影像资料，充分了解与掌握引发安全隐患的现象和特征，以及施工现场的环境和条件等。

（2）收集、调查与安全隐患有关的全部设计资料、施工资料。

（3）指出可能发生安全隐患的所有因素。

（4）分析、比较，找出最可能造成安全隐患的原因。

（5）进行必要的方案计算分析。

（6）必要时征求相关专家的意见。

（二）施工安全隐患的处理程序

监理工程师在监理过程中，对发现的施工安全隐患应按照一定的程序进行处理。

（1）当发现工程施工安全隐患时，监理工程师首先应判断其严重程度。当存在安全事故隐患时，应签发"监理工程师通知单"，要求施工单位进行整改，施工单位提出整改方案，填写"监理工程师通知回复单"报监理工程师审核后，批复施工单位进行整改处理，必要时应经设计单位认可，处理结果应重新进行检查、验收。

（2）当发现严重安全事故隐患时，总监理工程师应签发"工程暂停令"，指令施工单位暂时停止施工，必要时应要求施工单位采取安全防护措施，并报建设单位。监理工程师应要求施工单位提出整改方案，必要时应经设计单位认可，整改方案经监理工程师审核后，施工单位进行整改处理，处理结果应重新进行检查、验收。

（3）施工单位接到"监理工程师通知单"后，应立即进行安全事故隐患的调查，分析原因，制定纠正和预防措施，制定安全事故隐患整改处理方案，并报告总监理工程师。

（4）监理工程师分析安全事故隐患整改处理方案。

（5）在原因分析的基础上，审核签认安全事故隐患整改处理方案。

（6）指令施工单位按既定的整改处理方案实施处理并进行跟踪检查，总监理工程师应安排监理人员对施工单位的整改实施过程进行跟踪检查。

（7）安全事故隐患处理完毕，施工单位应组织人员检查验收，自检合格后报监理工程师核检，监理工程师组织有关人员对处理的结果进行严格的检查、验收。施工单位写出安全隐患处理报告，报监理单位存档，主要内容包括：

1）整改处理过程描述；

2）调查和核查情况；

3）安全事故隐患原因分析结果；

4）处理的依据；

5）审核认可的安全隐患处理方案；

6）实施处理中的有关原始数据、验收记录、资料；

7）对处理结果的检查、验收结论；

8）安全隐患处理结论。

二、安全事故及其处理

（一）安全事故的概念

事故就是指人们由不安全的行为、动作或不安全的状态所引起的突然发生的与人的意志相反事先未能预料到的意外事件，它能造成财产损失、生产中断、人员伤亡。从劳动保护角度讲，事故主要是指伤亡事故，又称伤害。

重大安全事故是指在施工过程中由于责任过失造成工程倒塌或废弃，机械设备破坏和安全设施失当造成人身伤亡或重大经济损失的事故。

特别重大事故，是指造成特别重大人身伤亡或巨大经济损失以及性质特别严重，产生重大影响的事故。

根据生产事故造成的人员伤亡或者直接经济损失，事故一般分为以下等级：

（1）特别重大事故。特别重大事故是指造成30人以上死亡，或者100人以上重伤（包括急性工业中毒，下同），或者1亿元以上直接经济损失的事故。

（2）重大事故。重大事故是指造成10人以上30人以下死亡，或者50人以上100人以下重伤，或者5000万元以上1亿元以下直接经济损失的事故。

（3）较大事故。较大事故是指造成3人以上10人以下死亡，或者10人以上50人以下重伤，或者1000万元以上5000万元以下直接经济损失的事故。

（4）一般事故。一般事故是指造成3人以下死亡，或者10人以下重伤，或者1000万元以下直接经济损失的事故。

上述"以上"包括本数，所称的"以下"不包括本数。

（二）建设工程安全事故原因分析

1. 按起因物分

按起因物分为：锅炉、压力容器、电气设备、起重机械、泵、发动机、车辆、船舶、动力传送机构、放射性物质及设备、非动力手工工具、电动手工工具、其他机械、建筑物及构筑物、化学品、煤、石油制品、水、可燃性气体、金属矿物、非金属矿物、粉尘、梯、木材、工作面、环境、动物、其他等。

2. 按致害物分

按致害物分为：煤、石油产品、木材、放射性物质、电气设备、空气、矿石、黏土、砂、石、锅炉、压力容器、化学品、机械（包括起重机械）、噪声、蒸汽、手工具（非动力）、电动手工具、动物、企业车辆、船舶。

3. 按伤害方式分

按伤害方式分为：碰撞（包括人撞固定物体、运动物体撞人、互撞）、撞击（包括落下物、飞来物）、坠落（包括由高处坠落平地，由平地坠井、坑洞）、跌倒、坍塌、淹溺、灼伤、火灾、辐射、爆炸、中毒（包括吸入有毒气体、皮肤吸收有毒物质）、触电、接触（包括高低温环境、高低温物体）、掩埋、倾覆。

4. 直接原因

（1）不安全状态。不安全状态是指能导致事故发生的物质条件，主要有以下几种情况：

1）防护、保险、信号等装置缺乏或有缺陷。例如：无防护（包括无防护罩无安全保险装置、无报警装置、无安全标志、无护栏或护栏损坏、电气未接地绝缘不良、风扇无消声系统、噪声大、危房内作业、未安装防止"跑车"的挡马器或挡车栏等）和防护不当（包括防护罩未在适当位置、防护装置调整不当、坑道掘进及隧道开凿支撑不当、防爆装置不当、采伐、集材作业安全距离不够、放炮作业隐蔽所有缺陷、电气装置带电部分裸露等）。

2）设备、设施、工具、附件有缺陷。例如：设计不当，结构不符合安全要求（包括通道门遮挡视线、制动装置有缺欠、安全间距不够、拦车网有缺欠、工件有锋利毛刺、毛边、设施上有锋利倒棱等）、强度不够、设备在非正常状态下运行、维修、调整不良（包括设备失修、地面不平、保养不当、设备失灵等）。

3）个人防护用品（包括防护服、手套、护目镜及面罩、呼吸器官护具、听力护具、安全带、安全帽、安全鞋等）缺少或有缺陷。例如：无个人防护用品用具，以及所有防护用品、用具不符合安全要求。

4）生产（施工）场地环境不良。例如：照明光线不良（包括照明不足、作业场地烟尘弥漫、视物不清、光线过强）、通风不良（包括无通风、通风系统效率低、电流短路、停电与停风时爆破作业、瓦斯排放未达到安全浓度放炮作业、瓦斯超限等）、作业场所狭窄、作业场地杂乱、交通线路的配置不安全、操作工序设计或配置不安全、地面滑、储存方法不安全、环境温度及湿度不当。

（2）不安全行为。不安全行为是指能造成事故的人为错误，主要有以下各种情况：

1）操作错误、忽视安全、忽视警告。例如：未经许可开动、关停、移动机器，开动、关停机器时未给信号，开关未锁紧造成意外转动、通电或泄漏等，忘记关闭设备，忽视警告标志、警告信号，操作错误（指按钮、阀门、板门、把柄等的操作），供料或送料速度过快，机械超速运转，违章驾驶机动车，酒后作业，客货混载，冲压作业时手伸进冲压模，工作紧固不牢，用压缩空气吹铁屑等。

2）造成安全装置失效。例如：拆除了安全装置，安全装置堵塞、失去作用，调整的错误造成安全装置失效等。

3）使用不安全设备。例如：临时使用不牢固的设施，使用无安全装置的设备等。

4）手代替工具操作。例如：用手代替手动工具，用手清除切屑，不用夹具固定，用手拿工件进行机加工。

5）物体（指成品、半成品、材料、工具、切屑和生产用品等）存放不当。

6）冒险进入危险场所。例如：冒险进入易塌方的涵洞，进入将要坍塌的基坑底，装车时未离危险区，在未完工的地下室设置集体宿舍，易燃易爆场合进行明火作业。

7）攀、坐不安全位置（如平台护栏、汽车挡板、吊车吊钩）。

8）在起吊物下作业、停留。

9）机器运转时进行加油、修理、检查、调整、焊接、清扫等工作。

10）有分散注意力行为。

11）在必须使用个人防护用品、用具的作业或场合中，忽视其使用。例如：未戴护目镜或面罩，未戴防护手套，未穿安全鞋，未戴安全帽，未佩戴呼吸护具，未佩戴安全带，未戴工作帽等。

12）不安全装束。例如：在有旋转零部件的设备旁作业穿过于肥大的服装，操纵带有旋转零部件的设备时戴手套。

13）对易燃、易爆等危险物品处理错误。

5. 间接原因

间接原因是指直接原因赖以产生和存在的原因。属于下列情况者为间接原因：

（1）施工单位安全投入不足，管理体制不健全，安全管理工作不到位。

（2）设计单位、勘查单位技术成果有缺陷，以及施工单位自己设计的施工方案、临时构件等在技术和设计上有缺陷。例如构件强度不足、勘察结果不准、机械设备和仪器仪表不能正常工作、施工材料使用存在质量问题、工艺过程和操作方法存在问题。

（3）教育培训不够。例如，未经培训，缺乏或不懂安全操作技术知识。

（4）劳动组织不合理，对现场工作缺乏检查或指导错误。

（5）没有安全操作规程或规程内容不具体、不可行。

（6）没有或不认真实施事故防范措施，对事故隐患整改不力。

（7）建设单位不合理地压缩合同工期，建设单位要求垫资，压价造成安全施工措施费用不到位。

（8）安全监管机制不完善，施工企业发生安全事故受罚不重，监管机构效能有局限等。

三、防止安全事故的方法

通过安全事故的致因理论，可以得出一个结论，人的不安全行为与物的不安全状态是产生事故的直接原因，只要能够消除人的不安全行为与物的不安全状态，可以预防 98% 的事故。而事故的间接原因对于不同的国家、不同的行业及不同的企业则有不同的情况。

因此，从理论上来说，防止安全事故有四种最基本的有效方法：

（1）对工程技术方案进行审查和改进，强化安全防护技术。

（2）对作业工人进行安全教育，强化他们的安全意识。

（3）对不适宜从事某种作业的人员进行调整。

（4）必要的惩戒。

这四种最基本的安全对策后来被归纳为众所周知的"3E"原则，即：

（1）Engineering——对工程技术进行层层把关，确保技术的安全可靠性：运用工程技术手段消除不安全因素，实现生产工艺、机械设备等生产条件的安全。

（2）Education——教育：利用各种形式的教育和训练，使职工树立"安全第一"的思想，掌握安全生产所必需的知识和技能。

（3）Enforcement——强制：借助于规章制度、法规等必要的行政乃至法律的手段约束人们的行为。

因此，我们可以认为，预防建设工程安全事故的最基本的方法有：

（1）建立健全安全生产管理制度。从制度上来减少人的不安全行为和物的不安全状态。通过制度来提高人们的安全防护意识，强化安全防护技术的应用，保证必要的安全设施与措施费用，杜绝只强调生产而忽视安全的行为，同时也通过制度对违反规定的行为进行必要的惩戒。

（2）强化安全教育。安全教育可以提高施工人员的安全操作技能与人们的安全意识，防止人的不安全行为有非常重要的作用。专业安全人员及施工队长、班组长是预防事故的关键，他们工作的好坏对能否做好预防事故工作有重要影响。

（3）统一管理生产与安全工作，不断审查和改进技术方案和安全防护技术。通过安全防护技术的应用既消除物的不安全状态，还可以消除人的不安全行为。施工生产企业应有足够的安全投入来实施安全防护措施。把安全技术费用纳入到成本管理之中。

（4）配备必要的安全防护装置与工具。

（5）必要的检查与监督。

四、安全事故处理

建设工程安全事故发生后，监理工程师一般按以下程序进行处理，如图 7－2 所示。处理建设工程安全事故的原则，即"四不放过"的原则：安全事故原因未查清不放过，职工和事故责任人不受到教育不放过，事故隐患不整改不放过，事故责任人不处理不放过。

（1）建设工程安全事故发生后，总监理工程师应签发"工程暂停令"，并要求施工单位必须立即停止施工，施工单位应立即实行抢救伤员、排除险情，采取必要的措施，防止事故扩大，并做好标识，保护好现场。同时，要求发生安全事故的施工总承包单位迅速按安全事故类别和等级向相应的政府主管部门上报，并及时写出书面报告。

工程安全事故报告应包括以下主要内容：

1）事故发生的时间、详细地点、工程项目名称及所属企业名称；

2）事故类别、事故严重程度；

3）事故的简要经过、伤亡人数和直接经济损失的初步估计；

4）事故发生原因的初步判断；

5）抢救措施及事故控制情况；

6）报告人情况和联系电话。

（2）监理工程师在事故调查组展开工作后，应积极协助，客观地提供相应的证据，若监理方无责任，监理工程师可应邀参加调查组，参与事故调查；若监理方有责任，则应回避，但应配合调查组工作。

配合调查组做好以下工作：

1）查明事故发生的原因、人员伤亡及财产损失情况；

2）查明事故的性质和责任；

3）提出事故的处理及防止类似事故再次发生所应采取措施的建议；

4）提出对事故责任者的处理建议；

5）检查控制事故的应急措施是否得当和落实；

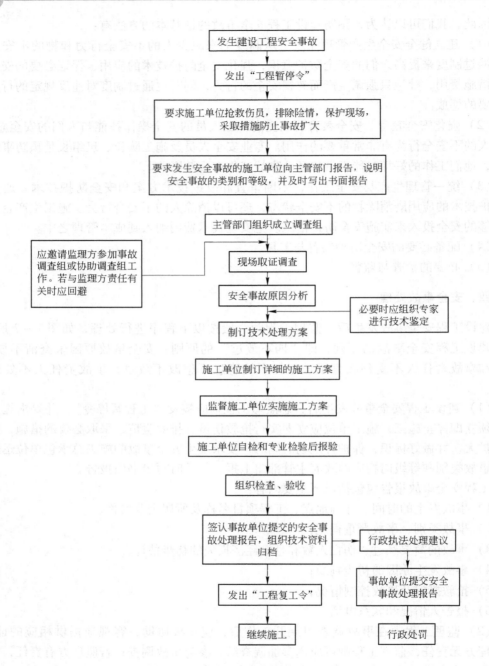

图 7 - 2　建设工程安全事故处理程序

6）写出事故调查报告。

监理工程师接到安全事故调查组提出的处理意见涉及技术处理时，可组织相关单位研究，并要求相关单位完成技术处理方案。

（3）技术处理方案核签后，监理工程师应要求施工单位制订详细的施工方案，必要时监理工程师应编制监理实施细则，对工程安全事故技术处理的施工过程进行重点监控，对于关键部位和关键工序应派人进行监控。

（4）施工单位完工自检后，监理工程师应组织相关各方进行检查验收，必要时进行处理结果鉴定。要求事故单位整理编写安全事故处理报告，并审核签认，进行资料归档。

（5）签发"工程复工令"，恢复正常施工。

五、案例分析

【例7-3】2010年11月15日，上海市静安区胶州路728号公寓大楼发生特别重大火灾事故，造成58人死亡，71人受伤，直接经济损失1.58亿元。国务院事故调查组查明，该起特别重大火灾事故是一起因企业违规造成的责任事故。事故的直接原因：在胶州路728号公寓大楼节能综合改造项目施工过程中，施工人员违规在10层电梯前室北窗外进行电焊作业，电焊溅落的金属熔融物引燃下方9层位置脚手架防护平台上堆积的聚氨酯保温材料碎块、碎屑引发火灾。

【解析】

事故的间接原因：一是建设单位、投标企业、招标代理机构相互串通，虚假招标和转包，违法分包；二是工程项目施工组织管理混乱；三是设计企业、监理机构工作失职；四是建设主管部门对工程项目监督管理缺失；五是公安消防机构对工程项目监督检查不到位；六是政府对工程项目组织实施工作领导不力。

根据国务院批复的意见，依照有关规定，对54名事故责任人做出严肃处理，其中26名责任人被移送司法机关依法追究刑事责任，28名责任人受到党纪、政纪处分。××建设工程监理公司总监理工程师×××被判刑5年；安全监理员×××被判刑3年；监理公司执行董事、法定代表人×××被行政撤职、撤销党内职务处分。

【例7-4】2004年9月1日，位于南京市某学院发生了一起重大伤亡事故。该工程为框架6层，局部7层，建筑面积10630m²。该中心由东西两幢六层楼组成，两幢楼的一二层相连，在两幢楼六层之间，是一个跨度16m、高近20m的"空中走廊"。事故发生时，工人正在六楼脚手架上给走廊浇灌水泥顶。当晚22时48分左右，在浇筑9~13轴屋面顶层构架混凝土过程中，模板支撑系统突然坍塌，致使在作业面施工的22名工人随之坠落。该起事故共造成5人死亡（其中2名当场死亡，3人经医院抢救无效死亡），3人重伤，14人轻伤。

【解析】

通过事故调查的初步分析，导致该起事故发生的原因是多方面的，既有安全意识淡薄、施工混乱的管理原因，也有高支模板系统搭设不符合强制性标准的技术原因。专家称，事故直接原因是通道支撑管架体系的承重能力低于实际要承受的混凝土重量，无法满足如此大面积混凝土浇筑施工的需要。另外，这一建筑施工项目竟无高支模板系统设计方案、施工图纸，也没有经过相关部门审核验收，施工单位所聘请的施工人员也没有相应资质，监理单位监督不力，严重失职。

【例7-5】2008年11月15日下午3时15分，正在施工的杭州地铁湘湖站北2基坑现场发生大面积坍塌事故，造成21人死亡，24人受伤，直接经济损失4961万元。事后，10名事故责任人被追究刑事责任，包括杭州地铁湘湖站项目部负责人、监测单位项目负

责人、施工单位项目负责人、杭州质监总站副站长、工程项目总监代表×××（上海×
×项目管理公司）等人；另有11人被行政处罚，总监代表×××被判处有期徒刑3年3
个月。杭州市原副市长许迈永对杭州地铁一号线没有严格按照基本建设程序组织实施，对
杭州地铁集团有限公司安全生产管理监督不力，对事故的发生负有领导责任。后司法机关
以经济案件（受贿）另案处理，判处其死刑。

【解析】

（1）现场生产安全隐患发展为生产安全事故，有一个从量变到质变的过程。监理人
员应经常对现场存在的安全隐患进行评估，对深基坑、高支模等危险性较大的分部、分项
工程隐患程度和性质可能发生的变化保持高度的警惕性和敏感性。本案中各种基坑监测数
据的变化、连续阴雨的天气变化、现场可见的沉降与裂缝的变化等都应该引起监理人员的
高度重视。

（2）要强调监理工作的力度和实效。对现场存在的安全隐患，不能只发一次或几次
监理工程师通知单就算了；如果施工单位阳奉阴违不整改或整改不到位，监理就不能同意
继续施工，该发工程暂停令的发工程暂停令，该向建设单位和政府有关部门报告的要报
告。本案中，据说监理单位已向政府有关部门报告了，但情况严重、险情加剧后没有再报
告，处理措施也不力，属于"缺陷"。

（3）监理对设计单位和个别官员的问题（设计不合理、盲目抢工、施工方法不合理
等）识别不够，处置不当。换句话说，监理的管理能力、技术素质还需要提高，自我保
护意识还需要加强。管理能力、技术素质提高了，自我保护意识加强了，就可以规避许多
监理风险。

思 考 题

7-1　简述安全生产的含义。

7-2　简述安全生产管理中，监理工程师的安全责任。

7-3　简述监理单位和监理工程师在安全生产中的法律责任。

7-4　按照事故致因理论，导致事故的直接原因是什么？请举例说明。

7-5　预防建设工程安全事故的最基本的方法有哪些？

7-6　导致事故的间接原因有哪些？

7-7　按照《建设工程安全生产管理条例》，监理人员的安全责任有哪些？

7-8　如何审查专项施工方案？

7-9　发现安全隐患应如何处理，如何发现安全事故隐患？

7-10　专家论证的内容有哪些？

第八章 建设工程监理的合同管理

第一节 合 同 概 述

一、合同的概念

合同作为一种协议，其本质是一种合意，必须是两个以上意思表示一致的民事法律行为。因此，合同的缔结必须由双方当事人协商一致才能成立。合同当事人做出的意思表示必须合法，这样才能具有法律约束力。建设工程合同也是如此。双方订立的合同即使是协商一致的，也不能违反法律、行政法规，否则合同就是无效的。

合同中所确立的权利义务，必须是当事人依法可以享有的权利和能够承担的义务，这是合同具有法律效力的前提。在建设工程合同中，发包人必须有已经合法立项的项目，承包人必须具有承担承包任务的相应的能力。如果在订立合同的过程中有违法行为，当事人不仅达不到预期的目的，还应根据违法情况承担相应的法律责任。

合同是平等主体的自然人、法人、其他经济组织（称为"当事人"）之间设立、变更、终止民事权利义务关系的协议。

合同的主体范围较宽，可以是法人，也可以是自然人或其他组织，可以是中国的，也可以是外国的。合同的标的，也就是合同中权利义务关系所指向的对象，包括货物、行为、财（货币资金或有价证券）和智力成果。合同在内容上应是关于财产关系即民事债权和债务关系的协议，而不是人身关系的协议，这是《合同法》的要求。对涉及婚姻、收养、监护等有关身份关系的协议，适用其他法律的规定。

二、合同的主要内容

合同的内容是指由合同当事人约定的合同条款。当事人订立合同，其目的就是要设立、变更、终止民事权利义务关系，必然涉及彼此之间具体的权利和义务，因此，当事人只有对合同内容具体条款协商一致，合同方可成立。

《合同法》第 12 条规定：合同的内容由当事人约定，一般包括以下条款：

（1）当事人的名称或者姓名和住所；

（2）标的；

（3）数量；

（4）质量；

（5）价款或者报酬；

（6）履行期限、地点和方式；

（7）违约责任；

（8）解决争议的方法。

当事人可以参照各类合同的示范文本订立合同。

关于合同一般条款的法理解释如下：

（1）当事人的名称或者姓名和住所。当事人的名称或者姓名是指法人和其他组织的名称，住所是指它们的主要办事机构所在地。

（2）标的。标的是指合同当事人双方权利和义务共同指向的事物，即合同法律关系的客体。标的可以是货物、劳务、工程项目或者货币等。依据合同种类的不同，合同的标的也各有不同。例如，买卖合同的标的是货物；建筑工程合同的标的是工程建设项目；货物运输合同的标的是运输劳务；借款合同的标的是货币；委托合同的标的是委托人委托受托人处理委托事务等。

标的是合同的核心，它是合同当事人权利和义务的焦点。尽管当事人双方签订合同的主观意向各有不同，但最后必须集中在一个标的上。因此，当事人双方签订合同时，首先要明确合同的标的，没有标的或者标的不明确，必然会导致合同无法履行，甚至产生纠纷。

（3）数量。数量是计算标的的尺度。它把标的定量化，以便确立合同当事人之间的权利和义务的量化指标，从而计算价款或报酬。国家颁布了《关于在我国统一实行法定计量单位的命令》。根据该命令的规定，签订合同时，必须使用国家法定计量单位，做到计量标准比、规范化。如果计量单位不统一，一方面会降低工作效率，另一方面也会因发生误解而引起纠纷。

（4）质量。质量是标的物内在特殊物质属性和一定的社会属性，是标的物性质差异的具体特征。它是标的物价值和使用价值的集中表现，并决定着标的物的经济效益和社会效益，还直接关系到生产的安全和人身的健康等。因此，当事人签订合同时，必须对标的物的质量做出明确的规定。标的物的质量，可按国际标准、国家标准、行业标准、地方标准、企业标准签订；如果标的物是没有上述标准的新产品时，可按企业新产品鉴定的标准（如产品说明书、合格证载明的）写明相应的质量标准。

（5）价款或者报酬。价款通常是指当事人一方为取得对方出让的标的物，而支付给对方一定数额的货币；报酬通常是指当事人一方为对方提供劳务、服务等，从而向对方收取一定数额的货币报酬。

（6）履行期限、地点和方式。履行期限是指当事人交付标的和支付价款或报酬的日期，也就是依据合同的约定，权利人要求义务人履行义务的请求权发生的时间。合同的履行期限，是一项重要条款，当事人必须写明具体的履行起止日期，避免因履行期限不明确而产生纠纷。倘若合同当事人在合同中没有约定履行期限，只能按照有关规定处理。

履行地点是指当事人交付标的和支付价款或报酬的地点。它包括标的的交付、提取地点；服务、劳务或工程项目建设的地点；价款或报酬结算的地点等。合同履行地也是一项重要条款，它不仅关系到当事人实现权利和承担义务的发生地，还关系到人民法院受理合同纠纷案件的管辖地问题。因此，合同当事人双方签订合同时，必须将履行地点写明，并且要写得具体、准确，以免发生差错而引起纠纷。

履行方式是指合同当事人双方约定以哪种方式转移标的物和结算价款。履行方式应视所签订合同的类别而定。例如，买卖货物、提供服务、完成工作合同，其履行方式均有所不同。此外在某些合同中还应当写明包装、结算等方式，以利合同的完善履行。

（7）违约责任。违约责任是指合同当事人约定一方或双方不履行或不完全履行合同义务时，必须承担的法律责任。违约责任包括支付违约金、偿付赔偿金以及发生意外事故的处理等其他责任。法律有规定责任范围的按规定处理；法律没有规定责任范围的，由当事人双方协商办理。

违约责任条款是一项十分重要而又往往被人们忽视的条款，它对合同当事人全面履行具有法律保障作用，是一项制裁性条款，因而对当事人履行合同具有约束力。当事人签订合同时，必须写明违约责任。否则，有关主管机关不予登记、公证机构不予公证。

（8）解决争议的方法。解决争议的方法是指合同当事人选择解决合同纠纷的方式、地点等。根据我国法律的有关规定，当事人解决合同争议时，实行"或裁或审制"，即当事人可以在合同中约定选择仲裁机构或人民法院解决争议；当事人可以就仲裁机构或诉讼的管辖机关的地点进行议定选择。当事人如果在合同中既没有约定仲裁条款，事后又没有达成新的仲裁协议，那么，当事人只能通过诉讼的途径解决合同纠纷，因为起诉权是当事人的法定权利。

三、合同的订立与变更

（一）合同的订立

当事人订立合同，采用要约、承诺方式。合同的成立需要经过要约和承诺两个阶段，这是民法学界的共识，也是国际合同公约和世界各国合同立法的通行做法。建设工程合同的订立同样需要通过要约、承诺。

1. 要约

要约是希望和他人订立合同的意思表示。提出要约的一方为要约人，接受要约的一方为受要约人。要约应当具有以下条件：（1）内容具体确定；（2）表明经受要约人承诺，要约人即受该意思表示约束。具体地讲，要约必须是特定人的意思表示，必须是以缔结合同为目的。要约必须是对相对人发出的行为，必须由相对人承诺，虽然相对人的人数可能为不特定的多数人。另外，要约必须具备合同的一般条款。

2. 承诺

承诺是受要约人做出的同意要约的意思表示。

承诺具有以下条件：

（1）承诺必须由受要约人做出。非受要约人向要约人做出的接受要约的意思表示是一种要约而非承诺。

（2）承诺只能向要约人做出。非要约对象向要约人做出的完全接受要约意思的表示也不是承诺，因为要约人根本没有与其订立合同的愿意。

（3）承诺的内容应当与要约的内容一致。但是，近年来，国际上出现了允许受要约人对要约内容进行非实质性变更的趋势。受要约人对要约的内容做出实质性变更的，视为新要约。有关合同标的、数量、质量、价款和报酬、履行期限和履行地点和方式、违约责任和解决争议方法等的变更，是对要约内容的实质性变更。承诺对要约的内容做出非实质性变更的，除要约人及时反对或者要约表明不得对要约内容作任何变更以外，该承诺有效，合同以承诺的内容为准。

（4）承诺必须在承诺期限内发出。超过期限，除要约人及时通知受要约人该承诺有效外，为新要约。

在建设工程合同的订立过程中，招标人发出中标通知书的行为是承诺。因此，作为中标通知书必须由招标人向投标人发出，并且其内容应当与招标文件、投标文件的内容一致。

（二）合同的变更

合同变更指当事人约定的合同的内容发生变化和更改，即权利和义务变化的民事法律行为。《合同法》规定，当事人协商一致，可以变更合同。合同变更的条件有以下三个：

（1）原已存在有效的合同关系。合同变更是在原合同的基础上，通过当事人双方的协商或者法律的规定改变原合同关系的内容。因此，无原合同关系就无变更的对象，合同的变更离不开原已存在合同关系这一前提条件。同时，原合同关系若非合法有效，如合同无效、合同被撤销或者追认权人拒绝追认效力未定的合同，合同便自始失去法律约束力，即不存在合同关系，也就谈不上合同变更。

（2）遵守法律规定。合同变更必须遵守法定的方式，我国《合同法》第 77 条第 2 款规定："法律、行政法规规定变更合同应当办理批准、登记等手续的，依照其规定。"依此规定，如果当事人在法律、行政法规规定变更合同应当办理批准、登记手续的情况下，未遵循这些法定方式的，即便达成了变更合同的协议，也是无效的。由于法律、行政法规对合同变更的形式未作强制性规定，因此，我们可以认为，当事人变更合同的形式可以协商决定，一般要与原合同的形式相一致。如原合同为书面形式，变更合同也应采取书面形式；如原合同为口头形式，变更合同既可以采取口头形式，也可以采取书面形式。

（3）合同内容发生变化。合同变更仅指合同的内容发生变化，不包括合同主体的变更，因而合同内容发生变化是合同变更不可或缺的条件。当然，合同变更必须是非实质性内容的变更，变更后的合同关系与原合同关系应当保持同一性。

四、建设工程合同的类型

工程经济活动中，合同的形式与类别是多种多样的，建设工程合同可以从不同的角度进行分类。

（一）按工作的性质进行划分

按工作的性质进行划分，建设工程合同可以分为建设工程勘察合同、建设工程设计合同和建设工程施工合同三类。

（1）建设工程勘察合同指发包人与勘察人就完成建设工程地理、地质状况的调查研究工作而达成的协议。勘察工作是一项专业性很强的工作，所以一般应该由专门的地质工程单位完成。勘察合同就是反映并调整发包人与受托地质工程单位之间的依据。

（2）建设工程设计合同实际上包括两个合同：初级设计合同，是为项目进行初步的勘察、设计，为主管部门进行项目决策而成立的合同；施工设计合同，是指在项目决策确立之后，为进行具体的施工而成立的设计合同。

（3）建设工程施工合同即筹建单位与施工单位就完成项目建设的建筑、安装而达成的合同。施工单位依照合同的规定完成建设安装工作，筹建单位接受建筑物及其安装的设施并支付报酬。建设工程施工合同都是在平等自愿的基础上由双方当事人协商签订的，合同成立一般不需要批准。

（二）按计价的方式进行划分

按承包工程计价方式进行划分，建设工程合同可以分为总价合同、单价合同和成本加酬金合同。

（1）总价合同适用于工程量不太大，且能精确计算，工期较短，技术不太复杂，风险不大，设计图纸准确，详细的情况。总价合同又分为固定总价合同与可调总价合同。固定总价合同，指承包整个工程的合同价款总额已经确定，在工程实施中不再因物价上涨、工程量的变化而变化，工期一般不超过一年。可调总价合同，是指合同价格是以图纸及规定、规范为基础，按照时价进行计算，得到包括全部工程任务和内容的暂定合同价格。它是一种相对固定的价格，在合同执行过程中，由于通货膨胀等原因而使所使用的工、料成本增加时，可以按照合同约定对合同总价进行相应的调整。当然，一般由于设计变更、工程量变化和其他工程条件变化所引起的费用变化也可以进行调整。

（2）单价合同适用于招标文件已列出分部、分项工程量，但合同整体工程量界定由于建设条件限制尚未最后确定的情况。单价合同在签订时采用估算工程量，结算时采用实际工程量。单价合同又分为固定单价合同和可调单价合同。其中固定单价合同，指单价不变，工程量调整时按单价追加合同价款，工程全部完工时按竣工图工程量结算工程款。可调单价合同，指签约时，因某些不确定因素存在暂定某些部分，分项工程单价，事实中根据合同约定调整单价。

（3）成本加酬金合同适用于双方约定业主承担全部费用和风险，向承包方支付工程项目的实际成本的情况，支付方式事先约定。

（三）按承发包的工程范围划分

从承发包的不同范围和数量进行划分，可以将建设工程合同分为建设工程总承包合同、建设工程承包合同和分包合同。

（1）建设工程总承包合同是指发包人将工程建设的全过程发包给一个承包人的合同。

（2）建设工程承包合同是指发包人将建设工程的勘察、设计、施工等的每一项分别发包给不同承包人的合同。

（3）建设工程分包合同是指经合同约定和发包人认可，从工程承包人所承包的工程中承包部分工程而订立的合同。

（四）按工程承包合同的主体划分

按建设工程承包合同的主体进行划分，建设工程合同可以分为国内工程承包合同和国际工程承包合同。

（1）国内工程承包合同是指合同双方都属于同一国的建设工程合同。

（2）国际工程承包合同是指一国的建筑工程发包人与他国的建筑工程承包人之间，为承包建筑工程项目，就双方权利义务达成一致的协议。国际工程承包合同的主体一方或者双方是外国人，其标的是特定的工程项目，如道路建设，油田、矿井开发等。合同内容是双方当事人依据有关国家的法律和国际惯例并依据特定的为世界各国所承认的国际工程招标投标程序，确立的为完成本项特定工程的双方当事人之间的权利义务。

【例8-1】某重点工程项目计划于2011年12月28日开工，由于工程复杂，技术难度高，一般施工队伍难以胜任，业主自行决定采取邀请招标方式。于2012年9月8日向通过资格预审的 A、B、C、D、E 五家施工承包企业发出了投标邀请书。该五家企业均接受了邀请，并于规定时间 9 月 20～22 日购买了招标文件。招标文件中规定，10 月 22 日上午 9 时是招标文件规定的投标截止时间，11 月 10 日发出中标通知书，并于 12 月 12 日签订书面合同。

【问题】

（1）《招标投标法》中规定的招标方式有哪几种？

（2）业主自行决定采取邀请招标方式的做法是否妥当？说明理由。

（3）从招标投标的性质看，本案例中的要约邀请、要约和承诺的具体表现是什么？

（4）招标人对投标单位进行资格预审应包括哪些内容？

【解析】

（1）《招标投标法》中规定的招标方式有公开招标和邀请招标两种。

（2）不违反有关规定。因为根据有关规定，对于工程复杂、技术难度高的工程，允许采用邀请招标的方式。

（3）在本案例中，要约邀请是招标人的投标邀请书，要约是投标人提交的投标文件，承诺是招标人发出的中标通知书。

（4）招标人对投标单位资格预审应包括以下内容：投标单位组织与机构和企业概况；近 3 年完成工程的情况；目前正在履行的合同情况；资源方面，如财务状况、管理人员情况、劳动力和施工机械设备等方面的情况；其他情况（各种奖励和处罚等）。

第二节　建设工程委托监理合同

一、监理合同概述

建设工程委托监理合同简称监理合同，是指工程建设单位聘请监理单位代其对工程项目进行管理，明确双方权利、义务的协议。建设单位称委托人、监理单位称为受托人。

（一）委托监理合同管理的特征

监理合同是委托合同的一种，除具有委托合同的共同特点外，还具有以下特点：

（1）监理合同的当事人双方应当是具有民事权力能力和民事行为能力、取得法人资格的企事业单位、其他社会组织，个人在法律允许的范围内也可以成为合同当事人。委托人必须是具有国家批准的建设项目，落实投资计划的企事业单位、其他社会组织及个人，作为受托人必须是依法成立具有法人资格的监理企业，并且所承担的工程监理业务应与企业资质等级和业务范围相符合。

（2）监理合同委托的工作内容必须符合工程项目建设程序，遵守有关法律、行政法规。监理合同是以对建设工程项目实施控制和管理为主要内容，因此，监理合同必须符合建设工程项目的程序，符合国家和建设行政主管部门颁发的有关建设工程的法律、行政法规、部门规章和各种标准、规范要求。

（3）委托监理合同的标的是服务。建设工程实施阶段所签订的其他合同，如勘察设计合同、施工承包合同、物资采购合同、加工承揽合同的标的物是产生新的物质成果或信息成果，而监理合同的标的是服务，即监理工程师凭据自己的知识、经验、技能受业主委托为其所签订其他合同的履行实施监督和管理。

（二）委托监理合同的内容

委托监理合同是一个总的协议，是纲领性的法律文件。其中明确了当事人双方确定的委托监理工程的概况；工程名称、地点、工程规模、总投资；委托人向监理人支付报酬的期限和方式；合同签订、生效、完成时间；双方愿意履行约定的各项义务的表示。"合同"是一份标准的格式文件，经当事人双方在有限的空格内填写具体规定的内容并签字盖章后，即发生法律效力。

对委托人和监理人有约束力的合同，除双方签署的合同协议外，还包括以下文件：

（1）监理委托函或中标函；

（2）建设工程委托监理合同标准条件；

（3）建设工程委托监理合同专用条件；

（4）在实施过程中双方共同签署的补充与修正文件。

（三）委托监理合同条件

1. 委托监理合同标准条件

建设工程委托监理合同标准条件，其内容涵盖了合同中所用词语定义，适用范围和法规，签约双方的责任、权利和义务，合同生效变更与终止，监理报酬，争议的解决，以及其他一些情况。它是委托监理合同的通用文件，适用于各类建设工程项目监理。各个委托人、监理人都应遵守。

2. 委托监理合同的专用条件

由于标准条件适用于各种行业和专业项目的建设工程监理，所以其中的某些条款规定得比较笼统，需要在签订具体工程项目监理合同时，结合地域特点、专业特点和委托监理项目的工程特点，对标准条件中的某些条款进行补充、修正。

所谓"补充"是指标准条件中的条款明确规定，在该条款确定的原则下，专用条件的条款中进一步明确具体内容，使两个条件中相同序号的条款共同组成一条内容完备的条款。如标准条件中规定"建设工程委托监理合同适用的法律是国家法律、行政法规，以及专用条件中议定的部门规章或工程所在地的地方法规、地方章程。"就具体工程监理项目来说，就要求在专用条件的相同序号条款内写入履行本合同必须遵循的部门规章和地方法规的名称，作为双方都必须遵守的条件。

所谓"修改"是指标准条件中规定的程序方面的内容，如果双方认为不合适，可以协议修改。如标准条件中规定："委托人对监理人提交的支付通知书中酬金或部分酬金项目提出异议，应在收到支付通知书24小时内向监理人发出异议的通知。"如果委托人认为这个时间太短，在与监理人协商达成一致意见后，可在专用条件的相同序号条款内另行写明具体的延长时间，如改为48小时。

（四）取得监理业务方式

监理单位取得监理业务的表现形式有两种：一是通过投标竞争取得监理业务；二是由业主直接委托取得监理业务。通过投标取得监理业务，是市场经济体制下比较普遍的形式。我国《招标投标法》明确规定，关系公共利益安全、政府投资、外资工程等实行监理必须招标。在不宜公开招标的机密工程或没有投标竞争对手的情况下，在工程规模比较小、监理业务比较单一，或者对原工程监理单位的续用等情况下，业主也可以直接委托监理单位。

　　工程监理单位投标书的核心内容是反映管理服务水平高低的监理大纲，尤其是主要的监理对策。业主在监理招标时应以监理大纲的水平作为评定投标书优劣的重要内容，而不应把监理费的高低当做选择工程监理企业的主要评定标准。作为工程监理企业，不应该以降低监理费作为竞争的主要手段。

　　一般情况下，监理大纲中主要的监理对策是指：根据监理招标文件的要求，针对业主委托监理工程的特点，初步拟订的该工程监理工作的指导思想，主要的管理措施、技术措施，拟投入的监理力量以及为搞好该项工程建设而向业主提出的原则性的建议等。

二、监理合同双方的权利义务

　　（一）委托人的权利

　　（1）选定工程总承包人，并与其订立合同的权利。

　　（2）对工程规模、设计标准、规划设计、生产工艺设计和设计使用功能要求的认定权承包人。

　　（3）对工程设计变更的审批权。

　　（4）对监理人调换总监理工程师的同意权。

　　（5）要求监理人提交监理工作月报及监理业务范围内的专项报告的权利。

　　（6）当监理人员不按监理合同履行职责，或与承包人串通给委托人或工程造成损失的，要求监理人更换监理人员并要求监理人承担相应的赔偿责任或连带赔偿责任的权利。

　　（二）监理人权利

　　在委托工程范围内享有的权利：

　　（1）选择工程总承包人的建议权。

　　（2）选择工程分包人的认可权（委托人具有对是否分包的决定权）。

　　（3）对工程建设有关事项包括工程规模、设计标准、规划设计、生产工艺设计和设计使用功能要求，向委托人的建议权。

　　（4）对工程设计问题的权利。对工程设计中的技术问题，按照安全和优化的原则，向设计人提出建议的权利；涉及提高造价、延长工期的建议，应事先征得委托人同意；发现工程设计不符合国家颁布的建设工程质量标准或设计合同约定的质量标准时，有书面报告委托人并要求设计人更正的权利。

　　（5）审批工程施工组织设计和技术方案的权利，并按照保质量、保工期和降低成本的原则，向承包人提出建议，并向委托人提出书面报告。

　　（6）工程建设有关协作单位组织协调的主持权，重要协调事项应当事先向委托人报告。

　　（7）发布工程开工令、停工令、复工令的权力，但应当事先向委托人报告，紧急情况下未能实现报告时，应在24小时内向委托人做出书面报告。

　　（8）对于工程上使用材料和施工质量的检验权。

　　（9）对工程施工进度的检查、监督权，以及对实际竣工日期提前或延期的签认权。

　　（10）在工程施工合同约定的价格范围内，对工程款支付的审核和签认权，对工程结算的复核确认权与否决权。未经总监理工程师签字确认，委托人不支付工程款。

（三）委托人义务

（1）在开展监理业务前向监理人支付预付款的义务。

（2）负责所有外部关系协调，提供满足开展监理业务的外部条件的义务（此工作也可以委托监理完成，但应在专用条件中明确委托的工作和相应报酬）。

（3）免费向监理工程师提供监理工作所需的工程资料（图纸、规范等）的义务。

（4）与监理人做好联系工作的义务，即派一名熟悉工程情况，能在规定时间内做出决定的常驻代表负责与监理人联系。

（5）应在合理时间内对监理人以书面形式提交并要求做出决定的一切事宜做出书面决定的义务。

（6）将授予监理人的监理权利、监理人主要成员的职能分工、权限及时书面通知已选定的承包人，并在承包合同中予以明确的义务。

（7）为监理人驻地监理机构提供协助服务的义务。

（四）监理人义务

（1）按合同约定派出监理机构及监理人员，向委托人报送委派的总监理工程师及监理机构主要成员名单、监理规划，完成监理工程范围内的监理业务。

（2）认真、勤奋地工作，提供与其水平相应的咨询意见，公正维护各方的合法权益。

（3）监理工作完成后，应将委托人提供的设施和物品移交委托人。

（4）在合同期内及合同终止后，不得泄露与本工程、本合同业务有关的保密资料。

三、监理合同的违约责任及其他

（一）监理合同对双方责任的规定

1. 监理人责任

（1）监理人责任期（即委托合同有效期）的规定。如果因工程进度的推迟或延误而超过书面约定的日期，双方应进一步约定相应延长的合同期。

（2）责任期内应承担的违约责任（赔偿责任）。如果因监理人过失而造成了委托人的经济损失，应当向委托人赔偿。累计赔偿总额不应超过监理报酬总额（除去税金）。当监理人与承包人串通给委托人或工程造成损失的，监理人要承担相应的赔偿责任或连带赔偿责任，此处赔偿额不受上述限制。

（3）监理人免责规定：

1）监理人对承包人违反合同规定的质量要求和完工时限，不承担责任。

2）因不可抗力导致监理合同不能全部或部分履行，监理人不承担责任。

但是，如果监理人未能认真勤奋地工作、未能提供与其水平相适应的咨询意见而引起与上述事件有关事宜，应当向委托人承担赔偿责任。

（4）赔偿要求不成立时应承担责任，即赔偿因索赔所导致委托人的各种费用支出。

2. 委托人责任

（1）履行委托监理合同约定的义务，否则承担违约责任，即赔偿给监理人造成的经济损失（按实际损失赔偿）。

（2）赔偿要求不成立时应承担的责任——赔偿因索赔所导致监理人的各种费用支出。

（二）合同生效、变更与终止

（1）生效。自签字之日起生效。

（2）开始和完成。在合同中规定开始和完成时间。履行过程中，双方商定延期时间时，完成时间相应顺延。

（3）变更。任何一方申请并经双方书面同意时，可对合同进行变更。

1）延误变更。如果由于委托人或承包人的原因使监理工作受到阻碍或延误，以致发生了附加工作或延长了持续时间，监理人应将此情况与可能产生的影响及时通知委托人。则完成监理业务的时间应相应延长，并得到附加工作报酬。

2）情况改变产生的变更。委托合同签订后，实际情况发生变化，使得监理人不能全部或部分执行监理业务时，监理人应立即通知委托人。该监理业务的完成时间应予以延长。当恢复监理工作时，应增加不超过 42 天的合理时间，用于恢复执行监理业务，并按双方约定的数量支付酬金。

（4）合同的暂停或终止：

1）监理人向委托人办理完竣工验收或工程移交手续，承包人和委托人已签订工程保修合同，监理人收到监理酬金尾款，本合同即告终止。

2）监理人在应当获得监理酬金之日起 30 日内仍未收到支付单据，而委托人又未对监理人提出任何书面解释，或暂停监理业务期限已超过六个月，监理人可向委托人发出终止监理合同的通知。如在发出通知后 14 日内仍未得到委托人答复，可发出第二份终止合同的通知，第二份通知发出后 42 日内仍未得到答复，可终止合同，或暂停部分或全部监理业务。

3）当委托人认为监理人无正当理由而又未履行监理义务，可向监理人发出指明其未履行义务的通知，监理人在 21 日内未给予答复，则可自第一个通知发出后 35 日内发出终止监理合同的通知，合同即行终止，监理人承担违约责任。

4）当事人任何一方要求变更或解除合同时，应当在 42 日前通知对方，因此造成对方损失的，除依法可以免除责任的外，应由责任方负责赔偿。变更或解除合同的协议，应采取书面形式，未达成协议前，原合同仍有效。

5）合同协议的终止不影响各方应有的权利和应承担的责任。

（三）争议的解决

当事人可以通过和解或者调解来解决合同争议。当事人不愿和解、调解或者和解、调解不成的，可以根据仲裁协议向仲裁机构申请仲裁。当事人没有订立仲裁协议或者仲裁协议无效的，可以向人民法院起诉。当事人应当履行发生法律效力的判决、仲裁裁决、调解书；拒不履行的，对方可以请求人民法院执行。

（1）协商。协商是指当事人在自愿互谅的基础上，就已经发生的争议进行协商并达成协议，自行解决争议的一种方式。能够节省大量费用和时间，从而使当事人之间的争议得以较为经济和及时地解决。

（2）调解。调解是指第三人（即调解人）应纠纷当事人的请求，依法或依合同约定，对双方当事人进行说服教育，居中调停，使其在互相谅解、互相让步的基础上解决其纠纷的一种途径。

1）人民调解。

2）机构调解。

3）仲裁调解。仲裁机构制作的调解书对当事人有约束力。

4）法院调解。调解书送达双方当事人并经签收后产生法律效力，若一方不执行，另一方有权请求法院强制执行。

（3）仲裁。仲裁作为一个法律概念有其特定的含义，即指发生争议的当事人（申请人与被申请人），根据其达成的仲裁协议，自愿将该争议提交中立的第三者（仲裁机构）进行裁判的争议解决制度。

（4）诉讼。诉讼是指人民法院在当事人和其他诉讼参与人的参加下，以审理、裁判、执行等方式解决民事纠纷的活动，以及由此产生的各种诉讼关系的总和。

四、监理报酬的构成与计算

工程监理正常工作、附加工作和额外工作的报酬，按照监理合同专用条件中约定的方法计算，并按约定的时间和数额支付。

"工程监理的正常工作"是指双方在专用条件中约定，委托人委托的监理工作范围和内容。

"工程监理的附加工作"包括两方面：一是委托人委托监理范围以外，通过双方书面协议另外增加的工作内容；二是由于委托人或承包人原因，使监理工作受到阻碍或延误，以致增加了工作量或持续时间而增加的工作。

"工程监理的额外工作"包括两方面：一是正常工作和附加工作以外，由于合同协议终止后监理人必须完成的工作；二是非监理人自己的原因而暂停或终止监理业务，其善后工作及恢复监理业务的工作。

如果委托人在规定的支付期限内未支付监理报酬，自规定之日起，还应向监理人支付滞纳金。滞纳金从规定支付期限最后一日起计算。如果委托人对监理人提交的支付通知中报酬或部分报酬项目提出异议，应当在收到支付通知书24小时内向监理人发出表示异议的通知，但委托人不得拖延其他无异议报酬项目的支付。

（一）工程监理费的构成

建设工程监理费是指业主依据委托监理合同支付给监理企业的监理酬金。它是构成工程概（预）算的一部分，在工程概（预）算中单独列支。建设工程监理费由监理直接成本、监理间接成本、税金和利润四部分构成。

（1）直接成本。直接成本是指监理企业履行委托监理合同时所发生的成本，主要包括：

1）监理人员和监理辅助人员的工资、奖金、津贴、补助、附加工资等。

2）用于监理工作的常规检测工器具、计算机等办公设施的购置费和其他仪器、机械的租赁费。

3）用于监理人员和辅助人员的其他专项开支，包括办公费、通讯费、差旅费、书报费、文印费、会议费、医疗费、劳保费、保险费、休假探亲费等。

4）其他费用。

（2）间接成本。间接成本是指全部业务经营开支及非工程监理的特定开支，具体内容包括：

1）管理人员、行政人员以及后勤人员的工资、奖金、补助和津贴。

2）经营性业务开支。包括为招揽监理业务而发生的广告费、宣传费、有关合同的公证费等。

3）办公费。包括办公用品、报刊、会议、文印、上下班交通费等。

4）公用设施使用费。包括办公使用的水、电、气、环卫、保安等费用。

5）业务培训费，图书、资料购置费。

6）附加费。包括劳动统筹、医疗统筹、福利基金、工会经费、人身保险、住房公积金、特殊补助等。

7）其他费用。

（3）税金。税金是指按照国家规定工程监理企业应交纳的各种税令总额，如营业税、所得税、印花税等。

（4）利润。利润是指工程监理企业的监理活动收入扣除直接成本、间接成本和各种税金之后的余额。

（二）监理费的计算方法

监理费的计算方法，一般由业主与工程监理企业协商确定。监理费的计算方法主要有：

（1）按建设工程投资的百分比计算法。这种方法是按照工程规模的大小和所委托的监理工作的繁简，以建设工程投资的一定百分比来计算。这种方法比较简便，业主和工程监理企业均容易接受，也是国家制定监理取费标准的主要形式。采用这种方法的关键是确定计算监理费的基数。新建、改建、扩建工程以及较大型的技术改造工程所编制的工程概（预）算就是初始计算监理费的基数。工程结算时，再按实际工程投资进行调整。当然，作为计算监理费基数的工程概（预）算仅限于委托监理的工程部分。

（2）工资加一定比例的其他费用计算法。这种方法是以项目监理机构监理人员的实际工资为基数乘上一个系数而计算出来的。这个系数包括了应有的间接成本和税金、利润等。除了监理人员的工资之外，其他各项直接费用等均由业主另行支付。一般情况下，较少采用这种方法，因为在核定监理人员数量和监理人员的实际工资方面，业主与工程监理企业之间难以取得完全一致的意见。

（3）按时计算法。这种方法是根据委托监理合同约定的服务时间（计算时间的单位可以是小时，也可以是工作日或月），按照单位时间监理服务费来计算监理费的总额。单位时间的监理服务费一般是以工程监理企业员工的基本工资为基础，加上一定的管理费和利润（税前利润）。采用这种方法时，监理人员的差旅费、工作函电费、资料费以及试验和检验费、交通费等均由业主另行支付。

这种计算方法主要适用于临时性的、短期的监理业务，或者不宜按工程概（预）算的百分比等其他方法计算监理费的监理业务。由于这种方法在一定程度上限制了工程监理企业潜在效益的增加，因而，单位时间内监理费的标准比工程监理企业内部实际的标准要高得多。

（4）固定价格计算法。这种方法是指在明确监理工作内容的基础上，业主与监理企业协商一致确定的固定监理费，或监理企业在投标中以固定价格报价并中标而形成的监理合同价格。当工作量有所增减时，一般也不调整监理费。这种方法适用于监理内容比较明确的中小型工程监理费的计算，业主和工程监理企业都不会承担较大的风险。如住宅工程的监理费，可以按单位建筑面积的监理费乘以建筑面积确定监理总价。

【例8-2】某业主投资建设一栋18层综合办公大楼，就此工程项目施工阶段的监理工作与某监理单位签订了委托监理合同，在工程施工过程中发生了以下事件和工作：

（1）由于承包人的施工机械故障，使工程不能按期竣工。

（2）施工中某分部工程采用新工艺施工，委托人要求监理人编制质量检测合格标准。

（3）施工中发生不可抗力，施工被迫中断，监理人指示承包人采取应急措施。

（4）由于设计有误，变更设计后工程量增加了2%，致使监理人的监理工作时间延长。

（5）发生了一场意外火灾，火灾扑灭后，监理人做恢复施工前必要的监理准备工作。

（6）监理人在隐蔽工程隐蔽前受承包人的要求而进行检验。

【问题】

（1）监理合同的专用条款内注明的委托监理工作的范围和内容，从其性质而言属哪一类监理工作？

（2）作为监理人必须履行的合同义务包括哪几项工作？

（3）由于以上事件和工作导致监理人的工作量和工作时间增加，所增加的监理工作是属于正常工作、附加工作还是额外工作，是否是监理人应完成的监理工作？

【解析】

（1）监理合同的专用条款内注明的委托监理工作的范围和内容属正常的监理工作。

（2）监理人必须履行的合同义务包括正常、附加、额外监理工作。

（3）正常的监理工作有：6（隐蔽前检验工作）；附加的监理工作有：1（施工机械故障导致的延期）、2（编制新工艺的质量检测标准）、4（设计变更增加工作量导致监理时间延长）；额外的监理工作有：3（针对不可抗力采取应急措施）、5（不可抗力发生后的监理准备工作）。1~6项中产生的监理工作均是监理人应完成的监理工作。

第三节　建设监理的合同管理内容

业主委托监理单位对项目建设实施阶段业主与承包方签订的工程勘察合同、设计合同、施工合同、工程承包合同等的履行进行监督管理，以确保合同标的的实现。具体监理哪些合同的履行及相应的业务内容，业主与监理也在监理合同中明确。

建设监理的合同管理是一项专业性较强的工作，涉及协助业主拟定相应合同条款，以及在项目设计过程和施工过程中对项目投资、进度、质量、安全及环保目标实现的监督。

一、合同规划

项目监理机构的根本任务是对工程项目的建设实施进行管理，由于监理单位不是项目建设的实施者，所以对工程项目的建设实施进行管理就是对工程项目的实施合同进行管理。为此监理机构必须对工程项目的发包承包合同进行规划。

（一）合同总体规划应考虑的问题

（1）业主方面。包括业主的资信、资金供应能力、管理水平和具有的管理力量，业主的目标以及目标的确定性，期望对工程管理的介入深度，业主对监理工程师和承包商的信任程度，业主的管理风格，业主对工程的质量和工期要求等。

（2）承包商方面。包括承包商的能力、资信、企业规模、管理风格和水平、在本项目中的目标与动机、目前经营状况、过去同类工程经验、企业经营战略、长期动机、承受和抗御风险的能力等。

（3）工程方面。包括工程的类型、规模、特点，技术复杂程度、工程技术设计准确程度、工程质量要求和工程范围的确定性、计划程度，招标时间和工期的限制，项目的盈利性，工程风险程度，工程资源（如资金、材料、设备等）供应及限制条件等。

（4）环境方面。包括工程所处的法律环境，建筑市场竞争激烈程度，物价的稳定性，地质、气候、自然、现场条件的确定性，资源供应的保证程度，获得额外资源的可能性。

（二）与业主签约的承包商的数量

业主在招标前首先必须决定，将一个完整的工程项目分为几个发包。他可以采用分散平行（分阶段或分专业工程）承包的形式，也可以采用全包的形式。

（三）合同种类的选择

在实际工程中，合同计价方式丰富多彩，有近20种，以后还会有新的计价方式出现。不同种类的合同，有不同的应用条件，有不同的权力和责任的分配，有不同的付款方式，对合同双方有不同的风险，应按具体情况选择合同类型。有时在一个工程承包合同中，不同的工程分项采用不同的计价方式。

二、招标、投标管理

监理通过招投标工作可实现一定的项目目标控制。建设监理的中心任务是进行对项目目标的控制，通过项目策划、动态控制、信息管理、合同管理，使项目目标尽可能地得以实现。招投标工作属于合同管理的范畴，其工作量与整个工程的管理相比，所占的比例不大，但它起着承上启下的作用。

监理工程师应给业主推荐合理的招标方式，帮助规范招标程序，协助业主编制完善的招标文件，协助业主编制合理标底，搞好投标资格审查，组织现场考察及标前会议，帮助业主开标、评标、定标并最终协助业主签约。

（一）招标方式

（1）邀请招标。邀请招标是指以投标邀请书的方式邀请特定的单位投标（3家以上）。

（2）公开招标。公开招标是指以招标公告的方式邀请不特定的单位投标（不得以不合理的条件排斥任何人）。

（二）招标、投标的要求

招标的条件是项目经过审批和足够的资金。招标的施行有两种方式：一是招标人自行招标，条件是具有编制招标文件和评标能力，并且要向主管部门备案；二是委托招标代理机构进行，招标代理机构要有招标代理资质。

招标文件应根据项目特点和需要、招标的技术要求、资格审查要求、报价要求、评标标准、合同的主要条件等所有实质性的要求编制。发出招标文件至投标截止日期之间最短不得少于20天。

在截止日期前，投标文件送达后要签收，不得开启。在截止时间和预定地点公开开标。少于 3 个有效投标人要重新招标。在截止日期前投标文件可以修改、补充、撤回。

评标小组人数为 5 人以上的单数，专家的人数要占 2/3 以上，提交评标报告和合格的中标候选人，小组名单在确定中标结果之前要保密。

中标通知一旦发出，招标人改变中标结果或中标人放弃中标项目，要承担法律责任。

（三）招标的程序

招标是招标人选择中标人并与其签订合同的过程，而投标则是投标人力争获得实施合同的竞争过程，招标人和投标人均需遵循招标、投标法律和法规的规定进行招标、投标活动。按照招标人和投标人的参与程度，可将招标过程概括划分成招标准备阶段、招标投标阶段和决标成交阶段。

1. 招标准备阶段主要工作

招标准备阶段的工作由招标人单独完成，投标人不参与。主要工作包括以下几个方面：

（1）工程报建。建设项目的立项文件获得批准后，招标人需向建设行政主管部门履行建设项目报建手续。只有报建申请批准后，才可以开始项目的建设。报建时应交验的文件资料包括：立项批准文件或年度投资计划；固定资产投资许可证；建设工程规划许可证和资金证明文件。

（2）选择招标方式：

1）根据工程特点和招标人的管理能力确定发包范围。

2）依据工程建设总进度计划确定项目建设过程中的招标次数和每次招标的工作内容。如监理招标、设计招标、施工招标、设备供应招标等。

3）依据招标前准备工作的完成情况，选择合同的计价方式。如施工招标时，已完成施工图设计的中小型工程，可采用总价合同；若为初步设计完成后的大型复杂工程，则应采用估计工程量单价合同。

4）依据工程项目的特点、招标前准备工作的完成情况、合同类型等因素的影响程度，最终确定招标方式。

（3）申请招标。招标人向建设行政主管部门办理申请招标手续。申请招标文件应说明：招标工作范围；招标方式；计划工期；对投标人的资质要求；招标项目的前期准备工作的完成情况；自行招标还是委托代理招标等内容。

（4）编制招标有关文件。招标准备阶段应编制好招标过程中可能涉及的有关文件，保证招标活动的正常进行。包括招标广告、资格预审文件、招标文件、合同协议书，以及资格预审和评标的方法。

2. 招标阶段的主要工作内容

公开招标时，从发布招标公告开始，若为邀请招标，则从发出投标邀请函开始，到投标截止日期为止的期间称为招标、投标阶段。在此阶段，招标人应做好招标的组织工作，投标人则按招标有关文件的规定程序和具体要求进行投标报价竞争。

（1）发布招标公告。招标公告的作用是让潜在投标人获得招标信息，以便进行项目筛选，确定是否参与竞争。招标公告或投标邀请函的具体格式可由招标人自定，内容一般包括：招标单位名称；建设项目资金来源；工程项目概况和本次招标工作范围的简要介绍；购买资格预审文件的地点、时间和价格等有关事项。

（2）资格预审。对潜在投标人进行资格审查，主要考察该企业总体能力是否具备完成招标工作所要求的条件。公开招标时设置资格预审程序，一是保证参与投标的法人或其他组织在资质和能力等方面能够满足完成招标工作的要求；二是通过评审优选出综合实力较强的一批申请投标人，再请他们参加投标竞争，以减小评标的工作量。

《资格预审须知》中明确列出投标人必须满足的最基本条件，可分为一般资格条件和强制性条件两类。

（3）招标文件。招标人根据招标项目特点和需要编制招标文件，它是投标人编制投标文件和报价的依据，因此应当包括招标项目的技术要求、对投标人资格审查的标准（邀请招标的招标文件内需写明）、投标报价要求和评标标准等所有实质性要求和条件，以及拟签订合同的主要条款。国家对招标项目的技术、标准有规定的，应在招标文件中提出相应要求。招标项目如果需要划分标段、有工期要求时，也需在招标文件中载明。招标文件通常分为投标须知、合同条件、技术规范、图纸和技术资料、工程量清单几大部分内容。

（4）现场考察。招标人在投标须知规定的时间组织投标人自费进行现场考察。设置此程序的目的，一方面让投标人了解工程项目的现场情况、自然条件、施工条件以及周围环境条件，以便于编制投标书；另一方面也是要求投标人通过自己的实地考察来确定投标的原则和策略，避免投标人在合同履行过程中以不了解现场情况为理由推卸应承担的合同责任。

（5）标前会议。投标人研究招标文件和现场考察后会以书面形式提出某些质疑问题，招标人可以及时给予书面解答，也可以留待标前会议上解答。如果对某一投标人提出的问题给予书面解答时，所回答的问题必须发送给每一位投标人以保证招标的公开和公平，但不必说明问题的来源。回答函件作为招标文件的组成部分，如果书面解答的问题与招标文件中的规定不一致，以函件的解答为准。

3. 决标成交阶段的主要工作内容

从开标日到签订合同这一期间称为决标成交阶段，是对各投标书进行评审比较，最终确定中标人的过程。

（1）开标。公开招标和邀请招标均应举行开标会议，体现招标的公平、公正和公开原则。

（2）评标。评标是对各投标书优劣的比较，以便最终确定中标人，由评标委员会负责评标工作。

（3）定标。确定中标人前，招标人不得与投标人就投标价格、投标方案等实质性内容进行谈判。招标人应该根据评标委员会提出的评标报告和推荐的中标候选人确定中标人，也可以授权评标委员会直接确定中标人。

三、合同变更管理

（一）工程变更

工程变更也就是合同变更，是指对合同中的工作内容做出修改或者追加或取消某一项工作。由于土木工程地质水文条件的复杂性，发生合同变更是较为常见的，几乎每一个工程项目都会发生工程变更。在工程项目实施过程中，按照合同约定的程序，监理人根据工程需要，可下达指令对招标文件中的原设计或经监理人批准的施工方案进行的在材料、工艺、功能、功效、尺寸、技术指标、工程数量及施工方法等任一方面的改变。

工程变更的表现形式：

（1）更改工程有关部分的标高、基线、位置和尺寸；

（2）增减合同中约定的工程量；

（3）增减合同中约定的工程内容；

（4）改变工程质量、性质或工程类型；

（5）改变有关工程的施工顺序和时间安排；

（6）为使工程竣工而必须实施的任何种类的附加工作。

工程变更的原因：

（1）业主原因。如工程规模、使用功能、工艺流程、质量标准的变化，以及工期改变等合同内容的调整。

（2）设计原因。如设计错漏、设计调整，或因自然因素及其他因素而进行的设计改变等。

（3）施工原因。因施工质量或安全需要而变更施工方法、作业顺序和施工工艺等。

（4）监理原因。监理工程师出于工程协调和对工程目标控制有利的考虑，而提出施工工艺、施工顺序的变更。

（5）合同原因。原订合同部分条款因客观条件变化，需要结合实际修正和补充。

（6）环境原因。不可预见的自然因素和工程外部环境变化导致工程变更。

施工合同文件中技术规范或设计图纸及施工方法等发生变更，总是发生在工程施工过程中，有时事先不可预见，无法事先约定，需要监理工程师依据工程现场情况而决定，若处理不当，即使是正常的工程变更也会影响工程进展，必须予以高度重视。

（二）工程变更处理程序

项目监理机构应按下列程序处理工程变更：

（1）设计单位对原设计存在的缺陷提出的工程变更，应编制设计变更文件；建设单位或承包单位提出的工程变更，应提交总监理工程师，由总监理工程师组织专业监理工程师审查。审查同意后，应由建设单位转交原设计单位编制设计变更文件。当工程变更涉及安全、环保等内容时，应按规定经有关部门审定。

（2）项目监理机构应了解实际情况和收集与工程变更有关的资料。

（3）总监理工程师必须根据实际情况、设计变更文件和其他有关资料，按照施工合同的有关条款，在指定专业监理工程师完成下列工作后，对工程变更的费用和工期做出评估：

1）确定工程变更项目与原工程项目之间的类似程度和难易程度。

2）确定工程变更项目的工程量。

3）确定工程变更的单价或总价。

（4）总监理工程师应就工程变更费用及工期的评估情况与承包单位和建设单位进行协调。

（5）总监理工程师签发工程变更单。工程变更单应符合规范格式，并应包括工程变更要求、工程变更说明、工程变更费用和工期、必要的附件等内容，有设计变更文件的工程变更应附设计变更文件。

（6）项目监理机构应根据工程变更单监督承包单位实施。

（三）工程变更处理要求

项目监理机构处理工程变更应符合下列要求：

（1）项目监理机构在工程变更的质量、费用和工期方面取得建设单位授权后，总监理工程师应按施工合同规定与承包单位进行协商，经协商达成一致后，总监理工程师应将协商结果向建设单位通报，并由建设单位与承包单位在变更文件上签字；

（2）在项目监理机构未能就工程变更的质量、费用和工期方面取得建设单位授权时，总监理工程师应协助建设单位和承包单位进行协商，并达成一致；

（3）在建设单位和承包单位未能就工程变更的费用等方面达成协议时，项目监理机构应提出一个暂定的价格，作为临时支付工程进度款的依据。该项工程款最终结算时，应以建设单位和承包单位达成的协议为依据。

在总监理工程师签发工程变更单之前，承包单位不得实施工程变更。

未经总监理工程师审查同意而实施的工程变更，项目监理机构不得予以计量。

（四）确定变更价款

承包人在工程变更确定后14天内，提出变更工程款的报告，经工程师确认后调整合同价款，变更合同价款按下列方法进行：

（1）合同中已有适用于变更工程的价格，按合同已有的价格变更合同价款。

（2）合同中只有类似于变更工程的价格，可以参照类似价格变更合同价款。

（3）合同中没有适用或类似于变更工程的价格，由承包人提出适当的变更价格，经工程师确认后执行。

如果承包人在双方确定变更后14天内不向工程师提出变更工程价款报告，则视为该项变更不涉及合同价款的变更。工程师应在收到变更工程价款报告之日起14天内予以确认，工程师无正当理由不确认时，自变更工程价款报告送达之日起14天后视为变更工程价款报告已被确认。

四、施工索赔管理

索赔是当事人在合同实施过程中，根据法律、合同规定及惯例，对并非由于自己的过错，而是由于应由合同对方承担责任的情况造成的，且实际发生了损失，向对方提出给予补偿的要求。在工程建设的各个阶段，都有可能发生索赔，但在施工阶段索赔发生较多。

对施工合同的双方来说，索赔是维护双方合法利益的权利。它同合同条件中双方的合同责任一样，构成严密的合同制约关系。承包商可以向业主提出索赔，业主也可以向承包商提出索赔。

（一）索赔成立的条件

索赔成立必须同时具备以下三个条件：

（1）与合同对照，事件造成了承包人工程项目成本的额外支出，或直接工期损失。

（2）造成费用增加或工期损失的原因，按合同约定不属于承包人的行为责任或风险责任。

（3）承包人按合同规定的程序和时间提交索赔意向通知和索赔报告。

（二）索赔程序

（1）索赔事件发生后 28 天内，向监理工程师发出索赔意向通知。

（2）发出索赔意向通知后的 28 天内，向监理工程师提交补偿经济损失和（或）延长工期的索赔报告及有关资料。

（3）监理工程师在收到承包人送交的索赔报告和有关资料后，于 28 天内给予答复。

（4）监理工程师在收到承包人送交的索赔报告和有关资料后，28 天内未予答复或未对承包人作进一步要求，视为该项索赔已经认可。

（5）当该索赔事件持续进行时，承包人应当阶段性向监理工程师发出索赔意向通知。在索赔事件终了后 28 天内，向监理工程师提供索赔的有关资料和最终索赔报告。

（三）监理工程师对索赔的审查工作

监理工程师对索赔的审查工作如下所述。

1. 审查索赔证据

监理工程师对索赔报告的审查，首先是判断承包商的索赔要求是否有理、有据。"有理"是指索赔要求与合同条款或有关法规一致，受到的损失非承包商责任原因所造成；"有据"是指提供的证据满足证明索赔要求成立的条件。承包商可以提供的证据包括下列证明材料：

（1）合同文件；

（2）经监理工程师批准的施工进度计划；

（3）合同履行过程中的来往函件；

（4）施工现场记录；

（5）施工会议记录；

（6）工程照片；

（7）监理工程师发布的各种书面指令；

（8）中期支付工程进度款的单证；

（9）检查和试验记录；

（10）汇率变化表；

（11）各类财务凭证；

（12）其他有关资料。

2. 审查工期延展要求

对索赔报告中要求延展的工期，在审核中应注意以下几点：

（1）划清施工进度拖延的责任。因承包商的原因造成施工进度滞后，属于不可原谅的延期，只有承包商不应承担任何责任的延误，才是可原谅的延期。有时工期延期的原因中可能包含有双方责任，此时监理工程师应进行详细分析，分清责任比例，只有可原谅延期部分才能批准延展合同工期。可原谅延期，又可细分为可原谅并给予补偿费用的延期和可原谅但不给予补偿费用的延期，后者是指非承包商责任的影响并未导致施工成本的额外支出，大多数业主应承担风险责任事件的影响，如异常恶劣的气候条件影响的停工等。

（2）被延误的工作应是处于施工进度计划关键线路上的施工内容。只有位于关键线路上工作内容的滞后，才会影响到竣工日期。但有时也应注意，既要看被延误的工作是否在批准进度计划的关键线路上，又要详细分析这一延误对后续工作的可能影响。因为若对非关键线路工作的影响时间较长，超过了该工作可用于自由支配的时间，也会导致进度计划中的非关键路线转化为关键线路，其滞后将影响总工期的拖延。此时，应充分考虑该工作的自由时间，给予相应的工期延展，并要求承包商修改施工进度计划。

（3）无权要求承包商缩短合同工期。监理工程师有审核、批准承包商展延工期的权力，但他不可以扣减合同工期。也就是说，监理工程师有权指示承包商删减掉某些合同内规定的工作内容，但不能要求他相应缩短合同工期。如果要求提前竣工的话，这项工作属于合同的变更。

3. 审查费用索赔要求

费用索赔的原因，可能是与工期索赔相同的内容，即属于可原谅并应予以费用补偿的索赔，也可能是与工期索赔无关的理由。监理工程师在审核索赔的过程中，除了划清合同责任以外，还应注意索赔计算的取费合理性和计算的正确性。

（1）承包商可索赔的费用。费用内容一般可以包括以下几个方面：

1）人工费。包括增加工作内容的人工费、停工损失费和工作效率降低的损失费等累积，但不能简单地用计日工费计算。

2）设备费。可采用机械台班费、机械折旧费、设备租赁费等几种形式。

3）材料费。

4）保函手续费。工程延期时，保函手续费相应增加，反之，取消部分工程且业主与承包商达成提前竣工协议时，承包商的保函金额相应折减，则计入合同价的保函手续费也应扣减。

5）贷款利息。

6）保险费。

7）利润。

8）管理费。此项又可分为现场管理费和公司管理费两部分，由于二者的计算方法不一样，所以在审核过程中应区别对待。

（2）审核索赔取费的合理性。费用索赔涉及的款项较多，内容庞杂。承包商都是从维护自身利益的角度解释合同条款，进而申请索赔额。监理工程师应做到公正地审核索赔报告申请，挑出不合理的取费项目或费率，就某一特定索赔时间而言，可能涉及上述8种费用的某几项，所以应检查取费项目的合理性。

（3）审核索赔计算的正确性。这里不单指承包商的索赔计算中是否有数学计算错误，更应关注所采用的费率是否合理、适度。主要注意的问题包括：

1）工程量表中的单价是综合单价，不仅含有直接费，还包括间接费、风险费、辅助施工机械费、公司管理费和利润等项目的摊销成本。在索赔计算中不应有重复取费。

2）停工损失中，不应以计日工费计算。闲置人员不应计算在此期间的奖金、福利等报酬，通常采取人工单价乘以折算系数计算，停驶的机械费补偿，应按机械折旧费或设备租赁费计算，不应包括运转操作费用。

3）正确区分停工损失与因监理工程师临时改变工作内容或作业方法的功效降低损失的区别。凡可改作其他工作的，不应按停工损失计算，但可以适当补偿降效损失。

【例8-3】甲公司投资建设一幢地下一层、地上五层的框架结构商场工程，乙施工企业中标后，双方采用《建设工程施工合同》（示范文本）（GF—1999—0201）签订了合同。合同采用固定总价承包方式，合同工期为405天，并约定提前或逾期竣工的奖罚标准为每天5万元。

合同履行中出现了以下事件：

事件1：乙方施工至首层框架柱钢筋绑扎时，甲方书面通知将首层及以上各层由原设计层高4.30m变更为4.80m，当日乙方停工。25天后甲方才提供正式变更图纸，工程恢复施工。复工当日乙方立即提出停窝工损失150万元和顺延工期25天的书面报告及相关索赔资料，但甲方收到后始终未予答复。

事件2：从甲方下达开工令起至竣工验收合格止，本工程历时425天。甲方以乙方逾期竣工为由从应付款中扣减了违约金100万元。乙方认为逾期竣工的责任在于甲方。

【问题】

（1）事件1中，乙方的索赔是否生效？结合合同索赔条款说明理由。

（2）事件2中，乙方是否逾期竣工？说明理由并计算奖罚金额。

【解析】

（1）事件1中，乙方的索赔生效。该事件是由非承包单位所引起，承包人按照通用合同条款的约定，在索赔事件发生后28天内提交了索赔意向通知及相关索赔资料，提出费用和工期索赔要求，并说明了索赔事件的理由。

（2）乙方不是逾期竣工，因为造成工程延期是由建设单位提出变更引起的，非施工单位的责任。乙方已有效提出索赔要求，所以甲方应给予工期补偿，甲方给乙方的费用索赔为（405+25-425）×5=25万元。

思 考 题

8-1 什么是合同？

8-2 监理工程师合同管理的具体工作有哪些？

8-3 阐述监理工程师在合同变更时的管理程序。

8-4 发生索赔事件后，施工企业索赔的程序是什么？

8-5 招标的方式有哪些？

8-6 招标的程序是什么？

8-7 合同的主要内容是什么？

8-8 监理工程师如何审查费用索赔？

第九章 建设工程监理投资控制

第一节 概 述

一、建设工程投资

建设项目投资是指工程建设所需要的全部建设费用，它包括从工程项目的可行性研究开始，直至项目竣工交付使用所花费的全部建设费用的总和。

（一）建设工程投资确定的依据

（1）建设工程定额。建设工程定额即额定的消耗量标准，是指按照国家有关的产品标准、设计规范和施工验收规范、质量评定标准，并参考行业、地方标准以及有代表性的工程设计、施工资料确定的工程建设过程中完成规定计量单位产品所消耗的人工、材料、机械等消耗量的标准。

（2）工程量清单。工程量清单是建设工程招标文件的重要组成部分，是指由建设工程招标人或受其委托具有相应资质的工程造价咨询人，对招标工程的全部项目按统一的项目编码、项目名称、项目特征、计量单位计算规则而编制的表明工程数量的明细清单。

（3）工程技术文件。工程技术文件反映建设工程项目的规模、内容、标准、功能等。只有根据工程技术文件，才能对工程结构做出分解，得到计算的基本子项。只有依据工程技术文件及其反映的工程内容和尺寸，才能测算或计算出工程实物量，得到分部、分项工程的实物数量。

（4）要素市场价格信息。构成建设工程投资的要素包括人工、材料、施工机械等，要素价格是影响建设工程投资的关键因素，要素价格是由市场形成的。建设工程投资采用的基本子项所需资源的价格来自市场。随着市场的变化，要素价格亦随之发生变化。因此，建设工程投资必须随时掌握市场价格信息，了解市场价格行情，熟悉市场中各类资源的供求变化及价格动态。

（5）建设工程所处的环境和条件。工程的环境和条件，包括工程地质条件、气象条件、现场环境与周边条件，也包括工程建设的实施方案、组织方案、技术方案等。工程的环境和条件的变化或差异，会导致建设工程投资大小的变化。

（6）其他。国家和地方政府主管部门对建设工程费用计算的有关规定，按国家税法规定须计取的相关税费等，都构成了建设工程投资确定的依据。

（二）建设工程投资的特点

（1）建设工程投资数额巨大。建设工程投资数额巨大，动辄上千万，数十亿。建设工程投资数额巨大的特点使它关系到国家、行业或地区的重大经济利益，对国计民生也会产生重大影响。

（2）建设工程投资差异明显。每个建设工程都有其特定的用途、功能、规模，每项工程的结构、空间分割、设备配置和内外装饰都有不同的要求，工程内容和实物形态都有其差异性。同样的工程处于不同的地区在人工、材料、机械消耗上也有差异。因此，建设工程投资的差异十分明显。

（3）建设工程投资需就每项工程单独计算其投资。建设工程的实物形态千差万别，再加上不同地区构成投资费用的各种要素的差异，最终导致建设工程投资的千差万别。因此，建设工程只能通过特殊的程序（编制估算、概算、预算、合同价、结算价及最后确定竣工决算等），就每项工程单独计算其投资。

（4）建设工程投资确定依据复杂。建设工程投资的确定依据繁多，关系复杂。在不同的建设阶段有不同的确定依据，且互为基础和指导，互相影响。

（5）建设工程投资需动态跟踪调查。建设工程投资在整个建设期内都属于不确定的，需随时进行动态跟踪、调整，直至竣工决算后才能真正形成建设工程投资。

（6）建设工程投资确定层次繁多。建设工程投资的确定需分别计算分部、分项工程投资，单位工程投资，单项工程投资，最后才形成建设工程投资，可见建设工程投资的确定层次繁多。

（三）建设工程投资的构成

我国现行建设工程投资的构成见表 9－1，其中，前期工程费是指建设项目设计范围内的场地平整及因建设项目开工实施所需的场外交通、供电、供水等管线的引接、修建的工程费用。

表 9－1 建设工程总投资的构成

		前 期 工 程 费	
建设工程总投资	建设投资	建筑安装工程费	人工费、材料费、施工机具使用费、企业管理费、利润、规费、税金
		设备工器具购置费	设备购置费
			工器具及生产家具购置费
		工程建设其他费	与土地使用有关的其他费用
			与工程建设有关的其他费用
			与未来企业生产经营有关的其他费用
		预备费	基本预备费
			涨价预备费
		建设期贷款利息	
		固定资产投资方向调节税	
	流动资产投资——铺底流动资金		

建筑安装工程费主要由人工费、材料费、施工机具使用费、企业管理费、利润、规费、税金等构成，在建设工程总投资占了较大的比例，下面结合建标［2013］44 号文件对建筑安装工程费的构成进行介绍。

（四）建筑安装工程费的构成

建筑安装工程费用项目组成按照建标［2013］44 号文件，住房城乡建设部、财政部关于印发《建筑安装工程费用项目组成》的通知中规定，建筑安装工程费用项目按费用构成要素组成划分为人工费、材料费、施工机具使用费、企业管理费、利润、规费和税金；按工程造价形成顺序划分为分部、分项工程费，措施项目费，其他项目费，规费和税金。具体费用构成见图9-1和图9-2。

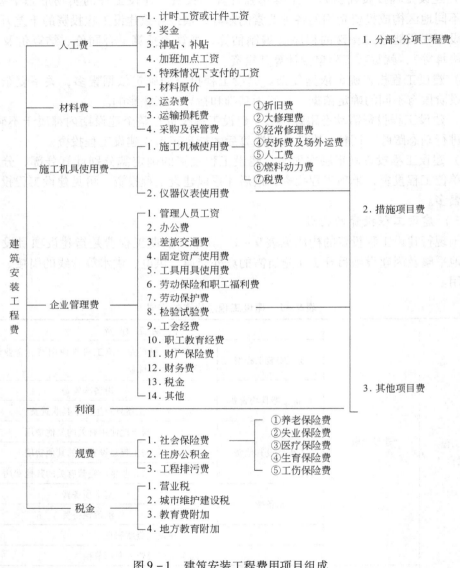

图9-1　建筑安装工程费用项目组成
（按费用构成要素划分）

1. 按照费用构成要素划分

按照费用构成要素划分，建筑安装工程费由人工费、材料（包含工程设备，下同）费、施工机具使用费、企业管理费、利润、规费和税金组成。其中人工费、材料费、施工机具使用费、企业管理费和利润包含在分部、分项工程费，措施项目费，其他项目费中。

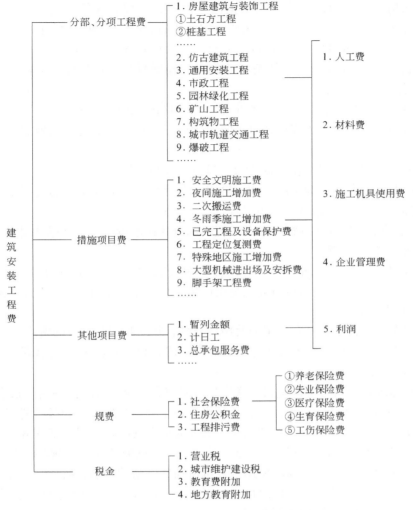

图9-2 建筑安装工程费用项目组成
（按造价形成划分）

（1）人工费。人工费是指按工资总额构成规定，支付给从事建筑安装工程施工的生产工人和附属生产单位工人的各项费用。内容包括：

1）计时工资或计件工资。指按计时工资标准和工作时间或对已做工作按计件单价支付给个人的劳动报酬。

2）奖金。指对超额劳动和增收节支支付给个人的劳动报酬，如节约奖、劳动竞赛奖等。

3）津贴补贴。指为了补偿职工特殊或额外的劳动消耗和因其他特殊原因支付给个人的津贴，以及为了保证职工工资水平不受物价影响支付给个人的物价补贴。如流动施工津贴、特殊地区施工津贴、高温（寒）作业临时津贴、高空津贴等。

4）加班加点工资。指按规定支付的在法定节假日工作的加班工资和在法定日工作时间外延时工作的加点工资。

5）特殊情况下支付的工资。指根据国家法律、法规和政策规定，因病、工伤、产假、计划生育假、婚丧假、事假、探亲假、定期休假、停工学习、执行国家或社会义务等原因按计时工资标准或计时工资标准的一定比例支付的工资。

（2）材料费。指施工过程中耗费的原材料、辅助材料、构配件、零件、半成品或成品、工程设备的费用。内容包括：

1）材料原价。指材料、工程设备的出厂价格或商家供应价格。

2）运杂费。指材料、工程设备自来源地运至工地仓库或指定堆放地点所发生的全部费用。

3）运输损耗费。指材料在运输装卸过程中不可避免的损耗。

4）采购及保管费。指为组织采购、供应和保管材料、工程设备的过程中所需要的各项费用，包括采购费、仓储费、工地保管费、仓储损耗。

工程设备是指构成或计划构成永久工程一部分的机电设备、金属结构设备、仪器装置及其他类似的设备和装置。

（3）施工机具使用费。指施工作业所发生的施工机械、仪器仪表使用费或其租赁费。施工机械使用费以施工机械台班耗用量乘以施工机械台班单价表示，施工机械台班单价应由下列七项费用组成：

1）折旧费。指施工机械在规定的使用年限内，陆续收回其原值的费用。

2）大修理费。指施工机械按规定的大修理间隔台班进行必要的大修理，以恢复其正常功能所需的费用。

3）经常修理费。指施工机械除大修理以外的各级保养和临时故障排除所需的费用。包括为保障机械正常运转所需替换设备与随机配备工具附具的摊销和维护费用，机械运转中日常保养所需润滑与擦拭的材料费用及机械停滞期间的维护和保养费用等。

4）安拆费及场外运费。安拆费指施工机械（大型机械除外）在现场进行安装与拆卸所需的人工、材料、机械和试运转费用以及机械辅助设施的折旧、搭设、拆除等费用；场外运费指施工机械整体或分体自停放地点运至施工现场或由一施工地点运至另一施工地点的运输、装卸、辅助材料及架线等费用。

5）人工费。指机上司机（司炉）和其他操作人员的人工费。

6）燃料动力费。指施工机械在运转作业中所消耗的各种燃料及水、电等。

7）税费。指施工机械按照国家规定应缴纳的车船使用税、保险费及年检费等。

（4）企业管理费。指建筑安装企业组织施工生产和经营管理所需的费用。内容包括：

1）管理人员工资。指按规定支付给管理人员的计时工资、奖金、津贴补贴、加班加点工资及特殊情况下支付的工资等。

2）办公费。指企业管理办公用的文具、纸张、账表、印刷、邮电、书报、办公软件、现场监控、会议、水电、烧水和集体取暖降温（包括现场临时宿舍取暖降温）等费用。

3）差旅交通费。指职工因公出差、调动工作的差旅费、住勤补助费，市内交通费和误餐补助费，职工探亲路费，劳动力招募费，职工退休、退职一次性路费，工伤人员就医路费，工地转移费以及管理部门使用的交通工具的油料、燃料等费用。

4）固定资产使用费。指管理和试验部门及附属生产单位使用的属于固定资产的房屋、设备、仪器等的折旧、大修、维修或租赁费。

5）工具用具使用费。指企业施工生产和管理使用的不属于固定资产的工具、器具、家具、交通工具和检验、试验、测绘、消防用具等的购置、维修和摊销费。

6）劳动保险和职工福利费。指由企业支付的职工退职金、按规定支付给离休干部的经费，集体福利费、夏季防暑降温、冬季取暖补贴、上下班交通补贴等。

7）劳动保护费。指企业按规定发放的劳动保护用品的支出，如工作服、手套、防暑降温饮料以及在有碍身体健康的环境中施工的保健费用等。

8）检验试验费。指施工企业按照有关标准规定，对建筑以及材料、构件和建筑安装物进行一般鉴定、检查所发生的费用，包括自设试验室进行试验所耗用的材料等费用。不包括新结构、新材料的试验费，对构件做破坏性试验及其他特殊要求检验试验的费用和建设单位委托检测机构进行检测的费用，对此类检测发生的费用，由建设单位在工程建设其他费用中列支。但对施工企业提供的具有合格证明的材料进行检测不合格的，该检测费用由施工企业支付。

9）工会经费。指企业按《工会法》规定的全部职工工资总额比例计提的工会经费。

10）职工教育经费。指按职工工资总额的规定比例计提，用于企业为职工进行专业技术和职业技能培训、专业技术人员继续教育、职工职业技能鉴定、职业资格认定以及根据需要对职工进行各类文化教育所发生的费用。

11）财产保险费。指施工管理用财产、车辆等的保险费用。

12）财务费。指企业为施工生产筹集资金或提供预付款担保、履约担保、职工工资支付担保等所发生的各种费用。

13）税金。指企业按规定缴纳的房产税、车船使用税、土地使用税、印花税等。

14）其他。包括技术转让费、技术开发费、投标费、业务招待费、绿化费、广告费、公证费、法律顾问费、审计费、咨询费、保险费等。

（5）利润。指施工企业完成所承包工程获得的盈利。

（6）规费。指按国家法律、法规规定，由省级政府和省级有关权力部门规定必须缴纳或计取的费用。内容包括：

1）社会保险费：

①养老保险费。指企业按照规定标准为职工缴纳的基本养老保险费。

②失业保险费。指企业按照规定标准为职工缴纳的失业保险费。

③医疗保险费。指企业按照规定标准为职工缴纳的基本医疗保险费。

④生育保险费。指企业按照规定标准为职工缴纳的生育保险费。

⑤工伤保险费。指企业按照规定标准为职工缴纳的工伤保险费。

2）住房公积金。指企业按规定标准为职工缴纳的住房公积金。

3）工程排污费。指按规定缴纳的施工现场工程排污费。

4）其他应列而未列入的规费，按实际发生计取。

（7）税金。指国家税法规定的应计入建筑安装工程造价内的营业税、城市维护建设税、教育费附加以及地方教育附加。

2. 按照工程造价形式划分

按照工程造价形式划分，建筑安装工程费由分部、分项工程费，措施项目费，其他项目费，规费，税金组成。分部、分项工程费，措施项目费，其他项目费包含人工费、材料费、施工机具使用费、企业管理费和利润。

（1）分部、分项工程费。指各专业工程的分部、分项工程应予列支的各项费用。

1）专业工程。指按现行国家计量规范划分的房屋建筑与装饰工程、仿古建筑工程、通用安装工程、市政工程、园林绿化工程、矿山工程、构筑物工程、城市轨道交通工程、爆破工程等各类工程。

2）分部、分项工程。指按现行国家计量规范对各专业工程划分的项目，如房屋建筑与装饰工程划分的土石方工程、地基处理与桩基工程、砌筑工程、钢筋及钢筋混凝土工程等。

各类专业工程的分部、分项工程划分见现行国家或行业计量规范。

（2）措施项目费。指为完成建设工程施工，发生于该工程施工前和施工过程中的技术、生活、安全、环境保护等方面的费用。内容包括：

1）安全文明施工费：

①环境保护费。指施工现场为达到环保部门要求所需要的各项费用。

②文明施工费。指施工现场文明施工所需要的各项费用。

③安全施工费。指施工现场安全施工所需要的各项费用。

④临时设施费。指施工企业为进行建设工程施工所必须搭设的生活和生产用的临时建筑物、构筑物和其他临时设施费用。其包括临时设施的搭设、维修、拆除、清理费或摊销费等。

2）夜间施工增加费。指因夜间施工所发生的夜班补助费、夜间施工降效、夜间施工照明设备摊销及照明用电等费用。

3）二次搬运费。指因施工场地条件限制而发生的材料、构配件、半成品等一次运输不能到达堆放地点，必须进行二次或多次搬运所发生的费用。

4）冬雨季施工增加费。指在冬季或雨季施工需增加的临时设施、防滑、排除雨雪、人工及施工机械效率降低等费用。

5）已完工程及设备保护费。指竣工验收前，对已完工程及设备采取的必要保护措施所发生的费用。

6）工程定位复测费。指工程施工过程中进行全部施工测量放线和复测工作的费用。

7）特殊地区施工增加费。指工程在沙漠或其边缘地区、高海拔、高寒、原始森林等特殊地区施工增加的费用。

8）大型机械设备进出场及安拆费。指机械整体或分体自停放场地运至施工现场或由一个施工地点运至另一个施工地点，所发生的机械进出场运输及转移费用及机械在施工现场进行安装、拆卸所需的人工费、材料费、机械费、试运转费和安装所需的辅助设施的费用。

9）脚手架工程费。指施工需要的各种脚手架搭、拆、运输费用以及脚手架购置费的摊销（或租赁）费用。

措施项目及其包含的内容详见各类专业工程的现行国家或行业计量规范。

（3）其他项目费：

1）暂列金额。指建设单位在工程量清单中暂定并包括在工程合同价款中的一笔款项。用于施工合同签订时尚未确定或者不可预见的所需材料、工程设备、服务的采购，施工中可能发生的工程变更、合同约定调整因素出现时的工程价款调整以及发生的索赔、现场签证确认等的费用。

2）计日工。指在施工过程中，施工企业完成建设单位提出的施工图纸以外的零星项目或工作所需的费用。

3）总承包服务费。指总承包人为配合、协调建设单位进行的专业工程发包，对建设单位自行采购的材料、工程设备等进行保管以及施工现场管理、竣工资料汇总整理等服务所需的费用。

（4）规费。定义同前。

（5）税金。定义同前。

二、建设工程投资控制

（一）建设工程投资控制的概念

建设工程投资控制，就是在建设工程的投资决策阶段、设计阶段、施工阶段以及竣工阶段，把建设工程投资控制在批准的投资限额内，随时纠正发生的偏差，以保证项目投资管理目标的实现，以求在建设工程中合理使用人力、物力、财力，取得较好的投资效益和社会效益。

根据委托监理合同所涉及的不同阶段，建设监理投资控制贯穿建设投资的全过程，各个阶段投资控制的内容如下：

（1）决策阶段。决策阶段主要是指项目建议书和可行性研究阶段，在这个阶段监理应按有关规定编制投资估算，经有关部门批准，作为拟建项目列入国家中长期计划和开展前期工作的控制造价。

（2）设计阶段。设计阶段又分为初步设计阶段、技术设计阶段和施工图设计阶段。初步设计和技术设计阶段按有关规定编制初步设计总概算或修正概算，经有关部门批准，作为拟建项目工程造价的最高限额。施工图设计阶段应按规定编制施工图预算，用以核实施工图阶段预算造价是否超过批准的初步设计概算。

（3）招标投标阶段。发包方与承包方确定合同价。对以施工图预算为基础实施招标的工程，合同价是以经济合同形式确定的建筑安装工程造价。

（4）施工阶段。按承包方实际完成的工程量，以合同价为基础，同时考虑因物价变动所引起的造价变更，以及设计中难以预计的而在实施阶段实际发生的工程和费用，合理确定结算价。竣工验收时全面汇集在一起，作为工程建设中发生的实际全部费用，编制竣工结算。

（二）建设工程投资控制的原则

（1）以设计阶段为重点的建设工程全过程投资控制。工程投资控制的关键在于前期决策和设计阶段，而在项目投资决策完成后，控制工程造价的关键就在设计阶段。

（2）实施主动控制，以取得令人满意的结果。投资控制不仅要反映投资决策，反映设计、发包和施工，被动地控制工程造价，更要能动地影响投资决策，影响设计、发包和施工，主动地控制工程造价。

（3）技术与经济相结合是控制投资最有效的手段。要有效地控制投资，应从组织、技术、经济等多方面采取措施。组织上应明确项目组织结构，明确投资控制者及其任务，明确职能分工；技术上，重视设计多方案选择，严格审查初步设计、技术设计、施工图设计、施工组织设计，深入技术领域研究节约投资的可能性；经济上，动态地比较投资的计划值和实际值，严格审核各项费用支出，采取节约投资奖励措施等。

（三）建设工程投资控制的意义和目标

1. 增强目标控制

投资、进度与质量作为建设项目的三大目标相互关联，必须统筹安排，才能保证工程建设的顺利实施。

2. 降低资源消耗

控制投资对资源消耗是一种约束力。投资控制的目的就是对人力、物力资源的节约。投资控制目标的设置，应是随着工程建设实践的不断深入而分段设置目标。有机联系的各个阶段目标相互制约，互相补充，共同组成工程建设投资控制的目标系统，具体内容如下：

（1）工程建设设计方案选择和进行初步设计阶段的投资控制目标是投资估算。

（2）技术设计和施工图设计阶段的投资控制目标是设计概算。

（3）施工阶段的投资控制目标是施工图预算或工程建设承包合同价。

三、建设工程投资控制偏差分析

为了有效地进行投资控制，监理工程师应定期地进行投资计划值和实际值的比较，当实际值偏离计划值时，分析产生偏差的原因，采取适当的纠偏措施，以使投资控制在目标值内。

（一）投资偏差的概念

在投资控制中，把投资的实际值与计划值的差称为投资偏差，即：

$$投资偏差 = 已完工程实际投资 - 已完工程计划投资$$

上式的结果为正值，表示投资超支；结果为负，表是投资节约。

但是进度偏差对投资偏差分析的结果有着重要的影响，因而必须引入进度偏差的概念。进度偏差可以表示为：

$$进度偏差 1 = 已完工程实际时间 - 已完工程计划时间$$

为了与投资偏差联系起来，进度偏差又可表示为：

$$进度偏差 2 = 拟完工程计划投资 - 已完工程计划投资$$

进度偏差为正值，表示进度拖延；结果为负值，表示进度提前。

另外，在进行投资偏差分析时，还要考虑其偏差程度。偏差程度是指投资实际值对计划值的偏离程度，其表达式为：

$$投资偏差程度 = 已完工程实际投资/已完工程计划投资$$
$$进度偏差程度 = 拟完工程计划投资/已完工程计划投资$$

（二）偏差分析的方法

常用的偏差分析法有横道图法、时标网络图法、表格法、曲线法。

1. 横道图法

用横道图进行投资偏差分析，是用不同的横道线来标志拟完工程计划投资、已完工程计划投资和已完工程实际投资。横道图法的优点是简单直观，便于了解项目的投资概貌，但这种方法的信息量较少，主要反映累计偏差和局部偏差，因而其应用有一定的局限性。

【例9-1】某项目共含有A和B两个子项工程，各自的拟完工程计划投资、已完工程计划投资和已完工程实际投资如表9-2所示。试计算第4周末的投资偏差、进度偏差。

表9-2 工程计划与实际投资横道图表

分项工程	投资时间/周					
	1	2	3	4	5	6
A	8	8	8			
		6	6		6	6
		5	5		6	7
B	9	9		9	9	
			9	9	9	9
			11	10	8	8

注： ▬▬▬▬▬ 表示拟完工程计划投资；
▬ ▬ ▬ 表示已完工程计划投资；
▬▬ ▬▬ 表示已完工程实际投资；

【解析】

根据表9-2中数据，按照每周各子项工程的拟完工程计划投资、已完工程计划投资和已完工程实际投资的累计值进行统计，可以得到表9-3的数据。

表9-3 投资数据表

项 目	投 资 数 据					
	投资时间/周					
	1	2	3	4	5	6
每周拟完工程计划投资	8	17	17	9	9	—
拟完工程计划投资累计	8	25	42	51	60	—
每周已完工程计划投资	—	6	15	15	15	9
已完工程计划投资累计	—	6	21	36	51	60
每周已完工程实际投资	—	5	16	16	15	8
已完工程实际投资累计	—	5	21	37	52	60

第4周末投资偏差＝已完工程实际投资－已完工程计划投资＝37－36＝1（万元），即投资增加1万元。

第4周末进度偏差＝拟完工程计划投资－已完工程计划投资＝51－36＝15（万元），即进度拖后15万元。

2. 时标网络图法

时标网络图是在确定施工计划网络图的基础上，将施工的实施进度与日历工期相结合而形成的网络图。根据时标网络图可以得到每一时间段的拟完工程计划投资，而已完工程实际投资可以根据实际工作完成情况测得。在时标网络图上，考虑实际进度前锋线并经过计算，就可以得到每一时间段的已完工程计划投资。实际进度前锋线表示整个项目目前实际完成的工作面情况，将某一确定时点下时标网络图中各个工序的实际进度点相连就可以得到实际进度前锋线。

时标网络图法具有简单、直观的特点，主要用来反映累计偏差和局部偏差，但实际进度前锋线的绘制有时会遇到一定的困难。

3. 表格法

表格法是进行偏差分析最常用的一种方法。它可以根据工程的具体情况、数量来源、投资控制工作的要求等条件来设计表格，因而适用性较强，而且表格的信息量较大，可以反映各种偏差变量和指标，对全面深入地了解项目投资的实际情况非常有益。另外，表格法还便于用计算机辅助管理，提高投资控制工作的效率。用表格法进行投资偏差分析的实例见表9-4。

表9-4　投资偏差分析表

项 目 编 号	(1)	011	012	013
项目名称	(2)	土方工程	打桩工程	基础工程
计量单位	(3)	m^3	m	m^3
计划单价	(4)	5	6	8
拟完工程量	(5)	10	11	10
拟完工程计划投资	(6) = (4) × (5)	50	66	80
已完工程量	(7)	12	16.67	7.5
已完工程计划投资	(8) = (4) × (7)	60	100	60
实际单价	(9)	5.83	4.8	10.67
其他款项	(10)	—	—	—
已完工程实际投资	(11) = (7) × (9) + (10)	70	80	80
投资绝对偏差	(12) = (11) - (8)	10	-20	20
投资相对偏差	(13) = (12) ÷ (8)	0.167	-0.2	0.33
进度绝对偏差	(14) = (6) - (8)	-10	-34	20
进度相对偏差	(15) = (14) ÷ (6)	-0.2	-0.52	0.25

4. 曲线法

曲线法是使用投资-时间曲线进行偏差分析的一种方法。在用曲线法进行偏差分析时，通常有三条投资曲线：已完工程实际投资曲线a、已完工程计划投资曲线b和拟完工程计划投资曲线p，如图9-3所示。图中A、B、M是某一时刻三条曲线中的数值，图中曲线a与b的竖向距离表示投资偏差，曲线p与b的水平距离表示进度偏差。曲线p与a的竖向距离表示投资增加。图中反映的是累计偏差，而且主要是绝对偏差。

用曲线法进行偏差分析，具有形象直观的优点，但不能直接用于定量分析，如果能与表格法结合起来，则会取得较好的效果。

（三）投资偏差原因分析

偏差分析的一个重要目的就是要找出引起偏差的原因，从而有可能采取有针对性的措施，减少或避免相同原因的再次发生。一般来讲，引起投资偏差的原因主要有四个方面，即客观原因、业主原因、设计原因和施工原因，其具体内容可见图9-4。

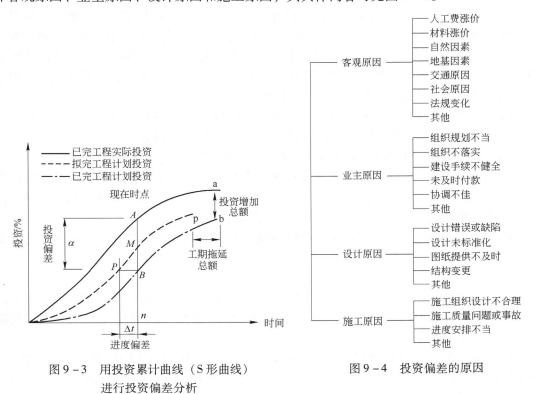

图9-3 用投资累计曲线（S形曲线）
进行投资偏差分析

图9-4 投资偏差的原因

对偏差原因进行分析的目的是为了有针对性地采取纠偏措施，从而实现投资的动态控制和主动控制。

（四）纠偏措施

纠偏首先要确定纠偏的对象，如上面介绍的偏差原因，有些是无法避免和控制的，如客观原因，充其量只能对其中少数原因做到防患于未然，力求减少原因所产生的经济损失。对于施工原因所导致的经济损失通常是由承包商自己承担的，从投资控制的角度只能加强合同的管理，避免被承包商索赔。因此，这些偏差原因都不是纠偏的主要对象。纠偏的主要对象是业主原因和设计原因造成的投资偏差。在确定了纠偏的主要对象之后，就需要采取有针对性的纠偏措施。纠偏可采用组织措施、经济措施、技术措施和合同措施等。

1. 组织措施

（1）由总监理工程师建立投资控制组织，落实项目投资控制的负责人和具体人员，明确投资控制监理制度。

（2）明确投资控制人员的职能和分工，做好投资检查、跟踪、付款核实，签发付款凭证，施工方法挖潜，施工索赔事件，施工投资数据处理审核，施工资金计划与检查分工落实等工作，充分发挥监理工程师的能动性、积极性、创造性，实现投资控制的目的。

（3）指派有丰富造价管理经验的监理工程师专职负责工程投资控制、计量审核和支付签认。项目施工前由计量工程师组织本工程驻场监理机构全体监理人员学习、熟悉本工程施工承包合同、招标文件、投标文件，尤其是技术规范中对计量与支付的规定，使全体监理人员都对该工程的投资控制计量签证的有关规定、原则熟悉、了解。

（4）计量工程师在承包商进场前，据合同文件及业主计量支付有关管理办法编制投资控制监理实施细则以及分阶段、各单项工程投资控制流程图，并向承包商进行投资控制的工作交底，在每周的监理内部例会上由计量工程师将一周内出现的计量、签证问题指出，并在新的部位开工前将该分项工程计量需注意的问题及预见到可能出现的签证，提出意见供现场监理人员参考，各项原始签证量测记录由计量工程师统一建档以备存查。

（5）建立设计交底及图纸会审制度，组织好图纸会审，审查施工图的"错、漏、碰、缺"，尽可能地减少设计变更，并协助做好设计优化，降低工程造价。

（6）严格方案报审制度，防止重复工序及费用的发生。

（7）严格履行工程量及工程索赔支付审核审批制度。对工程计量及投资控制实行全过程跟踪监控，及时计量、检查、记录，并负责把过程资料输入电脑以便分析、归纳、存档，能快速提供计量数据，实现对计量、投资的动态控制。

（8）及时向业主汇报工程计量、投资情况及存在的问题，征求业主意见慎重签发工程计量和工程款支付证明书。

2. 经济措施

（1）按照投资控制监控细则及拟定的分部、分项的工程控制目标，要求承包单位提供"每月资金运用与计划表"，对承包单位资金使用计划进行审查和监控，防止工程款挪作他用，以保证后续工程资金。

（2）及时进行工程量复核，控制工程款的支付，编制资金使用计划，并控制执行，将实际投资与计划投资作对比，实施动态管理，出现偏差及时采取措施纠偏，并定期向业主提供投资控制报表。

（3）严格履行工程计量及工程索赔支付审核审批制度：

1）先核实已完工程的质量是否合格，工程是否经过监理验收，"中间合格证书"是否签发，然后再核实工程数量。

2）除变更工程和新增工程外，所有计量项目均是工程量清单中所列项目。

3）认真复核计量月报表中的每一个数据，要做到纵横一致，前后一致，并与合同计量规定一致。

（4）对关键性的计量项目，驻地监理到现场参与测量工作，必要时会同业主一起组织计量工作。

（5）做好工程竣工结算的审查工作，是工程投资控制的关键之一。

1）审核资料的完整性，主要包括：工程结算汇总量清单；结算单价与总价；设计变更与新增工程量清单；索赔汇总单；已付工程款情况；工程质量评定表；质量监督站认证材料等。

2）全面核对未付工程量部分的工程数量。

3）对承包商的竣工结算提出准确合理的审查意见。

（6）在施工过程中进行投资跟踪控制，定期地进行投资实际支出值与计划目标值的比较；发现偏差，分析产生偏差的原因，采取纠偏措施。

（7）协商确定工程变更的价款、审核竣工结算。

（8）对工程项目造价目标进行风险分析，并制定防范性对策。对工程施工过程中的投资支出做好分析与预测，经常或定期向业主提交项目投资控制及其存在问题的报告。

3. 技术措施

（1）审核承包商编制的施工组织设计，对主要施工方案进行技术经济分析。分析比较不同技术、材料应用对工程投资的影响，在保证工程质量、进度、安全等要求的前提下，选择适合的施工方案。

（2）对设计变更进行技术经济比较，严格控制设计变更。

（3）继续寻找通过设计挖潜节约投资的可能性。寻求设计改进和技术挖潜，及时发现可能出现的虚工程量，减少不必要的工程费用。

（4）对工程投资控制中容易忽略的辅助工程部分给予重视。这部分容易出现弄虚作假，容易出现不讲施工方案的合理性和优化而随意施工，对这部分的施工方案严格审查，择优实施，对其工程数量认真核实。

（5）编制工程计量及支付款程序，建立工程投资控制监理计算机管理系统，并实行动态管理。

4. 合同措施

（1）加强施工合同文件管理，审核合同中有关经济条款。

（2）做好工程施工记录，保存各工程文件图纸，特别是注有实际施工变更情况的图纸，注意积累素材，为正确处理可能发生的索赔提供依据。参与处理索赔事宜，严格控制合同条款明确规定索赔事项。

（3）严格控制合同外签证，凡发生签证的项目在实施前要求承包商必须以书面形式提出，经现场监理、计量工程师、总监、业主签署统一意见并盖公章后才能实施。

（4）对必须变更的工程，要求承包商办理"工程洽商记录"，经业主同意，设计单位审查，并发出相应修改设计图纸和说明后，在合同规定的时间内做好工程量的增加分析，报计量工程师审核。计量工程师审核承包商提出的变更价款是否合理，按照以下原则和顺序进行：

1）按照工程量清单内的单价和费率。

2）按照合同内规定的价格计算方法。

3）按照有关的概预算定额和实际支出证明、协商价格。

4）采用分别计算工日数和材料用量计算。

（5）妥善处理好有关索赔的管理，以预防为主，尽可能避免造成违约和承包商索赔。

1）认真分析投资风险因素，及时采取防范措施和对策，减少因管理不善而造成的损失。

2）认真审查施工图纸及技术文件，尽可能把存在的问题解决在施工之前，减少因设计变更引起的返工损失。

3）认真做好施工中各部门之间的协调配合，及时答复承包商提出的各种问题，使可能索赔的情况消灭在萌发之前。

4）认真做好施工资源配置、运输、预制等各个环节的协调，保障连续施工，防止局部窝工，避免因施工组织引起的索赔。

5）一旦发生索赔与反索赔情况时，认真做好同期记录，调查取证，查清原因，准确计算工程量及引起的实际损失，与业主和承包商磋商，书面提出处理意见。

（6）定期或不定期对合同执行情况进行分析，认真做好合同修改补充工作。参与合同修改、补充工作，应着重考虑它对投资控制的影响。加强施工合同管理，审核合同中有关经济条款。

第二节　建设工程决策阶段的投资控制

建设工程投资决策是选择和决定投资行为方案的过程，是对拟建项目的必要性和可行性进行技术经济分析论证，对不同建设方案进行技术经济比较做出判断和决定的过程。

建设工程投资决策阶段，进行项目建议书以及可行性研究的编制，除了论证项目在技术上是否先进、实用、可靠，还包括论证项目在财务上是否盈利，在经济上是否合理。决策阶段的主要任务是找出技术经济统一的最优方案。

一、建设工程可行性研究

建设项目可行性研究是运用多种科学手段综合论证该项目在技术上是否先进、实用和可靠，在财务上是否盈利；提出环境影响、社会效益和经济效益的分析、评价，以及建设工程抗风险能力等的结论。可行性研究为投资决策提供科学的依据，并能为筹集资金、合作者签约、工程设计等提供依据和基础材料。

可行性研究报告内容一般包括：总论，市场调查与预测，资源条件评价，建设规模与产品方案，场址选择，技术方案、设备方案和工程方案，主要原材料、燃料供应，总图、运输与公用辅助工程，节能措施，节水措施，环境影响评价，劳动安全、卫生与消防，组织机构与人力资源配置，项目实施进度，投资估算，融资方案，财务评价，国民经济评价，社会评价，风险分析，研究结论与建议等。

投资前期是决定建设工程经济效果的关键时期，是研究和控制投资的重点。如果在实施中才发现工程费用过高、投资不足，或原材料不能保证等问题，将会给投资者造成巨大损失。因此，应把可行性研究视为建设工程的首要环节。

二、建设工程投资估算

建设项目投资估算是在对项目的建设规模、产品方案、工艺技术及设备方案、工程方案及实施进度等进行研究的基础上，估算项目所需的资金总额，并测算建设期分年度资金使用计划。

建设项目投资估算的编制方法取决于要达到的精确度，而精确度又由项目前期研究的不同阶段以及资料数据的可靠性决定。常用的估算方法如下：

（1）资金周转率法。该方法概念简单明了，方便易行，但误差较大。由于不同性质的工厂或生产不同产品的车间，资金周转率都不同，因此要提高投资估算的精确度，须做好相关的基础工作。

（2）生产能力指数法。多用于估算生产装置投资。

（3）比例估算法。它是以拟建项目或装置的设备费为基数，根据已建成的同类项目建筑安装工程费和其他费用等占设备价值的百分比，求出相应的建筑安装工程费及其他有关费用，计算拟建项目或装置的投资额。此方法适用于设备投资占比例较大的项目。

（4）综合指标投资估算法。该方法又称概算指标法，是依据国家有关规定，国家或行业、地方的定额指标和取费标准以及设备和主要材料价格等，从工程费用中的单项工程入手，来估算初始投资。采用这种方法，还需要相关专业提供较为详细的资料，因而有一定的估算深度，精确度相对较高。综合指标投资估算法的具体估算内容和方法如下：

1）设备和工器具购置费估算。应根据主要设备的数量、出厂价格和相关运杂费资料，分别估算各单项工程的设备和工器具购置费。

2）建筑工程费的估算。建筑工程费的估算一般按单位综合指标法，即用工程量乘以相应的单位综合指标估算，如单位建筑面积投资、单位土石方投资等。条件成熟的可用该法估算。

3）安装工程费估算。一般可按设备费的比例估算，即：

$$安装工程费 = 设备原价 \times 安装费率$$

或

$$安装工程费 = 设备吨位 \times 每吨安装费$$

或

$$安装工程费 = 安装工程实物量 \times 安装费用指标$$

4）工程建设其他费用估算。由于其他费用种类较多，无论采用何种投资估算方法，都选国家、地方或部门的有关规定逐项估算。估算中要注意随地区和建设项目性质的不同，费用科目可能会不同。在项目的初期阶段也可按工程费用的百分数来综合估算其他费用。

5）基本预备费估算。以工程费用、工程建设其他费用之和为基数，乘以适当的基本预备费率进行估算，或以固定资产费用、无形资产费用和其他资产费用三部分之和为基数，乘以适当的基本预备费进行估算。预备费率的取值一般按行业规定，并结合估算深度确定。通常对外汇和人民币部分取不同的预备费率。

6）涨价预备费估算。一般以各年度工程费用为基数，分别估算各年的涨价预备费，求得总的涨价预备费。

三、监理工程师在决策阶段的任务

决策阶段的投资控制，对于整个项目来说，节约投资的可能性最大，应使项目投资决策科学化，减少和避免投资决策失误，从而提高项目投资的经济效益。监理工程师在决策阶段的投资控制，主要体现在建设项目可行性研究阶段协助建设单位或直接进行项目的投资控制，以保证项目投资决策的合理性。

监理工程师在决策阶段的投资控制，主要体现在建设项目可行性研究阶段协助建设单位或直接进行项目的投资控制，以保证项目投资决策的合理性。还包括工程项目的研究、初步可行性研究、编制项目建议书，进行可行性研究，对拟建项目进行市场调查和预测，编制投资估算等。

监理工程师在这一阶段的主要任务是根据业主的委托，当好业主的参谋，为业主提供科学决策的依据，包括以下方面：

（1）对项目拟建设地区或企业所在地区，及项目所属行业情况进行调查分析，对相关产品的市场情况进行研究。在此基础上，就地区发展规划、企业发展战略、行业发展规划等提出咨询意见，并与委托方进行交流与沟通，取得共识，完成相应报告。

（2）对项目的建设内容、建设规模、产品方案、工程方案、技术方案、建设地点、厂区布置、污染处理方案等进行比选。

（3）在项目相关方案研究的基础上，根据有关要求，完成项目的融资方案分析、投资估算，以及财务、风险、社会及国民经济等方面的评价，对项目整体或某个单项提出咨询意见，完成相应报告，交付委托方。

（4）按委托方及有关项目审批方的要求，对项目的可行性研究报告进行评估论证，完成相应报告，交付给委托方。

（5）根据委托，完成相关上报有关部门的报告，如项目建议书、可行性研究报告、项目核准申请报告、资金申请报告、项目备案申请报告等，受相应机关委托，对上述报告进行评估。根据业主委托，还可协助完成项目的有关报批工作。

第三节　建设工程设计阶段的投资控制

设计阶段的投资控制是工程实施阶段投资控制的重点，设计优劣对投资控制的影响程度远远高于施工阶段。在该阶段，建设监理投资控制的任务是组织设计方案的优选与优化，采用限额设计方法进行投资控制，编制与审查设计概算和施工图预算。图 9－5 所示为工程项目设计与概预算控制程序。

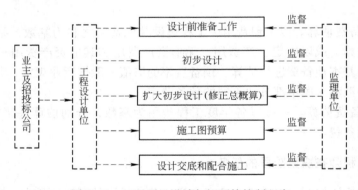

图 9－5　工程项目设计与概预算控制程序

一、设计准备阶段投资控制

（一）设计准备阶段监理的工作内容

（1）投资估算的审查。在项目可行性研究阶段，经过分析论证已给出项目的总投资估算额。进入设计准备阶段，监理应根据已批准的设计任务书进一步对项目的总投资额进行分析论证，弄清总投资估算的构成及其合理性。

（2）编制项目总投资切块分解的初步规划。在进一步对项目的总投资额进行分析论证的基础上，监理应协助业主编制项目总投资切块，按总投资构成分解，给出各项投资构成的初步规划控制额度目标。

（3）评价总投资目标实现的风险，制订投资风险控制的初步方案。对各项投资构成的初步规划控制目标进行风险分析，评价总投资目标实现的风险，制定投资风险控制的初步方案。

（4）组织设计招标或设计方案竞赛。协助建设单位编制设计招标文件，会同建设单位对投标单位进行资质审查。组织评标或设计竞赛方案评选，对设计方案提出投资评价建议。

（5）编制设计大纲，确定设计质量要求和标准。

（6）优选设计单位，协助建设单位签订设计合同。

（7）根据选定的设计方案审核项目总投资估算。

（8）编制设计阶段资金使用计划，并控制其执行。

（9）编制各种投资控制报表和报告。

（二）设计准备阶段监理的工作方法

（1）收集和熟悉项目原始资料，充分领会建设单位意图。

（2）采用项目总目标论证方法。

（3）以初步确定的总建筑规模和质量要求为基础，将论证后所得总投资和总进度切块分解，确定投资和进度规划。

（4）起草设计合同，并协助建设单位尽量与设计单位达成限额设计条款。

二、设计阶段投资控制

（一）设计阶段控制投资的内容

（1）根据选定的方案审核项目总投资估算额。在完成项目初步设计方案后，监理应协助业主审核选定方案的总投资估算。如该方案的总投资估算额超出设计任务书总投资控制额，应要求设计单位进行调整。

（2）对设计方案提出投资评价建议。设计方案从大局上确定了项目的总体平面布置、立面布置、剖面布置、结构选型、设备及工艺方案等。从投资控制角度，监理应审查方案的经济合理性，对设计方案提出投资评价建议。

（3）审核项目设计概算，对设计概算做出评价报告和建议。初步设计完成后，设计单位应编制设计概算。监理应对设计概算进行审核，并做出设计概算评价报告和建议。这项工作应在设计概算上报主管部门审批前完成，同时在设计深化过程中，要将项目投资严格控制在设计概算所确定的投资计划之中。

（4）对涉及有关内容进行市场调查分析和技术经济比较论证。监理应从设计、施工、材料和设备等多方面做必要的市场调查分析和技术经济比较论证，并提出咨询报告。如发现设计有可能突破投资限额目标，应提出解决办法，供业主和设计人员检查。

（5）考虑优化设计，进一步挖掘节约投资的潜力。在设计中采用价值工程方法，可在充分满足项目工程的条件下考虑进一步挖掘节约投资的潜力。

（6）审核施工预算图。监理工程师应审核施工预算图，并控制其不超出经批准的设计概算。

（7）编制涉及资金限额指标。根据设计概算，监理应要求设计单位对设计阶段的各单项工程、单位工程、分部工程及各专业设计进行合理的投资分配，制定设计资金限额指标，以体现控制投资的主动性。必要时可对涉及资金限额指标提出调整建议。

（8）控制设计变更。进入施工阶段，施工图投入使用后，监理应注意控制设计变更，认真审核变更设计的合理性、适用性和经济性。

（9）监督设计单位认真履行与业主签订的勘察设计合同。

（二）设计阶段投资控制的目标

依据设计内容的不同，设计阶段投资控制的目标分为以下三个：

（1）初步设计投资控制目标——投资估算。投资估算对工程设计概算起控制作用，它为设计提供了经济依据和投资限额，设计概算不得突破批准的投资估算额。投资估算一经确定，即成为限额设计的依据，用以对各设计专业实行投资切块分配，作为控制和指导设计的尺度或标准。

（2）技术设计投资控制目标——设计概算。设计概算是设计文件的重要组成部分，是考核设计方案和建设成本是否经济合理的依据。设计概算是控制施工图设计和施工图预算的依据，设计概算是衡量设计方案技术经济合理性和选择最佳设计方案的依据。

（3）施工图设计投资控制目标——修正设计概算。修正设计概算是设计单位在技术设计阶段，随着对初步内容的深化，对建设规模、结构性质、设备类型等方面进行必须的修改和变动。一般情况下，修正概算不能超过原已批准的概算投资额。

（三）设计阶段投资控制的方法

1. 执行设计标准

设计标准是国家经济建设的重要技术规范。意义有以下几方面：

（1）对工程建设规模、内容、建设标准进行控制。

（2）保证工程的安全性和预期的使用功能。

（3）为设计提供必要的指标、定额、计算方法和构造措施。

（4）促进建筑工业化、装配化，加快建设速度。

2. 推行标准设计

工程标准设计通常指工程设计中，可在一定范围内通用的标准图、通用图和复用图，一般统称标准图。在工程中推行标准设计的意义有以下几方面：

（1）加快提供设计图纸的速度，缩短设计周期，节约设计费用。

（2）可使工艺定性，易提高工人技术水平，易使生产平衡，提高劳动生产率和节约材料。

（3）可加快施工准备和定制预制构件等项工作，大大加快施工速度，既有利于保证工程质量，又能降低建筑安装工程费用。

（4）按通用性条件编制，按规定程序审批，可供大量重复使用，做到既经济又优质。

（5）密切结合自然条件和技术发展水平，合理利用资源和材料设备，便于工业化生产。

3. 推行限额设计

限额设计就是按批准的投资估算控制初步设计，按批准的初步设计总概算控制施工图设计。限额设计贯穿项目可行性研究、初步勘察、初步设计、详细勘察、技术设计、施工图设计各个阶段，而在每一个阶段中贯穿于各个专业的每一道工序。限额设计控制工作的主要内容如下：

（1）重视初步设计的方案选择。

（2）严格控制施工图预算。

（3）加强设计变更管理。

4. 设计方案优选

设计方案优选是指在综合考虑各方面因素，对方案进行全方位技术经济分析比较后从设计方案中选出最佳方案的过程。

多指标评价法是指通过对反映建筑产品功能和耗费特点的若干技术经济指标的计算、分析、比较，评价设计方案的经济效果。其又可分为多指标对比法和多指标综合评分法。

（1）多指标对比法。这是目前采用比较多的一种方法。它的基本特点是使用一组适用的指标体系，将对比方案的指标值列出，然后一一进行对比分析，根据指标值的高低来分析判断方案的优劣。这种方法的优点是：指标全面、分析确切，可通过各种技术经济指标定性或定量直接反映方案技术经济性能的主要方面。这种方法的缺点是：不便于对某一功能进行评价，不便于综合定量分析，容易出现某一方案有些指标较优，另一些指标较差，而另一方案则可能是有些指标较差，另一些指标较优的情况。这样就使分析工作复杂化。

通过综合分析，最后应给出如下结论：

1）分析对象的主要技术经济特点及适用条件；

2）现阶段实际达到的经济效果水平；

3）找出提高经济效果的潜力和途径以及相应采取的主要技术措施；

4）预期经济效果。

（2）多指标综合评分法。这种方法首先对需要进行分析评价的设计方案设定若干个评价指标，并按其重要程度确定各指标的权重，然后确定评分标准，并就各设计方案对各指标的满足程度打分，最后计算各方案的加权得分，以加权得分高者为最优设计方案。其计算公式为：

$$S = \sum W_i \times S_i \qquad (i = 1 \sim n)$$

式中　S——设计方案总得分；

　　　S_i——某方案在评价指标 i 上的得分；

　　　W_i——评价指标 i 的权重；

　　　n——评价指标数。

这种方法的优点在于避免了多指标对比法指标间可能发生相互矛盾的现象，评价结果是唯一的。但是该法在确定权重及评分过程中存在主观臆断成分，同时，由于分值是相对的，因而不能直接判断各方案的各项功能实际水平。

（四）价值工程分析

价值工程是通过各相关领域的协作，对所研究对象的功能与成本进行系统分析，不断创新，旨在提高所研究对象价值的思想方法和管理技术。这里"价值"定义可以用公式表示：

$$V = F/C$$

式中，V 为价值（value）；F 为功能（function）；C 为成本或费用（cost）。

价值工程与一般的投资决策理论不同，一般的投资决策理论研究的是项目的投资效果，强调的是项目的可行性，而价值工程是研究如何以最少的人力、物力、财力和时间获得必要功能的技术经济分析方法，强调的是产品的功能分析和功能改进。例如电视塔，主要功能是发射电视和广播节目，若只考虑塔的单一功能，塔建成后只能作为发射电视和广播节目，每年国家还要拿出数百万元对塔及内部设备进行维护和更新，经济效益差。但从价值工程应用来看，若利用塔的高度，在塔上增加综合利用机房，工程造价虽增加了一些，但功能大增，每年的综合服务和游览收入明显增加，既可加快投资回收，又可实现"以塔养塔"。

三、设计概算的控制

设计概算是在投资估算的控制下由设计单位根据初步设计或者扩大初步设计的图纸及说明书、设备清单、概算定额或概算指标、各项费用取费标准等资料、类似工程预（决）算文件等资料，用科学的方法计算和确定建筑安装工程全部建设费用的经济文件。

（一）设计概算的主要作用

（1）设计概算是编制建设项目投资计划、确定和控制建设项目投资的依据。

（2）设计概算是签订建设工程合同和贷款合同的依据。

（3）设计概算是控制施工图设计和施工图预算的依据。

（4）设计概算是衡量设计方案技术经济合理性和选择最佳设计方案的依据。

（5）设计概算是考核和评价工程建设项目成本和投资效果的依据。

（二）设计概算的内容

设计概算是设计文件的重要组成部分。采用两阶段设计的建设项目，初步设计阶段必须编制设计概算；采用三阶段设计的建设项目，扩大初步设计阶段必须编制修正概算。

设计概算分为单位工程概算、单项工程综合概算、建设项目总概算三级。在报请审批初步设计或扩大初步设计时，作为完整的技术文件必须附有相应的设计概算。

1. 建设项目总概算

建设项目总概算是确定整个建设项目从筹建到竣工验收所需全部费用的文件，它是由各单项工程综合概算、工程建设其他费用概算、预备费、建设期贷款利息和投资方向调节税概算汇总编制而成的。以工业建设项目为例，包括：（1）生产项目、附属生产及服务用工程项目、生活福利设施等项目的单项工程综合概算；（2）建设单位管理费和生产人员培训费的单项费用概算；（3）为施工服务的临时性生产和生活福利设施、特殊施工机械购置费用概算等。

2. 单项工程综合概算

单项工程是指在一个建设项目中，具有独立的设计文件，建成后可以独立发挥生产能力或工程效益的项目。单项工程综合概算由各单位工程概算汇总编制而成，是建设项目总概算的组成部分。其内容包括：各功能单元的综合概算例如输水工程、净水工程、管网建设工程。

3. 单位工程概算

单位工程概算是确定各单位工程建设费用的文件，是编制单项工程综合概算的依据，也是单项工程综合概算的组成部分。单位工程概算按其性质分为建设工程概算和设备及安装工程概算两大类。建筑工程概算包括土建工程概算，给排水、采暖工程概算，通风、空调工程概算，电气照明工程概算，弱电工程概算，特殊构筑物工程概算等；设备及安装工程概算包括机械设备及安装工程概算、电气设备及安装工程概算，以及工具、器具及生产家具购置费概算等。

（三）设计概算的审查

1. 审查的意义

（1）有利于合理分配投资资金和加强投资计划管理，有助于合理确定和有效控制工程造价。

（2）有利于促进概算编制单位严格执行国家有关概算编制规定和费用标准，从而提高概算的编制质量。

（3）有利于促进设计的技术先进性与经济合理性。

（4）有利于核定建设项目的投资规模，可以使建设项目总投资力求做到完整、准确。

（5）经审查的概算，有利于为建设项目投资的落实提供可靠依据。

2. 审查的内容

（1）审查设计概算的编制依据：

1）审查编制依据的合法性。

2）审查编制依据的时效性。

3）审查编制依据的适用范围。

（2）审查概算编制深度：

1）审查编制说明。

2）审查概算编制完整性。

3）审查概算编制范围。

（3）审查工程概算内容：

1）设计概算的编制是否符合有关方针、政策，是否根据建设工程所在地的自然环境、技术、经济条件所编制。

2）建设规模、建设标准、配套工程、设计定员等是否符合已批准的可行性研究报告的标准。

3）设计概算的编制方法、计价依据和程序是否符合有关的现行规定。

4）工程量计算是否正确。

5）材料用量是否正确，材料价格是否符合当时、当地的价格水平，设备规格、数量和配置是否符合设计要求。

6）建筑安装工程各项费用的计取是否符合国家和地方有关部门的现行规定。

7）单项工程综合概算、建设项目总概算的编制内容、方法是否符合设计文件的要求，总概算的组成内容是否完整。

8）建设项目的环境保护措施是否已经考虑，是否按国家有关规定安排投资。

9）建设项目的技术经济指标与同类工程相比，偏高还是偏低，原因是什么，如何纠正。

10）建设项目投资的经济效果是否达到先进、可靠、经济、合理的要求。

3. 审查方法

（1）对比分析法。

（2）查询核实法。

（3）联合会审法。

四、施工图预算的控制

施工图预算是施工图设计阶段对工程建设所需资金做出较精确计算的设计文件。其是根据施工图、预算定额、各项取费标准、建设地区的自然及技术经济条件等资料编制的建筑安装工程预算造价文件。施工图预算是关系建设单位和建筑企业经济利益的技术经济文件。

（一）施工图预算的作用

（1）施工图预算是设计阶段控制工程造价的重要环节，是控制施工图设计不突破设计概算的重要措施。

（2）施工图预算是编制或调整固定资产投资计划的依据。

（3）对于实行施工招标的工程不属于《建设工程工程量清单计价规范》规定执行范围的，可用施工图预算作为编制标底的依据，此时它是承包企业投标报价的基础。

（4）对于不宜实行招标而采用施工图预算加调整价结算的工程，施工图预算可作为确定合同价款的基础或作为审查施工企业提出的施工图预算的依据。

（二）施工图预算的内容

施工图预算是在施工设计图设计完成后，工程开工前，根据已批准的施工图设计文件、现行预算定额、各项取费标准和地区的人工、材料、设备与机械台班等资源价格，在施工方案或施工组织设计已大致确定的前提下，所编制的单位工程预算造价文件。

施工图预算有单位工程预算、单项工程预算和建设项目总预算。单位工程预算是根据施工图设计文件、现行预算定额、费用标准以及人工、材料、设备、机械台班等预算价格资料，以一定方法，编制单位工程的施工图预算；然后汇总所有各单位工程施工图预算，成为单项工程施工图预算；再汇总所有各单项工程施工图预算，便是一个建设项目建筑安装工程的总预算。

单位工程预算包括建筑工程预算和设备安装工程预算。建筑工程预算按其工程性质分为一般土建工程预算、卫生工程预算（包括室内外给排水工程、采暖通风工程、煤气工程等）、电气照明工程预算、特殊构筑物如炉窑、烟囱、水塔等工程预算和工业管道工程预算等。设备安装工程预算可分为机械设备安装工程预算、电气设备安装工程预算和化工设备、热力设备安装工程预算等。

（三）施工图预算的编制依据

施工图预算的编制依据主要有以下几点：

（1）经批准和会审的施工图设计文件及有关标准图集。

（2）施工组织设计。

（3）与施工图预算计价模式有关的计价依据。所采用的预算造价计价模式不同，预算编制依据也不同。根据所采用的计价模式，需要相应的计价依据。若采用传统计价模式，则需要预算定额、地区单位估价表、费用定额和相应的工程量计算规则等计价依据；若采用工程量清单计价模式，则需要人、料、机的市场价格，有关分部、分项工程的综合指导价和《建设工程工程量清单计价规范》中规定的相关工程量计算规则等计价依据。

（4）经批准的设计概算文件。

（5）预算工作手册。

（四）施工图预算的编制方法

施工图预算的编制方法主要有工料单价法和综合单价法两种。工料单价法又可分为预算单价法（简称单价法）和实物法。

1. 单价法编制施工图预算

（1）单价法。单价法编制施工图预算，就是根据事先编制好的地区统一单位估价表中的各分项工程综合单价，乘以相应的各分项工程的工程量，并汇总相加，得到单位工程的人工费、材料费和机械使用费用之和，再加上其他直接费、现场经费、间接费、计划利润和税金，即可得到单位工程的施工图预算。

其中，地区单位估价表是由地区造价管理部门根据地区统一预算定额或各专业部门专业定额以及统一单价组织编制的，它是计算建筑安装工程造价的基础。综合单价也称为预算定额基价，是单位估价表的主要构成部分。另外，其他直接费、现场经费、间接费和计划利润是根据统一规定的费率乘以相应的计取基础求得的。

用单价法编制施工图预算主要计算公式为：

$$单位工程施工图预算直接工程费 = [\sum(工程量 \times 预算综合单价)] \times (1 + 其他直接费率 + 现场经费费率)$$

（2）单价法编制施工图预算的步骤。具体步骤如下：

1）搜集各种编制依据资料。各种编制依据资料包括施工图纸、施工组织设计或施工方案、现行建筑安装工程预算定额、取费标准、统一的工程量计算规则、预算工作手册和工程所在地区的材料、人工、机械台班预算价格与调价规定等。

2）熟悉施工图纸和定额。只有对施工图和预算定额有全面详细的了解，才能全面准确地计算出工程量，进而合理地编制出施工图预算造价。

在准备资料的基础上，关键一环是熟悉施工图纸。施工图纸是了解设计意图和工程全貌，从而准确计算工程量的基础资料。只有对施工图纸有较全面详细的了解，才能结合预算划分项目，全面而正确地分析各分部、分项工程，有步骤地计算其工程量。另外，还要充分了解施工组织设计和施工方案，以便编制预算时注意影响工程费用的因素，如土方工程中的余土外运或缺土的来源、深基础的施工方法、放坡的坡度、大宗材料的堆放地点、预制件的运输距离及吊装方法等。必要时还需深入现场实地观察，以补充有关资料。例如，了解土方工程的土的类别、现场有无施工障碍需要拆除清理、现场有无足够的材料堆放场、超重设备的运输路线和路基的状况等。

3）计算工程量。计算工程量工作在整个预算编制过程中是最繁重、花费时间最长的一个环节，直接影响预算的及时性。同时，工程量是预算的主要数据，它的准确与否又直接影响预算的准确性。因此，必须在工程量计算上狠下工夫，才能保证预算的质量。

计算工程量一般按下列具体步骤进行：

①根据施工图所示的工程内容和定额项目，列出计算工程量分部、分项工程；

②根据一定的计算顺序和计算规则，列出计算式；

③根据施工图纸上的设计尺寸及有关数据，代入计算式进行数值计算；

④对计算结果的计量单位进行调整，使之与定额中相应的分部、分项工程的计量单位保持一致。

4）套预算单价，计算直接工程费。核对工程量计算结果后，利用地区统一单位估价表中的分项工程预算单价，计算出各分项工程合价，汇总求出单位工程直接工程费。单位工程直接工程费计算公式如下：

$$单位工程直接工程费 = \sum (分项工程量 \times 预算单价)$$

5）编制工料分析表。根据各分部、分项工程项目实物工程量和预算定额项目中所列的用工及材料数量，计算各分部、分项工程所需人工及材料数量，汇总后算出该单位工程所需各类人工、材料的数量。

6）按计价程序计取其他费用，并汇总造价。根据规定的税率、费率和相应的计取基础，分别计算措施费、间接费、利润、税金。将上述费用累计后与直接工程费进行汇总，求出单位工程预算造价。

7）复核。

8）编制说明，填写封面。

2. 实物法编制施工图预算

（1）实物法的含义。实物法是首先根据施工图纸分别计算出分项工程量，然后套用相应预算人工、材料、机械台班的定额用量，再分别乘以工程所在地当时的人工、材料、机械台班的实际单价，求出单位工程的人工费、材料费和施工机械使用费，并汇总求和，进而求得直接工程费，再按规定计取其他各项费用，最后汇总就可得出单位工程施工图预算造价。实物法编制施工图预算，其中直接费的计算公式为：

$$单位工程预算直接费 = \sum (工程量 \times 人工预算定额用量 \times 当时、当地人工工资单价) +$$
$$\sum (工程量 \times 材料预算定额用量 \times 当时、当地材料 \times 预算价格) +$$
$$\sum (工程量 \times 施工机械台班预算定额用量 \times$$
$$当时、当地机械台班单价)$$

（2）实物法编制施工图预算的步骤。实物法编制施工图预算的步骤具体为：

1）准备资料，熟悉施工图纸。

2）计算工程量。

3）套用消耗定额，计算人、料、机消耗量。定额消耗量中的"量"在相关规范和工艺水平等未有较大突破性变化之前具有相对稳定性，据此确定符合国家技术规范和质量标准要求并反映当时施工工艺水平的分项工程计价所需的人工、材料、施工机械的消耗量。

根据预算人工定额所列各类人工工日的数量，乘以各分项工程的工程量，计算出各分项工程所需各类人工工日的数量，统计汇总后确定单位工程所需的各类人工工日消耗量。同理，根据材料预算定额、机械预算台班定额分别确定出工程各类材料消耗数量和各类施工机械台班数量。

4）计算并汇总人工费、材料费、机械使用费。根据当时当地工程造价管理部门定期发布的或企业根据市场价格确定的人工工资单价、材料预算价格、施工机械台班单价分别乘以人工、材料、机械消耗量，汇总即为单位工程人工费、材料费和施工机械使用费。计算公式为：

$$单位工程直接工程费 = \sum (工程量 \times 材料预算定额用量 \times 当时、当地材料预算价格) +$$
$$\sum (工程量 \times 人工预算定额用量 \times 当时、当地人工工资单价) +$$
$$\sum (工程量 \times 施工机械预算定额台班用量 \times$$
$$当时、当地机械台班单价)$$

5）计算其他各项费用，汇总造价。对于措施费、间接费、利润和税金等的计算，可以采用与预算单价法相似的计算程序，只是有关的费率应根据当时当地建筑市场供求情况予以确定。将上述单位工程直接工程费与措施费、间接费、利润、税金等汇总即为单位工程造价。

6）复核。

7）编制说明，填写封面。实物法编制施工图预算的步骤与预算单价法基本相似，但在具体计算人工费、材料费和机械使用费及汇总三种费用之和方面有一定区别。实物法编制施工图预算所用人工、材料和机械台班的单价都是当时当地的实际价格，编制出的预算可较准确地反映实际水平，误差较小，适用于市场经济条件波动较大的情况。由于采用该方法需要统计人工、材料、机械台班消耗量，还需搜集相应的实际价格，因而工作量较大、计算过程繁琐。

3. 综合单价法编制施工图预算

综合单价是指分部、分项工程单价综合了除直接工程费以外的多项费用内容。按照单价综合内容的不同，综合单价可分为全费用综合单价和部分费用综合单价。

全费用综合单价即单价中综合了直接工程费、措施费、管理费、规费、利润和税金等，以各分项工程量乘以综合单价的合价汇总后，就生成工程承发包价。

我国目前实行的工程量清单计价采用的综合单价是部分费用综合单价，分部、分项工程单价中综合了直接工程费、管理费、利润，并考虑了风险因素，单价中未包括措施费、规费和税金，是不完全费用综合单价。以各分项工程量乘以部分费用综合单价的合价汇总，再加上项目措施费、规费和税金后，生成工程承发包价。

（五）施工图预算的审查

施工图预算的审查能更加准确地反映基本建设的投资额，合理确定工程造价，它对有效进行工程估价，节约建设投资，具有十分重要的意义。为了提高建筑产品造价的准确性，必须加强对施工图预算的审查，对于监理进行投资控制有着重要作用。

1. 审查的内容

（1）工程量计算是否准确。审查是否按照规定的工程量计算规则计算工程量，编制预算时是否考虑到了施工方案对工程量的影响，定额中要求扣除项或合并项是否按规定执行，工程计量单位的设定是否与要求的计量单位一致。

（2）根据定额所套用的预算单价是否合理。套用预算单价时，各分部、分项工程的名称、规格、计量单位和所包括的工程内容是否与定额一致；有单价换算时，换算的分项工程是否符合定额规定及换算是否正确。

采用实物法编制预算时，资源单价是否反映了市场供需状况和市场趋势。

（3）审查其他的有关费用。采用预算单价法计算造价时，审查的主要内容有：是否按本项目的性质计取费用，有无高套取费标准；间接费的计取基础是否符合规定；利润和税金的计取基础和费率是否符合规定，有无多算或重算。

2. 审查的方法

（1）全面审查法。全面审查法又称为逐项审查法，就是按预算定额顺序或施工的先后顺序，逐一地全部进行审查的方法。其具体计算方法和审查过程与编制施工图预算基本相同。此方法的优点是全面、细致，经审查的工程预算差错比较少，质量比较高；缺点是工作量大。对于一些工程量比较小、工艺比较简单的工程，编制工程预算的技术力量又比较薄弱，可采用全面审查法。

（2）标准预算审查法。对于利用标准图纸或通用图纸施工的工程，先集中力量，编制标准预算，以此为标准审查预算的方法称为标准预算审查法。按标准图纸设计或通用图纸施工的工程一般上部结构和做法相同，可集中力量细审一份预算或编制一份预算，作为这种标准图纸的标准预算，或用这种标准图纸的工程量为标准，对照审查，而对局部不同的部分作单独审查即可。这种方法的优点是时间短、效果好、好定案；缺点是只适应按标准图纸设计的工程，适用范围小。

（3）分组计算审查法。分组计算审查法是一种加快审查工程量速度的方法，把预算中的项目划分为若干组，并把相邻且有一定内在联系的项目编为一组，审查或计算同一组中某个分项工程量，利用工程量间具有相同或相似计算基础的关系，判断同组中其他几个分项工程量计算准确程度的方法。

（4）对比审查法。对比审查法是用已建成工程的预算或虽未建成但已审查修正的工程预算对比审查拟建的类似工程预算的一种方法。

（5）筛选审查法。筛选审查法是统筹法的一种，也是一种对比方法。虽然建筑工程上建筑面积和高度上不同，但是它们的各个分部、分项工程的工程量、造价、用工量在每个单位面积上的数值变化不大，我们把这些数据加以汇集、优选、归纳为工程量、造价（价值）、用工三个单方基本值表，并注明其适用的建筑标准。这些基本值犹如"筛子孔"，用来筛选各分部、分项工程，筛下去的就不审查了，没有筛下去的就意味着此分部、分项工程的单位建筑面积数值不在基本值范围之内，应对该分部、分项工程详细审查。当所审查的预算的建筑面积标准与"基本值"所适用的标准不同，就要对其进行调整。

筛选审查法的优点是简单易懂、便于掌握、审查速度和发现问题快，但解决差错、分析其原因需继续审查。因此，此法适用于住宅工程或不具备全面审查条件的工程。

（6）重点抽查法。重点抽查法是抓住工程预算中的重点进行审查的方法。审查的重点一般是：工程量大或造价较高、工程结构复杂的工程，补充单位估价表，计取各项费用（计费基础、取费标准等）。

重点抽查法的优点是重点突出，审查时间短、效果好。

（7）利用手册审查法。利用手册审查法是把工程中常用的构件、配件事先整理成预算手册，按手册对照审查的方法。

（8）分解对比审查法。一个单位工程，按直接费与间接费进行分解，然后再把直接费按工种和分部工程进行分解，分别与审定的标准预算进行对比分析的方法，称为分解对比审查法。

3. 审查的步骤

（1）熟悉施工图纸、施工合同、施工现场情况、施工组织设计或施工方案。

（2）弄清预算采用的定额资料，初步熟悉拟审预算，确定审查方法。

（3）进行具体审查计算，核对工程量、定额换算套用、费用计算及价差调整等。

（4）整理审查结果，与送审单位、设计单位和有关部门交换审查意见。

（5）审查定案，将审定结果形成审查文件，通知各有关单位。

第四节 施工招标投标阶段的投资控制

建设工程施工招标投标阶段的投资控制是通过招标投标手段来合理确定工程造价，将其控制在预定的范围内，并可以通过价格的竞争使工程造价更趋于合理，提高投资效益，不断降低社会平均消耗水平。

监理在施工招标阶段进行投资控制的主要工作是协助业主编制招标文件、标底，评标，向业主推荐合理报价，协助业主与承包商签订工程承包合同。

一、建设工程招标投标的价格形式

（1）标底价格。标底价格是建设项目造价的表现形式之一，是由招标单位或具有编制标底价格资格和能力的中介机构根据设计图样和有关规定，按照预算定额计算出来的招标工程的预期价格，标底是对招标工程所需费用的期望值，也是评标定标的标准。

（2）投标报价。投标报价是投标人根据招标文件、企业定额、投标策略等要求，对投标文件作出的自主报价。如果中标，该价格是确定合同价格的基础。

（3）评标定价。在招标投标过程中，招标文件（含可能设置的标底）是发包人的定价意图，投标书（含投标报价）是投标人的定价意图，而中标价则是双方均可接受的价格，并应成为合同的重要组成部分。

评标委员会在选择中标人时，通常遵循"最大限度地满足招标文件中规定的各种综合评价标准"或"能够满足招标文件的实质性要求，并且经评审的投标价格最低"原则。前者属于综合评价法，后者属于最低评标法。

最低评标法中，中标价必须是经评审的最低报价，但报价不得低于成本。中标者的报价，即为决标价，即签订合同的价格依据。

二、建设工程投标报价的原则

投标报价是投标人进行工程投标的核心，报价过高会失去承包机会；报价过低，虽然可能中标，但会给工程承包带来亏损风险。因此，计算投标报价应遵循以下原则：

（1）以招标文件中设定的发、承包双方的责任划分，作为考虑投标报价费用项目和费用计算的基础。

（2）以施工方案、技术措施作为投标报价的条件基础。

（3）以企业定额作为计算人工、材料和机械台班消耗量的基本依据。

（4）充分利用现场考察、调研成果、市场价格信息和行情资料，编制基价，确定调价方法。

（5）报价计算方法要科学严谨，简明适用。

三、建设工程投标报价的确定

（1）复核或计算工程量。工程招标文件中若提供了工程量清单，则在计算投标价格前需对工程量进行校核。若工程招标文件中没有提供工程量清单则需根据设计图纸计算全部工程量。若招标文件对工程量的计算方法有规定，应按规定计算。

（2）确定单价，计算合价。投标报价中，复核或计算完分部、分项工程的实物工程量后，就需确定每一分部、分项工程的单价，并按招标文件中工程量表的格式填写报价，一般按分部、分项工程内容和项目名称填写单价与合价。

（3）确定分包工程费。来自分包人的工程费用是投标价格的一个重要组成部分。因此，在编制投标价格时需熟悉分包工程的范围，对分包人的能力进行评估，尽量准确地衡量分包人的报价。

（4）确定利润。利润是指承包人的预期利润，确定利润时既要考虑可以获得的最大利润，又要保证投标价格具有一定的竞争性。

（5）确定风险费。风险费对承包人而言是个未定数，若预期的风险没有全部发生，则预计的风险费可能有剩余，这部分剩余和计划利润加在一起就是盈余；若风险费估计不足，就只能用利润来补贴，盈余就自然减少甚至变成负值。

（6）确定投标价格。将所有分部、分项工程的合价累加汇总后就得出工程的总价，但这样的工程总价还不能算作为投标价格，因为计算出来的价格有可能重复计算或漏算，也可能有些费用的预估有偏差等。因而必须对计算出的工程总价作出某些必要的调整。调整投标价格应当建立在对工程盈亏分析的基础上，同时考虑可以降低成本的措施，确定最后的投标报价。

工程投标报价的程序如图9-6所示。

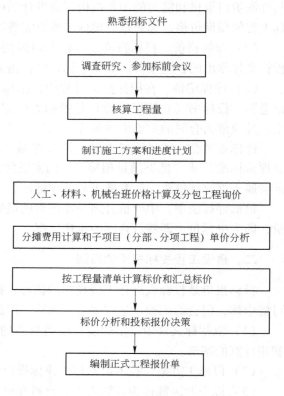

图9-6　建设工程投标报价编制程序

四、建设工程投标报价的策略

（1）不平衡报价法。此方法是指在工程项目预算基本确定后，通过调整内部各个子目报价，既不会提高总报价影响投标，又能在结算时得到更理想的经济效益。采用不平衡报价策略时，应对预计今后工程量会增加的项目适当提高单价，这样在最终结算时可多盈利；将工程量可能减少的项目单价降低，工程结算时损失不大。

（2）增加建议方案报价法。有时招标文件中写明，允许投标人另行提出自己的建议，即可以修改原设计方案，提出投标人的方案。投标人这时应抓住机会，组织一批有经验的设计和施工人员，对原招标文件的设计和施工方案仔细研究，提出更为合理的方案以吸引业主，促成自己的方案中标。当然，这种建议不是要求业主降低某项技术要求和标准，而是应当通过改进工艺流程或工艺方法来降低成本，降低报价。建议方案不宜写得太具体、详细，要保留方案的技术关键，防止业主将此方案交给其他承包商。同时要强调的是，建议方案一定要比较成熟，有很好的可操作性。

（3）多方案报价策略。承包人如果发现招标文件、工程说明书或合同条款不够明确，条款往往可能会承担较大的风险。为了减少风险就须提高单价，增加不可预见费，但这样做又会因报价过高而增加投标失败的可能性。运用多方案报价法，是要在充分估计投标风险的基础上，按多个投标方案进行报价，即在投标文件中报两个价，按原工程说明书和合同条件报一个价，然后再提出如果工程说明书或合同条件可做某些改变时的另一个较低的报价（需要加以注释），这样可使报价降低，吸引招标人。

（4）突然降价法。突然降价法是用降低系数来调整报价的一种方法，系数是指投标人在投标报价时预先考虑的一个未来可能降低报价的比率。如果考虑在报价方面增加竞争能力是必要时，则应在投标截止日期以前，在投递的投标补充文件内写明降低报价的最终决定。采用这种报价的好处是：一是可以根据最后的信息，在递交投标文件的最后时刻，提出自己的竞争价格，使竞争对手措手不及；二是在最后审查已编制好的投标文件时，如发现某些个别失误或计算错误，可以采用调整系数来进行弥补，而不必全部重新计算或修改，以免贻误投标时间；三是由于最终的降低价格是由少数人在最终时刻决定的，可以避免自己真实的报价泄露，而导致投标竞争失利。

【例9-2】某办公楼施工招标文件的合同条款中规定：预付款数额为合同价的30%，开工后3天内支付，上部结构工程完成一半时一次性全额扣回，工程款按季度支付。某承包商对该项目投标，经造价工程师估算，总价为9000万元，总工期为24个月，其中：基础工程估价为1200万元，工期为6个月；上部结构工程估价为4800万元，工期为12个月；装饰和安装工程估价为3000万元，工期为6个月。该承包商为了既不影响中标，又能在中标后取得较好的收益，决定采用不平衡报价法对造价工程师的原估价作适当调整，基础工程调整为1300万元，结构工程调整为5000万元，装饰和安装工程调整为2700万元。另外，该承包商还考虑到，该工程虽然有预付款，但平时工程款按季度支付不利于资金周转，决定除按上述调整后的数额报价外，还建议业主将支付条件改为：预付款为合同价的5%，工程款按月支付，其余条款不变。在施工过程中，随着沉井入土深度增加，井壁侧面阻力不断增加，沉井难以下沉。项目部采用降低沉井内水位减小浮力的方法，使沉井下沉，监理单位发现后予以制止。A单位将沉井井壁接高2m增加自重，强度与原沉井混凝土相同，沉井下沉到位后拆除了接高部分。工程结算时，A单位变更了清单中沉井混凝土工程量，增加了接高部分混凝土的数量，但监理工程师未批准。

【问题】

（1）该承包商所运用的不平衡报价法是否恰当，为什么？

（2）除了不平衡报价法，该承包商还运用了哪一种报价技巧，运用是否得当？

（3）指出A单位变更沉井混凝土工程量未获批准的原因。

【解析】

（1）恰当。因为该承包商是将属于前期工程的基础工程和主体结构工程的报价调高，而将属于后期工程的装饰和安装工程的报价调低，可以在施工的早期阶段收到较多的工程款，从而可以提高承包商所得工程款的现值。另外，这三类工程单价的调整幅度均在±10%以内，属于合理范围。

（2）该承包商运用的另一种投标技巧是多方案报价法，该报价技巧运用恰当，因为承包商的报价既适用于原付款条件也适用于建议的付款条件。

（3）未获批准的原因是：接高混凝土其实是为增加压重，因此产生的费用属于措施费，不能变更沉井混凝土工程量。

第五节　建设工程施工阶段的投资控制

决策阶段、设计阶段和招标阶段投资控制工作，使工程建设在达到预先功能要求的前提下，其投资预算达到最优程度，这个最优程度的实现，还取决于工程建设施工阶段投资控制工作。监理在施工阶段进行投资控制的基本原理是把计划投资额作为投资控制的目标值，在工程施工过程中定期地进行投资实际值和目标值的比较，找出偏差及其产生的原因，采取有效措施加以控制，以保证投资目标的实现。施工期间日常的核心工作是工程量的计量与支付，同时工程变更和索赔多，对工程支付的影响比较大。

施工阶段是建设工程投资具体使用到建筑实体上的阶段，材料、设备的购置，工程款的支付主要发生在此阶段。同时，由于施工工期长，市场物价及环境因素变化大，因此施工阶段是投资控制最困难的阶段。这一阶段主要应做好投资控制目标、资金使用计划的制订，工程进度款支付的控制，工程变更控制，施工索赔处理，工程价款的动态结算等工作。

一、施工阶段投资控制的内容

在建设工程的施工阶段，监理进行投资控制的工作主要有以下内容：

（1）根据所监理建设工程的情况和监理机构人员的组成，明确投资控制负责人及部门的分工，明确投资控制的目标。

（2）编制工程施工阶段各年、各季、各月资金使用计划，并控制其执行。

（3）按照投资分解，建立投资计划值与实际值的动态跟踪控制，定期向业主报告投资的使用、完成、偏差及处理情况，督促业主及时提供工程资金。

（4）对已完实物工程量进行计量、审核确认，并签发相应的工程价款支付凭证。

（5）进行工程变更的审核及由此导致的投资增减量的复核。

（6）处理施工索赔事宜，协调处理业主与承包方在合同执行过程中的纠纷。

（7）审核工程价款结算。

施工阶段监理投资控制工作程序如图9-7所示。

二、工程计量的控制

工程计量是指专业工程及其项目在具体实施过程中，对于作业组织品质、效率的标识性度量与审计。工程造价的确定，应该以该工程所要完成的工程实体数量为依据并对工程实体的数量作出正确的计算，并用一定的计量单位表述，这就需要进行工程计量，即工程量的计算，以此作为确定工程造价的基础。

（一）工程计量一般步骤

（1）承包方按合同约定的时间（承包方完成的工程分项获得质量验收合格证书后），向监理工程师提交已完工程量报告。

（2）监理工程师接到报告后7天内按设计图纸核实已完工程量，并在计量前24小时

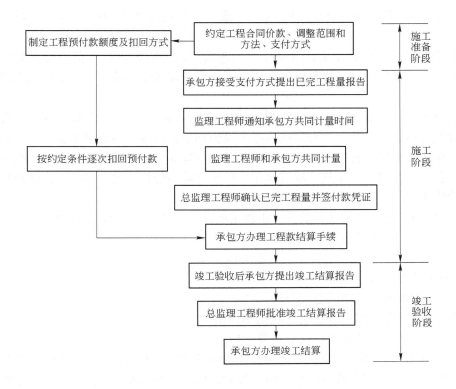

图 9 - 7　施工阶段监理投资控制程序

通知承包方。

（3）承包方应为计量提供便利条件并派人参加。

若承包方收到通知后不参加计量，则由监理工程师自行进行，计量结果有效。监理工程师在收到承包方报告后 7 天内未进行计量，从第 8 天起，承包方报告中开列的工程量即视为已被确认。监理工程师不按约定时间通知承包方，使承包方不能参加计量，计量结果无效。因此，无特殊情况，监理工程师对工程计量不能有任何拖延。

（二）工程计量的注意事项

（1）严格确定计量内容。监理工程师必须根据具体的设计图纸及材料和设备明细表中计算的各项工程的数量，并按照合同中所规定的计量方法、单位进行计量。对承包方超出设计图纸范围或因承包方原因造成返工的工程量，监理工程师不予计量。

（2）加强隐蔽工程的计量。为了切实做好工程计量与复核工作，避免建设单位与承建单位之间引起争议，监理工程师必须对隐蔽工程预先进行计量。计量结果必须经建设单位、承建单位签字认可。

（三）工程计量方法

（1）均摊法。所谓均摊法，就是对清单中某些项目的合同价款，按合同工期平均计量。如为监理工程师提供宿舍和一日三餐、保养测量设备、保养气象记录设备、维护工地清洁和整洁等。这些项目都有一个共同的特点，即每月均有发生，所以可以采用均摊法进行计量支付。例如：保养气象记录设备，每月发生的费用是相同的，如本项合同款额为

2000 元，合同工期为 20 个月，则每月计量、支付的工作量为：2000 元/20 月 ＝ 100 元/月。

（2）凭据法。所谓凭据法，就是按照承包商提供的凭据进行计量支付，如提供建筑工程险保险费、提供第三方责任险保险费、提供履约保证金等项目，一般按凭据法进行计量支付。

（3）估价法。所谓估价法，就是按合同文件的规定，根据监理工程师估算的已完成的工程价值支付，如为监理工程师提供办公设施和生活设施，为监理工程师提供用车，为监理工程师提供测量设备、天气记录设备、通信设备等项目。这类清单项目往往要购买几种仪器设备，当承包商对于某一项清单项目中规定购买的仪器设备不能一次购进时，则需采用估价法进行计量支付。其计量过程如下：

1）按照市场的物价情况，对清单中规定购置的仪器设备分别进行估价。

2）按下式计量支付金额：

$$F = A \times B / D$$

式中 F——计算支付的金额；

   A——清单所列该项的合同金额；

   B——该项实际完成的金额（按估算价格计算）；

   D——该项全部仪器设备的总估算价格。

从上式可知：①该项实际完成金额 B 必须按估算各种设备的价格计算，它与承包商购进的价格无关；②估算的总价与合同工程量清单的款额无关。当然，估价的款额与最终支付的款额无关，最终支付的款额总是合同清单中的款额。

（4）断面法。断面法主要用于取土坑或填筑路堤土方的计量。对于填筑土方工程，一般规定计量的体积为原地面线与设计断面所构成的体积。采用这种方法计量，在开工前承包商需测绘出原地形的断面，并需经监理工程师检查，作为计量的依据。

（5）图纸法。在工程量清单中，许多项目都采取按照设计图纸所示的尺寸进行计量，如混凝土构筑物的体积、钻孔桩的桩长等。按图纸进行计量的方法，称为图纸法。

（6）分解计量法。所谓分解计量法，就是将一个项目，根据工序或部位分解为若干子项，对完成的各子项进行计量支付。这种计量方法主要是为了解决一些包干项目或较大的工程项目因支付时间过长而影响承包商资金流动的问题。

三、工程变更的管理

工程变更是指由于施工过程中的实际情况与原签订的合同文件中约定的内容不同，对原合同的任何部分的改变。工程变更会导致工程量的变化，引起承包方的索赔，进而可能使工程投资突破目标投资额，因此要严格控制工程变更。

（一）工程变更的内容与管理

在施工合同管理工作中，存在着两种不同性质的工程变更，即工程范围方面的变更和工程量方面的变更。

（1）工程范围方面的变更。超出合同规定的工程范围，就是与原合同无关的工程，这类工程变更被称为工程范围的变更。每项工程的合同文件中，均有明确的工程范围的规定，即该项施工合同所包括的工程内容。工程范围既是合同的基础，又是双方的合同责任范围。

（2）工程量方面的变更。工程量的变更指属于原合同工程范围内的工作，只是在其工作数量上有变化，它与工程范围的变更有着本质区别。

（二）工程变更价款的确定方法

（1）采用合同中工程量清单的单价和价格。合同中工程量清单的单价和价格由承包商投标时提供，用于变更工程，容易被业主、承包商及监理工程师所接受，从合同意义上讲也是比较公平的。采用合同中工程量清单的单价或价格有以下几种情况：一是直接套用；二是间接套用，即依据工程量清单，通过换算后采用；三是部分套用，即依据工程量清单，取其价格中的某一部分使用。

（2）协商单价和价格。协商单价和价格是基于合同中没有，或者有但不适合的情况而采取的一种方法。

（三）监理对工程变更的处理程序

（1）设计单位对原设计存在的缺陷提出的工程变更，应编制设计变更文件；建设单位或承包单位提出的工程变更，应提交总监理工程师，由总监理工程师组织专业监理工程师审查，审查同意后，应由建设单位转交原设计单位编制设计变更文件。当变更涉及安全、环保等内容时，应按规定经有关部门审定。

（2）项目监理机构应了解工程实际情况，并收集与工程变更有关的资料。

（3）总监理工程师必须根据实际情况、设计变更文件和其他有关资料，按照施工合同的有关条款，在指定专业监理工程师完成下列工作后，对工程变更的费用和工期做出评估：

1）确定工程变更项目与原工程项目之间的类似程度和难易程度；

2）确定工程变更项目的工程量；

3）确定工程变更的单价和总价。

（4）总监理工程师应就工程变更费用及工期的评估情况与承包方和建设单位进行协调。

（5）总监理工程师签发工程变更单。

（6）项目监理机构应根据工程变更单监督承包单位实施。

四、工程价款的控制

（一）工程预付款

工程预付款是建设工程施工合同订立后由发包人按照合同约定，在开工前预先支付给承包人的工程款。它是施工企业准备材料、结构构件等所需流动资金的主要来源。影响预付款额度的因素有主要材料占施工产值的比重、材料储备天数、合同工期等。包工包料工程的预付款额度一般为合同金额的 10%～30%；对于大型建筑工程，按年度工程计划逐年预付；对于只包工不包料的工程项目，则可以不支付预付款。

业主支付的工程预付款，应在工程进度款中陆续抵扣。预付款扣回的方式、时间必须由业主与承包商通过洽商在合同中事先约定，不同的工程可视情况允许有一定的变动。

（二）工程进度款

1. 工程进度款的计算内容

计算本期应支付承包人的工程进度款的款项内容包括：

（1）经过确认核实的实际工程量对应工程量清单或报价单的相应价格计算应支付的工程款。

（2）设计变更应调整的合同价款。

（3）本期应扣回工程预付款与应扣留的保证金，与工程款（进度款）同期结算。

（4）根据合同允许调整合同价款发生，应补偿承包人的款项和应扣减的款项。

（5）经过工程师批准的承包人索赔款等。

2. 工程进度款的计算方法与支付

（1）工程进度款的计算。一是工程量的计算，执行《建设工程工程量清单计价规范》，可参照该规范规定的工程量的计算；二是单价的计算方法，主要根据由发包人和承包人事先约定的工程价格的计价方法确定。

（2）工程进度款的支付：

1）发包人向承包人支付工程进度款的内容。发包人应扣回的预付款，与工程进度款同时结算抵扣；符合合同约定范围的合同价款的调整、工程变更调整的合同价款及其他条款中约定的追加合同追加条款，应与工程进度款同期调整支付；对于质量保证金从应付的工程款中预留。

2）关于支付限期。根据确定的工程计量结果，承包人向发包人提出支付工程进度款申请后，14 天内发包人应向承包人支付工程进度款。

3）违约责任。发包人超过约定的支付时间不支付工程进度款，承包人可向发包人发出要求付款的通知，发包人收到承包人的通知后仍不能按要求付款，可与承包人协商签订延期付款协议，经承包人同意后可延期支付，协议应明确延期支付的时间和从工程计量结果确认后第 15 天起计算应付款的利息。

发包人不按合同约定支付工程进度款，双方又未达成延期付款协议，导致施工无法进行，承包人可停止施工，由发包人承担违约责任。工程进度款的一般支付程序如图 9－8 所示。

图 9－8　工程进度款支付程序

（三）竣工结算与决算

1. 竣工结算

竣工结算是承包方将承包工程按照合同规定全部完工验收之后，向发包单位进行的最终价款结算。

建设工程竣工结算是指施工单位按照合同规定的内容全部完成所承包的工程，经验收质量合格并符合合同要求后，向建设单位进行的最终工程价款的结算。竣工结算包括单位工程竣工结算、单项工程竣工结算、建设项目竣工总结算。竣工结算由施工单位编制。

（1）竣工结算的一般程序：

1）承包单位应在合同规定时间内编制完成竣工结算书，并在提交竣工验收报告的同时将其递交给监理工程师。

2）专业监理工程师应按合同约定的时间审核承包单位报送的竣工结算书，重点审核工程量、价格、支出等。

3）总监理工程师审定竣工结算书，与建设单位、承包单位协商一致后，签发竣工结算文件和最终的工程价款支付证书，报建设单位。

4）建设单位应根据确认的竣工结算书在合同约定时间内向承包单位支付工程竣工结算价款。

5）竣工结算办理完毕，建设单位应将竣工结算书报送工程所在地工程造价管理机构备案。竣工结算书作为工程竣工验收备案、交付使用的必备文件。

（2）工程竣工结算款的计算。在竣工结算时，由于工程变更、工程量增减、价格调整、索赔、现场签证及其他因素，致使合同的工程价款发生了变化，故需按有关规定或合同的约定对合同价款进行调整。工程竣工结算款的一般计算公式为：

$$工程竣工结算款 = 合同价款 \pm 施工过程中合同价款调整数额 - 工程预付款 -$$
$$已结算的工程进度款 - 质量保证金$$

（3）工程价款的结算方式：

1）按月结算。先预付工程备料款，在施工过程中一般采用月底结算、竣工后清算。对于跨年竣工的工程，在年终进行盘点，办理年度结算。

2）分段结算。当年开工，当年不能竣工的单项工程或单位工程，可按工程形象进度划分为不同阶段进行结算。这种方式适用于固定总价，一般不能调价的合同方式。分段结算可以按月预支工程款或按合同约定分段拨付工程款。

3）竣工后一次结算。每月月中预支，等到竣工后再一次结算。适用于建设项目或单项工程全部建筑安装工程建设期在 12 个月内，或者工程承包合同价值在 100 万元以下的工程。

实行竣工后一次结算和分段结算的工程，当年结算的工程款应与分年度的工作量一致，年终不另清算。

4）结算双方约定的其他结算方式。

2. 竣工决算

建设工程竣工决算是指建设项目全部完工后，由建设单位所编制的，综合反映竣工工程从项目筹建开始到竣工交付使用为止的全部建设费用、投资效果和财务情况的总结性文件。

竣工决算的内容由竣工财务决算说明书、竣工财务决算报表、建设工程竣工图、工程造价对比分析四部分组成。其中，前两部分属于竣工财务决算的内容，是竣工决算的核心内容。竣工财务决算是正确核定新增资产价值、反映竣工工程建设成果的文件，是办理固定资产交付使用手续的依据。

（1）竣工结算与竣工决算的关系。竣工结算与竣工决算的主要联系与区别见表 9 - 5。

（2）竣工决算的编制依据。建设项目竣工决算的编制依据包括以下几方面：

1）经批准的可行性研究报告及其投资估算。

2）经批准的初步设计或扩大设计及其设计概算或修正设计概算。

表 9 – 5　竣工结算与竣工决算的联系和区别

区别项目	竣 工 结 算	竣 工 决 算
编制单位及部门	施工单位的预算部门	建设单位的财产部门
编制范围	主要是针对单位工程	针对建设项目，必须在整个建设项目全部竣工后
编制内容	施工单位承包工程的全部费用，最终反映了施工单位的施工产值	建设工程从筹建到竣工投产全部建设费用，它反映了建设工程的投资效益
编制性质和作用	（1）双方办理工程价款最终结算的依据； （2）双方签订的施工合同终结的依据； （3）建设单位编制竣工结算的主要依据	（1）业主办理交付、验收、动用新增各类资产的依据； （2）竣工验收报告的重要组成部分

3）经批准的施工图设计文件及施工图预算。

4）设计交底和图纸会审会议记录。

5）招标标底，承包合同及工程结算资料。

6）施工记录或施工签证单及其他施工中发生的费用，如索赔报告和记录等。

7）项目竣工图及各种竣工验收资料。

8）设备、材料调价文件和调价记录。

9）历年基建资料、历年财务决算及批复文件。

10）国家和地方主管部门颁发的有关建设工程竣工决算的文件。

（3）竣工决算编制的程序。项目建设完工后，建设单位应及时按照国家有关规定，编制项目竣工决算。其编制程序一般是：

1）搜集、整理和分析有关原始资料。

2）对照、核实工程变动情况，重新核实各单位工程、单项工程造价。

3）将审定后的待摊投资、设备工器具投资、建筑安装工程投资、工程建设其他投资严格划分和核定后，分别计入相应的建设成本栏目内。

4）编制竣工财务决算说明书。

5）填报竣工财务决算报表。

6）工程造价对比分析。

7）整理、装订竣工图。

8）按国家规定上报、审批、存档。

五、工程索赔的控制

索赔是工程承包合同履行中，当事人一方因对方不履行或不完全履行既定的义务，或者由于对方的行为使权利人受损时，要求对方补偿损失的权利。索赔的内容，包括承包商向业主的索赔和业主向承包商的索赔两方面。

（一）承包商向业主索赔

承包商向业主索赔的主要内容包括：

（1）不可预见的自然地质条件变化与非自然物质条件变化引起的索赔。

（2）工程变更引起的索赔。

（3）工期延长引起的费用索赔。

（4）加速施工引起的费用索赔。

（5）由于业主原因终止工程合同引起的索赔。

（6）物价上涨引起的索赔。

（7）业主拖延支付工程款引起的索赔。

（8）法律、货币及汇率变化引起的索赔。

（9）业主风险（如工程所在国的战争、叛乱等）引起的索赔。

（10）不可抗力（如地震、台风或火山活动等）引起的索赔。

（二）业主向承包商的索赔

承包商向业主索赔的主要内容包括：

（1）对拖延竣工期限的索赔。

（2）由于施工质量的缺陷引起的索赔。

（3）对承包商未履行的保险费用的索赔。

（4）业主合理终止合同或承包商不合理放弃工程的索赔。

（三）索赔费用的构成

索赔费用一般由以下几项构成：

（1）人工费。索赔费用中的人工费是指：

1）完成合同之外的额外工作所花费的人工费用；

2）由于非承包商责任的工效降低所增加的人工费用；

3）超过法定工作时间的加班劳动；

4）法定人工费增长以及非承包商责任工程延误导致的人员窝工费和工资上涨费等。

（2）材料费。材料费的索赔包括：

1）由于索赔事项材料实际用量超过计划用量而增加的材料费；

2）由于客观原因材料价格大幅度上涨；

3）由于非承包商责任工程延误导致的材料价格上涨和超期储存费用。

（3）施工机械使用费。施工机械使用费的索赔包括：

1）由于完成额外工作增加的机械使用费；

2）非承包商责任工效降低增加的机械使用费；

3）由于业主或监理工程师原因导致机械停工的窝工费。

（4）分包费。分包费用索赔指的是分包商的索赔费，一般也包括人工、材料、机械使用费的索赔。分包商的索赔应如数列入总承包商的索赔款总额以内。

（5）工地管理费。索赔款中的工地管理费是指承包商完成额外工程、索赔事项工作以及工期延长期间的工地管理费，包括管理人员工资，办公、通信、交通费等。

（6）利息。利息的索赔通常发生于下列情况：

1）拖期付款的利息；

2）由于工程变更和工程延期增加投资的利息；

3）索赔款的利息；

4）错误扣款的利息。

（7）总部管理费。索赔款中的总部管理费主要指的是工程延误期间所增加的管理费。

（8）利润。一般来说，由于工程范围的变更、文件有缺陷或技术性错误、业主未能提供现场等引起的索赔，承包商可以列入利润。

（四）索赔费用的计算

1. 实际费用法

实际费用法是索赔计算时最常用的一种方法。这种方法的计算原则是以承包商为某项索赔工作所支付的实际开支为依据，向业主要求费用补偿。其计算式为：

$$索赔金额 = 索赔事项直接费 + 间接费 + 利润$$

由于实际费用法所依据的是实际发生的成本记录或单据，在施工过程中，建立系统而准确的记录资料是非常重要的。

2. 总费用法

总费用法即总成本法，就是当发生多次索赔事件后，重新计算该工程的实际费用。其计算式为：

$$索赔金额 = 实际总费用 - 投标报价估算总费用$$

由于实际发生的总费用中可能包括了承包商的原因，如施工组织不善而增加的费用，这种方法只有在难以采用实际费用法时才应用。

3. 修正的总费用法

修正的总费用法是对总费用法的改进，即在实际总费用内扣除一些不合理的因素。修正的内容如下：

（1）将计算所赔款的时段局限于受到外界影响的时间，而不是整个施工期。

（2）仅计算受到影响的时段内某项工作所受影响的损失，而不是计算该时间段内所有工作所受的损失。

（3）与该项工作无关的费用不列入总费用中。

（4）接受影响时段内该项工作的实际单价进行核算，再乘以实际完成的该项工作的工程量，得出调整后的费用。

$$索赔金额 = 某项工作调整后的实际总费用 - 该项工作的报价费用$$

修正的总费用法与总费用法相比，其准确程度已接近实际费用法。

六、工程索赔案例

【例 9 - 3】某施工单位中标一厂房机电安装工程。合同约定，工程费用按工程量清单计价，综合单价固定，工程设备由建设单位采购。中标后，该施工单位组建了项目部，并下达了考核成本。在此基础上，项目部制订了成本计划，重点对占 80% 的直接工程费用进行了细化安排，各阶段项目成本得以控制，施工单位依据施工合同，施工图、投标时认可的工程量单价如期办理竣工结算。但在实施过程中，曾发生了下列事件：

事件 1：当地工程造价管理机构发布了工日单价调增 12%，施工单位同步调增了现场生产工人工资水平，经测算该项目人工费增加 30 万元。

事件 2：水泵设备因厂家制造质量问题，施工单位现场施工增加处理费用 2 万元。

事件 3：在给水主干管管道压力试验时，因自购闭路阀门质量问题，出现几处漏水点，施工单位更换新阀门增加费用 1 万元。

事件 4：电气动力照明工程因设计变更，施工增加费用 15 万元。

【问题】

各事件增加的费用，施工单位哪些可得到赔偿，哪些得不到赔偿？分别说明理由。

【解析】

（1）事件1增加30万元得不到赔偿，施工合同为工程量清单计价，综合单价固定，人工费增加是施工单位责任。

（2）事件2增加费用2万元可得到赔偿，该设备由建设单位采购，设备原因属建设单位责任。

（3）事件3增加费用1万元得不到赔偿，该材料由施工单位自购，阀门更换属施工单位责任。

（4）事件4增加15万元可得到赔偿，属设计变更原因，是建设单位责任。

【例9-4】 某办公楼由12层主楼和3层辅楼组成。施工单位（乙方）与建设单位（甲方）签订了承建该办公楼施工合同，合同工期为41周。合同约定，工期每提前（或拖后）1天奖励（或罚款）2500元。乙方提交了粗略的施工网络进度计划，并得到甲方的批准。该网络进度计划如图9-9所示。

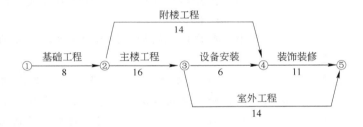

图9-9　网络进度计划（时间单位：周）

施工过程中发生了如下事件：

事件1：在基坑开挖后，发现局部有软土层，乙方配合地质复查，配合用工10个工日。根据批准的地基处理方案，乙方增加直接费5万元。因地基复查使基础施工工期延长3天，人工窝工15个工日。

事件2：辅楼施工时，因某处设计尺寸不当，甲方要求拆除已施工部分，重新施工，因此造成增加用工30个工日，材料费、机械台班费计2万元，辅楼主体工作工期拖延1周。

事件3：在主楼主体施工中，因施工机械故障，造成工人窝工8个工日，该工作工期延长4天。

事件4：因乙方购买的室外工程管线材料质量不合格，甲方令乙方重新购买，因此造成该项工作多用人工8个工日，该工作工期延长4天，材料损失费1万元。

事件5：鉴于工期较紧，经甲方同意，乙方在装饰装修时采取了加快施工的技术措施，使得该工作工期缩短了1周，该项技术组织措施费为0.6万元。其余各项工作实际作业工期和费用与原计划相符。

【问题】

（1）该网络计划中哪些工作是主要控制对象（关键工作），计划工期是多少？

（2）针对上述每一事件，分别简述乙方能否向甲方提出工期及费用索赔的理由。

（3）该工程可得到的工期补偿为多少天，工期奖（罚）款是多少？

（4）合同约定人工费标准是 30 元/工日，窝工人工费补偿标准是 18 元/工日，该工程其他直接费、间接费等综合取费率为 30%。在工程结算时，乙方应得到的索赔款为多少？

【解析】

（1）该网络计划中，主要控制对象有基础工程、主楼工程、设备安装、装饰装修。计划工期为 41 周。

（2）事件 1 可提出费用和工期索赔要求。理由：地质条件变化是甲方应承担的责任，产生的费用及关键工作工期延误都可提出索赔。

事件 2 可提出费用索赔。理由：乙方费用的增加是由甲方原因造成的，可提出费用索赔；而该项非关键工作的工期拖延不会影响到整个工期，不必提出工期索赔。

事件 3 不应提出任何索赔。理由：乙方的窝工费及关键工作工期的延误是乙方自身原因造成的。

事件 4 不应提出任何索赔。理由：室外工程管线材料质量不合格是乙方自身原因造成的，产生的费用和工期延误都应由自己承担。

事件 5 不应提出任何索赔。理由：乙方采取的加快施工的技术措施是为了赶工期做出的决策，属于自身原因。

（3）该工程可得到的工期补偿为 3 天。关键工作中，基础工程工期的延误已获得工期索赔，主楼主体工程工期延长 3 天，而装饰装修工程工期缩短了 1 周，其余非关键工作的工期拖延对总工期无影响，总工期缩短了 4 天，故工期奖励对应的天数为 4 天，工期奖励款额为 4 天×2500 元/天＝10000 元。

思 考 题

9-1　简述建设工程项目投资的组成内容。

9-2　简述施工阶段投资控制的内容。

9-3　简述施工图预算的审查方法。

9-4　简述建设工程投标报价的策略。

9-5　索赔费用的计算方法有哪些？

9-6　简述索赔费用的构成。

9-7　简述建设工程直接费的构成。

9-8　简述设计概算审查的内容。

9-9　简述工程投资估算的方法。

第十章　建设工程信息文档管理

第一节　建设工程信息管理概述

一、监理信息的概念及其特征

（一）信息的概念与特征

信息作为管理科学领域的一个概念，其内涵和外延随着时代的发展和科学的进步在不断变化和发展。一般认为，信息是以数据形式表达的客观事实，是一种已被加工或处理成特定形式的数据。它是对数据的解释，反映着事物的客观状态和规律。它能够提高人们对事物认识的深刻程度，因此对信息接收者当前和将来的行动或决策具有明显的实用价值。

信息是决策和管理的基础，决策和管理依赖信息，正确的信息才能保证决策的正确，不正确的信息则会造成决策的失误，管理则更离不开信息。

信息和数据是不可分割的。信息来源于数据，又高于数据，信息是数据的灵魂，数据是信息的载体。数据是客观实体属性的反映，是一组表示数量、行为和目标，可以记录下来加以鉴别的符号。信息是对数据的解释，反映了事物（事件）的客观规律，为使用者提供决策和管理所需要的依据。

信息具有的特征如下：

（1）伸缩性，即扩充性和压缩性；

（2）传输扩散性；

（3）可识别性；

（4）可转换存储；

（5）共享性。

信息具有真实性、系统性、时效性、不完全性、层次性等特点。信息的过去时是知识，现代时是数据，将来时是情报。信息是一切工作的基础，信息只有组织起来才能发挥作用。

（二）监理信息的概念及特征

监理信息是在整个工程建设监理过程中发生的反映工程建设的状态和规律的信息。监理信息除具有信息的一般特征外，还具有一些自身的特点：

（1）信息来源的广泛性。监理信息来自业主单位、承建单位以及建立组织内部的各个部门；来自项目可行性研究、设计、招标、施工等各个阶段的各个单位乃至各个专业；来自质量控制、投资控制、进度控制、合同管理等各个方面。如果信息收集得不完整、不准确、不及时，必然影响到监理工程师判断和决策的正确性、及时性。

（2）信息量大。由于建设工程规模大，牵涉面广，协作关系复杂，使得监理工作涉及大量的信息。监理工程师不仅要了解国家及地方有关的政策、法规、技术标准规范，而且要掌握工程建设各个方面的信息。既要掌握计划的信息，又要掌握实际进度的信息，还要对它们进行对比分析。

（3）动态性强。工程建设的过程是一个动态的过程，监理工程师实施的控制也是动态控制，因而大量的监理信息都是动态的，这就需要及时的收集和处理。

（4）有一定的范围和层次。业主委托的范围不一样，监理信息也不一样。监理信息不等同于建设工程实施的信息。建设工程实施过程中，会产生很多信息，但并非都是监理信息，只有那些与监理工作有关的信息才是监理信息。不同的工程项目，所需的信息既有共性，也有个性。另外，不同的监理组织和监理组织的不同部门，所需的信息也不同。

（5）信息的系统性。监理信息是在一定的时间和空间范围内形成的，与监理活动密切相关。另外，监理信息的收集、加工、传递以及反馈是一个连续的闭合环路，具有明显的系统性。

二、监理信息构成与分类

建设工程监理的主要方法是控制，控制的基础是信息，信息管理是工程监理任务的主要内容之一。及时掌握准确、完整的信息，可以使监理工程师耳聪目明，可以更加卓有成效地完成监理任务。信息管理工作的好坏，将会直接影响着监理工作的成败。监理工程师应重视建设工程项目的信息管理工作，掌握信息管理方法。

（一）建设工程项目信息的构成

（1）文字图形信息。文字图形信息包括勘察、测绘、设计图纸及说明书、计算书、合同，工作条例及规定，施工组织设计，情况报告，原始记录，统计图表、报表，信函等信息。

（2）语言信息。语言信息包括口头分配任务、作指示、汇报、工作检查、介绍情况、谈判交涉、建议、批评、工作讨论研究、会议等信息。

（3）新技术信息。新技术信息包括通过网络、电话、电报、电传、计算机、电视、录像、录音、广播等现代化手段收集及处理的一部分信息。监理工作者应当捕捉各种信息并加工处理和运用各种信息。

（二）建设工程项目信息的分类

建设工程项目监理过程中，涉及大量的信息，为了有效地管理和应用监理信息，需要将其分类。按照不同的分类标准，可将监理信息分为不同的类型，如图 10-1 所示。

这些信息依据不同标准可划分如下。

1. 按照建设工程的目标划分

（1）投资控制信息。投资控制信息是指与投资控制直接有关的信息，如各种估算指标、类似工程造价、物价指数；设计概算、概算定额；施工图预算、预算定额；工程项目投资估算；合同价组成；投资目标体系；计划工程量、已完工程量、单位时间付款报表、工程量变化表、人工、材料调差表；索赔费用表；投资偏差、已完工程结算；竣工决算、施工阶段的支付账单；原材料价格、机械设备台班费、人工费、运杂费等。

（2）质量控制信息。质量控制信息是指与建设工程项目质量有关的信息，如国家有关的质量法规、政策及质量标准、项目建设标准；质量目标体系和质量目标的分解；质量

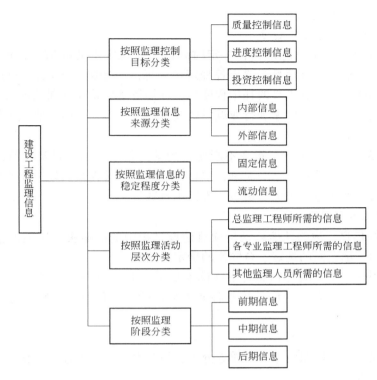

图 10-1　建设工程监理信息分类

控制工作流程、质量控制的工作制度、质量控制的方法；质量控制的风险分析；质量抽样检查的数据；各个环节工作的质量（工程项目决策的质量、设计的质量、施工的质量）；质量事故记录和处理报告等。

（3）进度控制信息。进度控制信息是指与进度相关的信息，如施工定额；项目总进度计划、进度目标分解、项目年度计划、工程总网络计划和子网络计划、计划进度与实际进度偏差；网络计划的优化、网络计划的调整情况；进度控制的工作流程、进度控制的工作制度、进度控制的风险分析等。

（4）合同管理信息。合同管理信息是指与建设工程相关的各种合同信息，如工程招投标文件；工程建设施工承包合同，物资设备供应合同，咨询、监理合同；合同的指标分解体系；合同签订、变更、执行情况；合同的索赔等。

2. 按照建设工程项目信息的来源划分

（1）项目内部信息。项目内部信息是指建设工程项目各个阶段、各个环节、各有关单位发生的信息总体。内部信息取自建设项目本身，如工程概况、设计文件、施工方案、合同结构、合同管理制度，信息资料的编码系统、信息目录表，会议制度，监理班子的组织，项目的投资目标、项目的质量目标、项目的进度目标等。

（2）项目外部信息。来自项目外部环境的信息称为外部信息，如国家有关的政策及法规；国内及国际市场的原材料及设备价格、市场变化；物价指数；类似工程造价、进度；投标单位的实力、投标单位的信誉、毗邻单位情况；新技术、新材料、新方法；国际环境的变化；资金市场变化等。

3. 按照信息的稳定程度划分

（1）固定信息。固定信息是指在一定时间内相对稳定不变的信息，包括标准信息、计划信息和查询信息。标准信息主要指各种定额和标准，如施工定额、原材料消耗定额、生产作业计划标准、设备和工具的耗损程度等。计划信息反映在计划期内已定任务的各项指标情况。查询信息主要指国家和行业颁发的技术标准、不变价格、监理工作制度、监理工程师的人事卡片等。

（2）流动信息。流动信息是指在不断变化的动态信息，如项目实施阶段的质量、投资及进度的统计信息；反映在某一时刻，项目建设的实际进程及计划完成情况；项目实施阶段的原材料实际消耗量、机械台班数、人工工日数等。

4. 按照信息的层次划分

（1）战略性信息。战略性信息是指项目建设过程中的战略决策所需的信息、投资总额、建设总工期、承包商的选定、合同价的确定等信息。

（2）管理型信息。管理型信息是指项目年度进度计划、财务计划等。

（3）业务性信息。业务性信息是指各业务部门的日常信息。这些信息较具体，精度较高。

5. 按照信息的性质划分

建设工程项目信息按照信息的性质划分为：组织类信息、管理类信息、经济类信息和技术类信息四大类。

6. 按其他标准划分

（1）按照信息范围的不同，可以把建设工程项目信息分为精细的信息和摘要的信息两类。

（2）按照信息时间的不同，可以把建设工程项目信息分为历史性信息、即时信息和预测性信息三大类。

（3）按照监理阶段的不同，可以把建设工程项目信息分为计划的、作业的、核算的、报告的信息。在监理开始时，要有计划的信息；在监理过程中，要有作业的和核算的信息；在某一项目的监理工作结束时，要有报告的信息。

（4）按照对信息的期待性不同，可以把建设工程项目信息分为预知的和突发的信息两类。预知的信息是监理工程师可以估计到的，它在正常情况下产生；突发的信息是监理工程师难以预计的，它在特殊情况下发生。

三、监理信息的表现形式及内容

监理信息的表现形式就是信息内容的载体，也就是各种各样的数据。在工程建设监理过程中，各种信息层出不穷。这些信息可以是文字，可以是数字，可以是各种报表，也可以是图形、图像和声音等。

（一）文字

它是监理信息的一种常见表现形式。文件是最常见的用文字数据表现的信息。管理部门会下发很多文件。工程建设各方，通常按书面形式进行交流和沟通，即使是口头上的指令也会形成书面文字，这将会形成大量的文件。这些文件有国家、地区、行业部门、国际组织颁布的有关工程建设的法律法规文件和标准规范。具体到项目上，主要包括合同及招投标文件、工程承包单位的资料、会议纪要、监理月报、洽商及变更资料、监理通知、隐蔽及预检资料。这些文件中包含了大量的信息。

（二）数字

数字数据也是监理信息的一种常见表现形式。在工程建设中，监理工作的科学性要求"用数据说话"，为了准确地说明各种工程情况，必然有大量数字数据产生，如各种计算结果，各种试验检测数据，反应工程质量、成本、进度等情况的数据。工程上，用数据表现的信息常见的有：设备和材料价格，工程概预算定额，调价指数，工期、劳动、台班的定额，地质数据。具体到项目上，还包括：材料台账、设备台账、材料设备检验数据、工程进度数据、专业图纸数据、质量评定数据、施工劳动力及机械设备数据。

（三）报表

报表是监理信息的另一种表现形式，报表可以直观地表现信息。工程建设各方都会用到这种信息表现形式。承包商需要提供的是反映工程建设状况的各种报表。这些报表有：开工申请单、施工方案审批表、进场材料报验单、施工放样报验单、付款申请单、索赔损失计算清单、延长工期申报表、复工申请单、事故报告单、工程验收申请单、竣工报验单等。

监理企业内部也常采用规范化的报表来作为有效控制的手段，这些报表有：工程开工令、工程清单支付月报表、工程验收记录表、应扣款月报表等。

监理向业主反映情况也常常用报表形式来反映工程信息。这类报表有：工程质量月报表、项目月支付表、工程进度月报表、进度计划与实际完成报表、施工计划月实际完成情况表、监理月报表、工程状况报告表等。

（四）图形、图像和声音

这些信息包括工程项目立面、平面及功能布置图、项目所在区域环境图，对每一个项目，还包括隐蔽部位检验图、设备安装部位图、质量问题和工程形象进度图、设计变更图、预留预埋部位图等。图形、图像信息还包括工程录像、现场照片，这些信息能直观形象反映工程实际情况，特别能有效反映隐蔽工程情况。声音信息主要包含会议录音、电话录音等。

以上这些只是监理信息的一些常见表现形式，现实中监理信息往往是这些表现形式的结合。了解监理信息的各种表现形式及特点，对监理收集、整理和利用信息有利。

四、监理信息的作用

监理作为知识密集型的高智力服务业，它依靠专业人士的知识、经验为客户提供决策、咨询服务，而这些服务是离不开信息的。可以说监理工程师是信息工作者，他生产、收集、使用和处理的都是信息，主要体现监理成果的也是各种信息。监理信息对监理工程师开展监理工作，进行决策具有重要的作用。

（一）信息是监理决策的依据

建设工程的实施过程，实际上是人、财、物、技术、设备5项资源的投入过程，而要高效、优质、低耗地完成建设工程实施任务，还必须通过信息的收集、加工和应用实现上述资源的规划和控制。建设工程的实施过程如图10－2所示。

监理的主要功能就是通过信息流的作用来规划、调节物流的数量、方向、速度和目

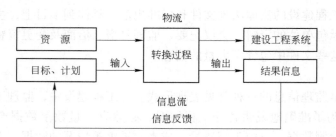

图 10 - 2　建设工程的实施过程

标，使其按照一定的规划运行，最终实现监理的三大目标。因此，信息是监理工作中不可缺少的重要资源。

监理工程师在工作中会产生、使用和处理大量的信息，信息是监理工作的成果，也是监理工程师进行决策的依据。

（二）监理信息是监理工程师实施目标控制的基础

控制是监理的主要手段。控制的主要目标是将计划的执行情况与计划目标进行对比分析，找出差异及其产生的原因，然后采取有效措施排除和预防产生差异的原因，保证项目总体目标得以实现。为了有效地控制信息系统的质量目标、进度目标及投资目标，监理工程师应首先掌握有关项目三大目标的计划值，它们是控制的依据；其次，监理工程师还应掌握三大目标的实际执行情况。只有充分掌握了这两方面的信息，监理工程师才能做出正确决策，实施控制工作。因此，从控制的角度讲，如果没有信息，或信息不准确、不及时，监理工程师将无法实施正确的监理。

（三）监理信息是监理工程师协调各工程参与方关系的媒介

建设工程实施的过程中，需要涉及很多单位，如业主单位、承建单位、资金供应单位、外围工程单位（电力、通信等）等，这些单位都会给工程项目目标的顺利实现带来一定的影响。要想使他们协调一致地工作，实现工程项目的建设目标，就必须用信息将他们组织起来，处理好他们之间的关系，协调好他们之间的活动。

（四）监理信息是监理工程师进行合同管理的基础

合同管理是贯穿监理工作始终的一项中心任务，这需要监理工程师必须充分掌握合同信息，熟悉合同内容，掌握合同双方所承担的权利、义务和责任；为了掌握合同双方履行合同的情况，必须在工作时收集各种信息；对合同出现的争议，必须在大量的信息基础上做出判断和处理；对索赔，需要审查判断索赔的依据，分清责任原因，确定索赔数额，这些工作都必须以自己掌握的大量准确的信息为基础。

总之，监理信息渗透到监理工作的每一个方面，它是监理工作不可缺少的要素。如同其他资源一样，信息是十分宝贵的资源，要充分地开发和利用它。

第二节　建设监理信息管理的内容

所谓信息管理，是指对信息的收集、加工整理、存储、传递与应用等一系列工作的总称。信息管理的目的就是通过有组织的信息流通，使决策者能及时、准确地获得相应的信息。

　　信息管理工作的好坏，将会直接影响监理工作的成败。监理工程师应重视建设工程项目的信息管理工作，掌握信息管理方法。

一、建设监理信息管理的任务和原则

（一）监理工程师信息管理的任务

监理工程师信息管理的任务主要包括：

（1）组织项目基本情况信息的收集并系统化，编制项目手册。

（2）项目报告及各种资料的规定，例如资料的格式、内容、数据结构要求。

（3）按照项目实施、项目组织、项目管理工作过程建立项目管理信息系统流程，在实际工作中保证这个系统正常运行，并控制信息流。

（4）文件档案管理工作。

（二）建设工程信息管理工作的原则

监理工程师在进行建设工程信息管理实践中逐步形成了以下基本原则：

（1）标准化原则；

（2）有效性原则；

（3）定量化原则；

（4）时效性原则；

（5）高效处理原则；

（6）可预见原则。

　　建设工程信息管理贯穿建设工程的全过程，衔接建设工程各个阶段、各个参建单位和各个方面，其基本环节有：信息的收集、传递、加工、整理、检索、分发、存储。

二、建设监理信息的收集

（一）建设监理信息收集的原则与基本方法

1. 收集监理信息的作用

（1）收集信息是运用信息的前提。

（2）收集信息是进行信息处理的基础。

2. 收集监理信息的基本原则

（1）主动及时；

（2）全面系统；

（3）真实可靠；

（4）重点选择。

3. 监理信息收集的基本方法

（1）现场记录。现场记录通常记录以下内容：

1）详细记录所监理工程范围内的机械、劳动力的配备和使用情况。

2）记录气候及水文情况。

3）记录承包商每天的工作范围、完成工程数量，以及开始和完成工作的时间，记录出现的技术问题，以及采取了怎样的措施进行处理，效果如何，能否达到技术规范的要求等。

4）简单描述工程施工中每步工序完成后的情况。

5）记录现场材料供应和储备情况。

6）记录并分类保存一些必须在现场进行的试验。

（2）会议记录。

（3）计量及支付记录。

（4）试验记录。

（5）工程照片和录像。如科学试验、工程质量、工程进度、工程进展、隐蔽工程等的照片和录像。

在建设工程项目管理过程中，建设工程参建各方在不同的时期对信息的收集也是不同的。因此，建设工程的信息收集由不同的介入阶段，决定收集不同的信息内容。在各个不同阶段，监理单位收集信息的内容要根据具体情况来决定。

（二）项目决策阶段的信息收集

该阶段主要收集外部宏观信息，要收集历史、现代和未来三个时态的信息，具有较多的不确定性。项目决策阶段，信息收集从以下几方面进行：

（1）项目相关市场方面的信息。

（2）项目资源相关方面的信息。

（3）自然环境相关方面的信息。

（4）新技术、新设备、新工艺、新材料，专业配套能力方面的信息。

（5）政治环境，社会治安状况，当地法律、政策、教育的信息。这些信息的收集是为了帮助建设单位避免决策失误，进一步开展调查和投资机会研究，编写可行性研究报告，进行投资估算和工程建设经济评价。

（三）设计阶段的信息收集

目前，监理已经由施工监理向设计监理前移。项目设计阶段是工程建设的重要阶段，在设计阶段决定了工程规模，建筑形式，工程的概预算，技术的先进性、适用性，以及标准化程度等一系列具体的要素。监理单位在设计阶段的信息收集要从以下几方面进行：

（1）可行性研究报告、前期相关文件资料、存在的疑点和建设单位的意图、建设单位前期准备和项目审批完成的情况。

（2）同类工程相关信息，如建筑规模，结构形式，造价构成，工艺、设备的选型，地质处理方式及实际效果，建设工期，采用新材料、新工艺、新设备、新技术的实际效果及存在问题，技术经济指标。

（3）拟建工程所在地相关信息，如地质、水文情况，地形地貌、地下埋设和人防设施情况，城市拆迁政策和拆迁户数，青苗补偿，周围环境。

（4）勘察、测量、设计单位相关信息，如同类工程完成情况、实际效果，完成该工程的能力，人员构成，设备投入，质量管理体系完善情况，创新能力，设计概算和施工图预算编制能力。

（5）工程所在地政府相关信息，如国家和地方政策、法律、法规、规范规程、环保政策、政府服务情况和限制等。

（6）设计中的设计进度计划，设计质量保证体系，设计合同执行情况，偏差产生的原因，纠偏措施，专业间设计交接情况，执行规范、规程、技术标准，特别是强制性规范执行的情况，设计概算和施工图预算结果，超限额的原因，各设计工序对投资的控制情况等。设计阶段信息的收集范围广泛，来源较多，不确定因素较多，外部信息较多，难度较大，要求信息收集者要有较高的技术水平和较广的知识面，又要有一定的设计相关经验、投资管理能力和信息综合处理能力，才能完成该阶段的信息收集。

（四）施工招投标阶段的信息收集

在项目施工招投标阶段的信息收集，有助于协助建设单位编写好招标书，有助于帮助建设单位选择好施工单位和项目经理、项目班子，有利于签订好施工合同，为保证施工阶段监理目标的实现打下良好的基础。

在施工招投标阶段，要求信息收集人员充分了解施工设计和施工图预算，熟悉法律法规，熟悉招投标程序，熟悉合同示范文本，特别要求在了解工程特点和工程量分解上具有一定能力，才能为建设方决策提供必要的信息。

施工招投标阶段的信息收集从以下几方面进行：

（1）工程地质、水文地质勘察报告，施工图设计及施工图预算、设计概算，设计、地质勘察、测绘的审批报告等方面的信息，特别是该建设工程有别于其他同类工程的技术要求、材料、设备、工艺、质量要求有关信息。

（2）建设单位建设前期报审文件，如立项文件，建设用地、征地、拆迁文件。

（3）工程造价的市场变化规律及所在地区的材料、构件、设备、劳动力差异。

（4）当地施工单位管理水平，质量保证体系、施工质量、设备、机具能力。

（5）本工程适用的规范、规程、标准，特别是强制性规范。

（6）所在地关于招投标有关法规、规定，国际招标、国际贷款指定适用的范本，本工程适用的建筑施工合同范本及特殊条款精髓所在。

（7）所在地招投标代理机构能力、特点，所在地招投标管理机构及管理程序。

（8）该建设工程采用的新技术、新设备、新材料、新工艺，投标单位对"四新"的处理能力和了解程度、经验、措施。该阶段要求信息收集人员充分了解施工设计和施工图预算，熟悉法律法规，熟悉招投标程序，熟悉合同示范范本，特别要求在了解工程特点和工程量分解上有一定能力，才能为建设方决策提供必要的信息。

（五）施工阶段的信息收集

施工阶段信息来源相对比较稳定，主要是施工过程中随时产生的数据，由施工单位层层收集上来，比较单纯，容易实现规范化。相对容易实现信息管理的规范化，主要问题是施工单位和监理单位、建设单位在信息形式上和汇总上不统一。统一建设各方的信息格式，实现标准化、代码化、规范化是我国目前建设工程必须解决的问题。

施工阶段的信息收集，可从施工准备期、施工实施期、竣工保修期三个子阶段分别进行。

1. 施工准备期信息收集

施工准备期是指从建设工程合同签订到项目开工这个阶段，在施工招投标阶段监理未介入时，本阶段是施工阶段监理信息收集的关键阶段，监理工程师应从以下几方面入手收集信息：

（1）监理大纲；施工图设计及施工图预算，特别要掌握结构特点，掌握工程难点、要点、特点，掌握工业工程的工艺流程特点、设备特点，了解工程预算体系（按单位工程、分部工程、分项工程分解）；了解施工合同。

（2）施工单位项目经理部组成，进场人员资质；进场设备的规格型号、保修记录；施工场地的准备情况；施工单位质量保证体系及施工单位的施工组织设计，特殊工程的技术方案，施工进度网络计划图表；进场材料、构件管理制度；安全保安措施；数据和信息管理制度；检测和检验、试验程序和设备；承包单位和分包单位的资质等施工单位信息。

（3）建设工程场地的地质、水文、测量、气象数据；地上、地下管线，地下洞室，地上原有建筑物及周围建筑物、树木、道路；建筑红线，标高、坐标；水、电、气管道的引入标志；地质勘察报告、地形测量图及标桩等环境信息。

（4）施工图的会审和交底记录；开工前的监理交底记录；施工单位提交的施工组织设计按照项目监理部要求进行修改的情况；施工单位提交的开工报告及实际准备情况。

（5）本工程需遵循的相关建筑法律、法规和规范、规程，有关质量检验、控制的技术法规和质量验收标准。

在施工准备期，信息的来源较多、较杂，由于参建各方相互了解还不够，信息渠道没有建立，收集有一定困难。因此，更应该组建工程信息合理的流程，确定合理的信息源，规范各方的信息行为，建立必要的信息秩序。

2. 施工实施期信息收集

施工实施期收集的信息应该分类并由专门的部门或专人分级管理，项目监理部可从下列方面收集信息：

（1）施工单位人员、设备、水、电、气等资源的动态信息。

（2）施工期气象的中长期趋势及同期历史数据，每天不同时段动态信息，特别在气候对施工质量影响较大的情况下，更要加强收集气象数据。

（3）建筑原材料、半成品、成品、构配件等工程物资的进场、加工、保管、使用等信息。

（4）项目经理部管理程序；质量、进度、投资的事前、事中、事后控制措施；数据采集来源及采集、处理、存储、传递方式；工序间交接制度；事故处理制度；施工组织设计及技术方案执行的情况；工地文明施工及安全措施等。

（5）施工中需要执行的国家和地方规范、规程、标准；施工合同执行情况。

（6）施工中发生的工程数据，如地基验槽及处理记录、工序间交接记录、隐蔽工程检查记录等。

（7）建筑材料必试项目有关信息，如水泥、砖、砂石、钢筋、外加剂、混凝土、防水材料、回填土、饰面板、玻璃幕墙等。

（8）设备安装的试运行和测试项目有关信息，如电气接地电阻、绝缘电阻测试，管道通水、通气、通风试验，电梯施工试验，消防报警、自动喷淋系统联动试验等。

（9）施工索赔相关信息，如索赔程序、索赔依据、索赔证据、索赔处理意见等。

3. 竣工保修期信息收集

该阶段要收集的信息有：

（1）工程准备阶段文件，如立项文件，建设用地、征地、拆迁文件，开工审批文件等。

（2）监理文件，如监理规划、监理实施细则、有关质量问题和质量事故的相关记录、监理工作总结以及监理过程中各种控制和审批文件等。

（3）施工资料。施工资料分为建筑安装工程和市政基础设施工程两大类分别收集。

（4）竣工图。竣工图分为建筑安装工程和市政基础设施工程两大类分别收集。

（5）竣工验收资料，如工程竣工总结、竣工验收备案表、电子档案等。

该阶段，监理单位按照现行《建设工程文件归档整理规范》收集监理文件并协助建设单位督促施工单位完善全部资料的收集、汇总和归类整理。

三、信息的加工、整理、分发、检索和存储

（一）信息的加工、整理和存储流程

信息处理包括信息的加工、整理和存储。信息的加工、整理和存储流程是信息系统流程的主要组成部分。信息系统的流程图有业务流程图、数据流程图，一般先找到业务流程图，再进一步绘制数据流程图。数据流程图的绘制从上而下地层层细化，经过整理、汇总后得到总的数据流程图，再得到系统的信息处理流程图。

（二）信息的加工、整理

信息的加工、整理主要是把建设各方得到的数据和信息进行鉴别、选择、核对、合并、排序、更新、计算、汇总、转储，生成不同形式的数据和信息，提供给不同需求的各类管理人员使用。在信息加工时，往往要求按照不同的需求，分层进行加工。不同的使用角度，加工方法是不同的。对项目建设过程中施工单位提供的数据要加以选择、核对，并进行必要的汇总。对动态的数据要及时更新，对于施工中产生的数据要按照单位工程、分部工程、分项工程组织在一起，每一个单位、分部、分项工程，数据又按进度、质量、造价三个方面分别组织。

监理信息加工、整理的作用有：通过加工，将信息聚同分类，使之标准化、系统化；经加工后还可使信息浓缩，便于使用和存储、检索、传递。

监理信息加工、整理的原则有：标准化、系统化、准确性、时间性和适用性。

（三）信息的分发、检索

在通过对收集的数据进行分类加工处理产生信息后，要及时提供给需要使用数据和信息的部门。信息和数据的分发要根据需要来分发，信息和数据的检索则要建立必要的分级管理制度，确定信息使用权限。实现数据和信息的分发、检索的关键是要决定分发和检索的原则，其原则为：需要的部门和使用人，有权在需要的第一时间，方便地得到所需要的以规定形式提供的一切信息和数据，而保证不向不该知道的部门（人）提供任何信息和数据。

分发设计时需要考虑：（1）了解使用部门或人的使用目的、使用周期、使用频率、得到时间、数据的安全要求；（2）决定分发的项目、内容、分发量、范围和数据来源；（3）决定分发信息和数据的数据结构、类型、精度和如何组织成规定的格式；（4）决定提供的信息和数据介质。

检索设计时则要考虑：（1）允许检索的范围、检索的密级划分、密码的管理；（2）检索的信息和数据能否及时、快速地提供，采用什么手段实现；（3）提供检索需要的数据和信息输出形式、能否根据关键字实现智能检索。

（四）信息的存储和传递

1. 监理信息的存储

经过加工整理后的监理信息，按照一定的规定，记录在相应的信息载体上，并把这些记录信息的载体，按照一定特征和内容性质，组织成为系统的有机体系的供人们检索的集合体，这个过程，称为监理信息的存储。

信息的存储可汇集信息，建立信息库，有利于进行检索，可以实现监理信息的共享，促进监理信息的重复利用，便于信息的更新和剔除。

信息的存储一般需要建立统一的数据库，使各类数据以文件的形式组织在一起，组织的方式要考虑规范化。根据建设工程实际情况，可以按照以下方式组织：按照工程进行组织，同一工程按照投资、进度、质量、合同的角度组织，各类信息进一步按照具体情况细化；文件名规范化，以定长的字符串作为文件名；各建设方协调统一存储方式，在国家技术标准有统一的代码时尽量采用统一代码；有条件时可以通过网络数据库形式存储数据，达到建设各方数据共享，减少数据冗余，保证数据的唯一性。

2. 监理信息的传递

监理信息的传递，是指监理信息借助于一定的载体，从信息源传递到使用者的过程。监理信息在传递过程中，形成各种信息流。信息流通常有以下几种：

（1）自上而下的信息流。

（2）自下而上的信息流。

（3）内部横向的信息流。

（4）外部环境信息流。

第三节　建设工程文件档案资料管理

一、建设工程文件档案资料概述

建设工程文件（construction project document）指：在工程建设过程中形成的各种形式的信息记录，包括工程准备阶段文件、监理文件、施工文件、竣工图和竣工验收文件，也可简称为工程文件。建设工程档案（project archives）指：在工程建设活动中直接形成的具有归档保存价值的文字、图表、声像等各种形式的历史记录，也可简称工程档案。

建设工程文件和档案组成建设工程文件档案资料。

（一）建设工程文件档案资料载体及特征

1. 建设工程文件档案资料载体

（1）纸质载体。纸质载体是指以纸张为基础的载体形式。

（2）缩微品载体。缩微品载体是指以胶片为基础，利用缩微技术对工程资料进行保存的载体形式。

（3）光盘载体。光盘载体是指以光盘为基础，利用计算机技术对工程资料进行存储的形式。

（4）磁性载体。磁性载体是指以磁性记录材料（磁带、磁盘等）为基础，对工程资料的电子文件、声音、图像进行存储的方式。

2. 建设工程文件档案资料的特征

建设工程文件档案资料的特征主要有以下几点：

（1）分散性和复杂性。建设工程周期长，生产工艺复杂，建筑材料种类多，建筑技术发展迅速，影响因素多种多样，工程建设阶段性强并且相互穿插，由此导致建设工程文件档案资料具有分散性和复杂性的特征，这个特征决定了建设工程文件档案资料是多层次、多环节、相互关联的复杂系统。

（2）继承性和时效性。文件档案被积累和继承，新的工程在施工过程中可以吸取以前的经验，避免重犯以前的错误。同时，建设工程文件档案资料具有很强的时效性，文件档案资料的价值会随着时间的推移而衰减，有时文件档案资料一经生成，就必须传达到有关部门，否则会造成严重后果。

（3）全面性和真实性。建设工程文件档案资料只有全面反应项目的各类信息，才更具有实用价值，必须形成一个完整的系统。另外，必须真实反映工程情况，包括发生的事故和存在的隐患。真实性是对所有文件档案资料的共同要求，但在建设领域对这方面的要求更为迫切。

（4）随机性。部分建设工程文件档案资料的产生有规律性（如各类报批文件），但还有相当一部分文件档案资料的产生是由具体工程事件引发的，因此，建设工程文件档案资料是有随机性的。

（5）多专业性和综合性。建设工程文件档案资料依附于不同的专业对象而存在，又依赖不同的载体而流动。它综合了质量、进度、造价、合同等多方面内容。

（二）监理文件内容

（1）监理规划。其由监理单位的项目监理部在建设工程施工前期形成并收集汇编，包括监理规划、监理实施细则、监理部总控制计划等。

（2）监理月报中的有关质量问题。其在监理全过程中形成，是监理月报中的相关内容。

（3）监理会议纪要中的有关质量问题。其在监理全过程中形成，有关的例会和专题会议记录中的内容。

（4）进度控制。其在建设全过程监理中形成，包括工程开工、复工报审表，工程延期报审与批复，工程暂停令。

（5）质量控制。其在建设全过程监理中形成，包括施工组织设计（方案）报审表，工程质量报验申请表，工程材料、构配件、设备报审表，工程竣工报验单，不合格项目处置记录，质量事故报告及处理结果。

（6）造价控制。其在建设全过程监理中形成，包括工程款支付申请表、工程款支付证书、工程变更费用报审与签认。

（7）分包资质。其在工程施工期中形成，包括分包单位资质报审表、供货单位资质材料、试验等单位资质材料。

（8）监理通知及回复。其在建设全过程监理中形成，包括有关进度控制的、有关质量控制的、有关造价控制的监理通知及回复等。

（9）合同及其他事项管理。其在建设全过程中形成，包括费用索赔报告及审批、工程及合同变更、合同争议、违约报告及处理意见。

（10）监理工作总结。其在建设全过程监理中形成，包括专题总结、月报总结、工程竣工总结、质量评估报告。

二、建设工程监理文件档案资料管理

所谓建设工程监理文件档案资料的管理，是指监理工程师受建设单位委托，在进行建设工程监理的工作期间，对建设工程实施过程中形成的与监理相关的文件和档案进行收集积累、加工整理、立卷归档和检索利用等一系列工作。建设工程监理文件档案资料管理的对象是监理文件档案资料，它们是工程建设监理信息的主要载体之一。

监理文件档案资料管理对实施监理的意义体现在以下几点：

（1）对监理文件档案资料进行科学管理，可以为建设工程监理工作的顺利开展创造良好的前提条件。

（2）对监理文件档案资料进行科学管理，可以极大地提高监理工作效率。

（3）对监理文件档案资料进行科学管理，可以为建设工程档案的归档提供可靠保证。

（一）工程建设监理文件和档案资料的传递流程

监理文件档案资料的传递流程见图 10 - 3，项目监理部的信息管理部门是专门负责建设工程项目信息管理工作的，其中包括监理文件档案资料的管理。因此，在工程全过程中形成的所有资料，都应统一归口传递到信息管理部门，进行集中加工、收发和管理，信息管理部门是监理文件和档案资料传递渠道的中枢。

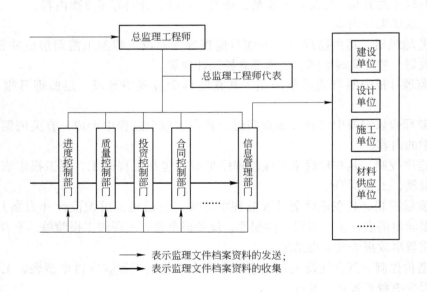

图 10 - 3　监理文件档案资料传递流程图

首先，在监理组织内部，所有文件档案资料都必须先送交信息管理部门，进行统一整理分类，归档保存，然后由信息管理部门根据总监理工程师或其授权监理工程师的指令和监理工作的需要，分别将文件档案资料传递给有关的监理工程师。当然任何监理人员都可以随时自行查阅经整理分类后的文件和档案。其次，在监理组织外部，在发送或接收建设

单位、设计单位、施工单位、材料供应单位及其他单位的文件档案资料时，也应由信息管理部门负责进行，这样使所有的文件档案资料只有一个进出口通道，从而在组织上保证监理文件档案资料的有效管理。

文件档案资料的管理和保存，主要由信息管理部门中的资料管理人员负责。作为资料管理人员，必须熟悉各项监理业务，通过分析研究监理文件档案资料的特点和规律，对其进行系统、科学的管理，使其在建设工程监理工作中得到充分利用。除此之外，监理资料管理人员还应全面了解和掌握工程建设进展和监理工作开展的实际情况，结合对文件档案资料的整理分析，编写有关专题材料，对重要文件资料进行摘要综述，包括编写监理工作月报、工程监理周报等。

（二）建设工程监理文件档案资料管理的主要内容

建设工程监理文件档案资料管理的主要内容包括：监理文件档案资料收、发文与登记；监理文件档案资料传阅；监理文件档案资料分类存放；监理文件档案资料归档、借阅、更改与作废。

1. 监理文件档案资料收文与登记

所有收文应在收文登记表上进行登记（按监理信息分类别进行登记）。应记录文件名称、文件摘要信息、文件的发放单位（部门）、文件编号以及收文日期，必要时应注明接收文件的具体时间，最后由项目监理部负责收文人员签字。监理信息在有追溯性要求的情况下，应注意核查所填部分内容是否可追溯。不同类型的监理信息之间存在相互对照或追溯关系时，在分类存放的情况下，应在文件和记录上注明相关信息的编号和存放处。

2. 监理文件档案资料传阅与登记

由建设工程项目监理部总监理工程师或其授权的监理工程师确定文件、记录是否需传阅，如需传阅应确定传阅人员名单和范围，并注明在文件传阅纸上，随同文件和记录进行传阅。每位传阅人员阅后应在文件传阅纸上签字，并注明日期。文件和记录传阅期限不应超过该文件的处理期限。传阅完毕后，文件原件应交还信息管理人员归档。

3. 监理文件档案资料发文与登记

发文由总监理工程师或其授权的监理工程师签名，并加盖项目监理部图章，对盖章工作应进行专项登记。所有发文按监理信息资料分类和编码要求进行分类编码，并在发文登记表上登记。收件人收到文件后应签名。发文应留有底稿，并附一份文件传阅纸，信息管理人员根据文件签发人指示确定文件责任人和相关传阅人员。文件传阅过程中，每位传阅人阅后应签名并注明日期。发文的传阅期限不应超过其处理期限。重要文件的发文内容应在监理日记中予以记录。项目监理部的信息管理人员应及时将发文原件归入相应的资料柜（夹）中，并在目录清单中予以记录。

4. 监理文件档案资料分类存放

监理文件档案经收、发文，登记和传阅工作程序后，必须使用科学的分类方法进行存放，这样既可满足项目实施过程查阅、求证的需要，又方便项目竣工后文件和档案的归档和移交。项目监理部应备有存放监理信息的专用资料柜和用于监理信息分类归档存放的专用资料夹。在大中型项目中应采用计算机对监理信息进行辅助管理。信息管理人员则应根据项目规模规划各资料柜和资料夹内容。文件档案资料应保持清晰，不得随意涂改记录，保存过程中应保持记录介质的清洁和不破损。项目建设工程中文件和档案的具体分类原则应根据工程特点制定，监理单位的技术管理部门可以明确本单位文件档案资料管理的框架性原则，以便统一管理并体现出企业的特色。

5. 监理文件档案资料归档

监理文件档案资料归档内容、组卷方法以及监理档案的验收、移交和管理工作，应根据现行《建设工程监理规范》及《建设工程文件归档整理规范》并参考工程项目所在地区建设工程行政主管部门、建设监理行业主管部门、地方城市建设档案管理部门的规定执行。对一些需连续产生的监理信息，在归档过程中应对该类信息建立相关的统计汇总表格以便进行核查和统计，并及时发现错漏之处，从而保证该类监理信息的完整性。监理文件档案资料的归档保存中应严格按照保存原件为主、复印件为辅和按照一定顺序归档的原则。如采用计算机对监理信息进行辅助管理时，当相关的文件和记录经相关责任人员签字确定、正式生效并已存入项目部相关资料夹中时，计算机管理人员应将存储在计算机中的相关文件和记录改变其文件属性为"只读"，并将保存的目录记录在书面文件上以便于进行查阅。在项目文件档案资料归档前不得将计算机中保存的有效文件和记录删除。

按照现行《建设工程文件归档整理规范》，监理文件有 10 大类 27 个，要求在不同的单位归档保存。

（1）监理规划（建设单位长期保存，监理单位短期保存，送城建档案管理部门保存）；监理实施细则（建设单位长期保存，监理单位短期保存，送城建档案管理部门保存）；监理部总控制计划等（建设单位长期保存，监理单位短期保存）。

（2）监理月报中的有关质量问题（建设单位长期保存，监理单位长期保存，送城建档案管理部门保存）。

（3）监理会议纪要中的有关质量问题（建设单位长期保存，监理单位长期保存，送城建档案管理部门保存）。

（4）进度控制。工程开工/复工审批表（建设单位长期保存，监理单位长期保存，送城建档案管理部门保存）；工程开工/复工暂停令（建设单位长期保存，监理单位长期保存，送城建档案管理部门保存）。

（5）质量控制。不合格项目通知（建设单位长期保存，监理单位长期保存，送城建档案管理部门保存）；质量事故报告及处理意见（建设单位长期保存，监理单位长期保存，送城建档案管理部门保存）。

（6）造价控制。预付款报审与支付（建设单位短期保存）；月付款报审与支付（建设单位短期保存）；设计变更、洽商费用报审与签认（建设单位长期保存）；工程竣工决算审核意见书（建设单位长期保存，送城建档案管理部门保存）。

（7）分包资质。分包单位资质材料（建设单位长期保存）；供货单位资质材料（建设单位长期保存）；试验等单位资质材料（建设单位长期保存）。

（8）监理通知。有关进度控制的监理通知（建设单位、监理单位长期保存）；有关质量控制的监理通知（建设单位、监理单位长期保存）；有关造价控制的监理通知（建设单位、监理单位长期保存）。

（9）合同与其他事项管理。工程延期报告及审批（建设单位永久保存，监理单位长期保存，送城建档案管理部门保存）；费用索赔报告及审批（建设单位、监理单位长期保存）；合同争议、违约报告及处理意见（建设单位永久保存，监理单位长期保存，送城建档案管理部门保存）；合同变更材料（建设单位、监理单位长期保存，送城建档案管理部门保存）。

（10）监理工作总结。专题总结（建设单位长期保存，监理单位短期保存）；月报总结（建设单位长期保存，监理单位短期保存）；工程竣工总结（建设单位、监理单位长期保存，送城建档案管理部门保存）；质量评估报告（建设单位、监理单位长期保存，送城建档案管理部门保存）。

6. 监理文件档案资料借阅、更改与作废

项目监理部存放的文件和档案原则上不得外借，如政府部门、建设单位或施工单位确有需要，应经过总监理工程师或其授权的监理工程师同意，并在信息管理部门办理借阅手续。监理人员在项目实施过程中需要借阅文件和档案时，应填写文件借阅单，并明确归还时间。信息管理人员办理有关借阅手续时，应在文件夹的内附目录上作特殊标记，避免其他监理人员查阅该文件时，因找不到文件引起工作混乱。

监理文件档案的更改应由原制定部门相应责任人执行，涉及审批程序的，由原审批责任人执行。若指定其他责任人进行更改和审批时，新责任人必须获得所依据的背景资料。监理文件档案更改后，由信息管理部门填写监理文件档案更改通知单，并负责发放新版本文件。发放过程中必须保证项目参建单位中所有相关部门都得到相应文件的有效版本。文件档案换发新版时，应由信息管理部门负责将原版本收回作废。考虑到日后有可能出现追溯需求，信息管理部门可以保存作废文件的样本以备查阅。

三、监理单位档案资料管理职责

（1）应设专人负责监理资料的收集、整理和归档工作，在项目监理部，监理资料的管理应由总监理工程师负责，并指定专人具体实施，监理资料应在各阶段监理工作结束后及时整理归档。

（2）监理资料必须及时整理、真实完整、分类有序。在设计阶段，对勘察、测绘、设计单位的工程文件的形成、积累和立卷归档进行监督、检查；在施工阶段，对施工单位的工程文件的形成、积累、立卷归档进行监督、检查。

（3）可以按照委托监理合同的约定，接受建设单位的委托，监督、检查工程文件的形成积累和立卷归档工作。

（4）编制的监理文件的套数、提交内容、提交时间，应按照现行《建设工程文件归档整理规范》和各地城建档案管理部门的要求，编制移交清单，双方签字、盖章后，及时移交建设单位，由建设单位收集和汇总。监理公司档案部门需要的监理档案，按照《建设工程监理规范》的要求，及时由项目监理部提供。

四、建设工程档案编制质量要求与组卷方法

（一）归档文件的质量要求
（1）归档的工程文件一般应为原件。
（2）工程文件的内容及其深度必须符合国家有关工程勘察、设计、施工、监理等方面的技术规范、标准和规程。
（3）工程文件的内容必须真实、准确、与工程实际相符。

（4）工程文件应采用耐久性强的书写材料，如炭素墨水、蓝黑墨水，不得使用易褪色的书写材料，如红色墨水、纯蓝墨水、圆珠笔、复写纸、铅笔等。

（5）工程文件应字迹清楚，图样清晰，图表整洁，签字盖章手续完备。

（6）工程文件中文字材料幅面尺寸规格宜为 A4 幅面（297mm×210mm）。图纸宜采用国家标准图幅。

（7）工程文件的纸张应采用能够长期保存的韧力大、耐久性强的纸张。图纸一般采用蓝晒图，竣工图应是新蓝图。计算机出图必须清晰，不得使用计算机所出图纸的复印件。

（8）所有竣工图均应加盖竣工图章。

（9）利用施工图改绘竣工图，必须标明变更修改依据；凡施工图结构、工艺、平面布置等有重大改变，或变更部分超过图面1/3的，应重新绘制竣工图。

（10）不同幅面的工程图纸应按《技术制图复制图的折叠方法》（GB/T 10609.3—89）统一折叠成 A4 幅面，图标栏露在外面。

（11）工程档案资料的缩微制品，必须按国家缩微标准进行制作，主要技术指标（解像力、密度、海波残留量等）要符合国家标准，保证质量，以适应长期安全保管。

（12）工程档案资料的照片（含底片）及声像档案，要求图像清晰，声音清楚，文字说明或内容准确。

（13）工程文件应采用打印的形式并按档案规定用笔手工签字，在不能够使用原件时，应在复印件或抄件上加盖公章并注明原件保存处。

（二）归档工程文件的组卷要求

1. 立卷的原则和方法

（1）立卷应遵循工程文件的自然形成规律，保持卷内文件的有机联系，便于档案的保管和利用。

（2）一个建设工程由多个单位工程组成时，工程文件应按单位工程组卷。

（3）立卷采用如下方法：

1）工程文件可按建设程序划分为工程准备阶段的文件、监理文件、施工文件、竣工图、竣工验收文件五部分。

2）工程准备阶段文件可按单位工程、分部工程、专业、形成单位等组卷。

3）监理文件可按单位工程、分部工程、专业、阶段等组卷。

4）施工文件可按单位工程、分部工程、专业、阶段等组卷。

5）竣工图可按单位工程、专业等组卷。

6）竣工验收文件可按单位工程、专业等组卷。

（4）立卷过程中宜遵循下列要求：

1）案卷不宜过厚，一般不超过 40mm。

2）案卷内不应有重份文件，不同载体的文件一般应分别组卷。

2. 卷内文件的排列

（1）文字材料按事项、专业顺序排列。同一事项的请示与批复、同一文件的印本与定稿、主件与附件不能分开，并按批复在前、请示在后，印本在前、定稿在后，主件在前、附件在后的顺序排列。

（2）图纸按专业排列，同专业图纸按图号顺序排列。

（3）既有文字材料又有图纸的案卷，文字材料排前，图纸排后。

3．案卷的编目

（1）编制卷内文件页号应符合下列规定：

1）卷内文件均按有书写内容的页面编号。每卷单独编号，页号从"1"开始。

2）页号编写位置。单页书写的文字在右下角；双面书写的文件，正面在右下角，背面在左下角。折叠后的图纸一律在右下角。

3）成套图纸或印刷成册的科技文件材料，自成一卷的，原目录可代替卷内目录，不必重新编写页码。

4）案卷封面、卷内目录、卷内备考表不编写页号。

（2）卷内目录的编制应符合下列规定：

1）卷内目录式样宜符合现行《建设工程文件归档整理规范》中附录 B 的要求。

2）序号。以一份文件为单位，用阿拉伯数字从 1 依次标注。

3）责任者。填写文件的直接形成单位和个人。有多个责任者时，选择两个主要责任者，其余用"等"代替。

4）文件编号。填写工程文件原有的文号或图号。

5）文件题名。填写文件标题的全称。

6）日期。填写文件形成的日期。

7）页次。填写文件在卷内所排列的起始页号。最后一份文件填写起止页号。

8）卷内目录排列在卷内文件之前。

（3）卷内备考表的编制应符合下列规定：

1）卷内备考表的式样宜符合现行《建设工程文件归档整理规范》中附录 C 的要求。

2）卷内备考表主要标明卷内文件的总页数、各类文件数（照片张数），以及立卷单位对案卷情况的说明。

3）卷内备考表排列在卷内文件的尾页之后。

（4）案卷封面的编制应符合下列规定：

1）案卷封面印刷在卷盒、卷夹的正表面，也可采用内封面形式。案卷封面的式样宜符合现行《建设工程文件归档整理规范》中附录 D 的要求。

2）案卷封面的内容应包括：档号、档案馆代号、案卷题名、编制单位、起止日期、密级、保管期限、共几卷、第几卷。

3）档号应由分类号、项目号和案卷号组成。档号由档案保管单位填写。

4）档案馆代号应填写国家给定的本档案馆的编号。档案馆代号由档案馆填写。

5）案卷题名应简明、准确地揭示卷内文件的内容。案卷题名应包括工程名称、专业名称、卷内文件的内容。

6）编制单位应填写案卷内文件的形成单位或主要责任者。

7）起止日期应填写案卷内全部文件形成的起止日期。

8）保管期限分为永久、长期、短期三种期限。各类文件的保管期限可见现行《建设工程文件归档整理规范》中附录 A 的要求。永久是指工程档案需永久保存。长期是指工程档案的保存期等于该工程的使用寿命。短期是指工程档案保存 20 年以下。同一案卷内有不同保管期限的文件，该案卷保管期限应从长。

9）工程档案套数一般不少于两套，一套由建设单位保管，另一套原件要求移交当地城建档案管理部门保存，接受范围规范规定可由各城市根据本地情况适当拓宽和缩减，具体可向建设工程所在地城建档案管理部门咨询。

10）密级分为绝密、机密、秘密三种。同一案卷内有不同密级的文件，应以高密级为本卷密级。

（5）卷内目录、卷内备考表、卷内封面应采用 70g 以上白色书写纸制作，幅面统一采用 A4 幅面。

五、监理工作的基本表式

建设工程监理在施工阶段的基本表式按照《建设工程监理规范》（GB 50319—2013）附录执行，由于各行业各部门各地区已经各自形成一套表式，使得建设工程参建各方的信息行为不规范、不协调，所以，建立一套通用的，适合建设、监理、施工、供货各方，适合各个行业、各个专业的统一表式已显示充分的必要性，可以大大提高我国建设工程信息的标准化、规范化。

根据《建设工程监理规范》，基本表式有三类：表格分 A、B、C 三类，A 类表为工程监理单位用表，由监理单位或项目监理机构签发，由原来的 6 个调整为 8 个，增加了总监理工程师任命书、工程开工令、监理报告、旁站记录四个表格；B 类表为施工单位报审、报验用表，由施工单位或施工项目经理部填写后报送工程建设相关方，由原来的 10 个调整为 14 个，增加了施工控制测量成果报验表、分部工程报验表、施工进度计划报审表，将开工/复工报审表拆分为开工报审表和复工报审表两个表；C 类表为通用表，是工程建设相关方工作联系的通用表，由原来 2 个增加到 3 个，增加了索赔意向通知书。

思 考 题

10-1　简述监理信息的概念及其特征。

10-2　监理信息的表现形式有哪些？

10-3　监理信息有哪些作用？

10-4　监理工作的基本表式有哪些？

10-5　简述建设监理信息管理的概念。

10-6　简述建设监理信息系统的概念及其作用。

10-7　建设监理信息管理系统的设计原则有哪些？

10-8　编制卷内文件页号应符合哪些规定？

第十一章 建设工程监理风险管理

在从事建设工程项目活动的全过程中，内部和外部都存在着很多不确定性的因素。这些因素有的对工程项目造成负面的影响，使工程项目受到干扰，使原定的目标不能实现。工程项目风险的存在及其与参建主体利益的紧密相关性，使得工程项目风险理论的研究得到重视和发展。关于工程项目风险的定义目前学术界尚无统一的界定，但工程项目风险的多样性、可变性和损失的危险性是共同肯定的，建设工程领域风险管理的应用越来越广泛。本章详细介绍建设工程监理风险识别、风险评估和风险应对管理的全过程。

第一节 风险管理概述

随着我国建设监理事业的不断发展和建设领域法律法规的逐渐健全，工程监理主体必须要承担工程监理责任。有责任就存在风险，这些风险会导致工程监理主体信誉受损，经济损失，受到行政处罚，甚至承担更严重的法律后果。因此，监理单位及监理工程师必须对其行业风险进行分析，并实施有效的风险管理。

一、风险的基础知识

（一）风险的含义及特点

风险等同于英文"risk"。由于对风险含义的理解角度不同，因而有不同的解释，但学术界和实务界普遍认为，风险是指损失发生的不确定性（或称可能性），它是不利事件的概率及其后果的函数，即

$$R = f(p, c)$$

式中，R 为风险；p 为不利事件发生的概率；c 为不利事件的后果。

由上述风险的定义可知，所谓风险要具备两方面条件：一是不确定性；二是产生损失后果，否则就不能称为风险。因此，肯定发生损失后果的事件不是风险，没有损失后果的不确定性事件也不是风险。

风险也就是一种潜在的可能出现的危险，是对某一决策方案的实施所遭受的损失、伤害、不利或毁灭的可能性及其后果的度量，它包含以下几个含义和特点：

（1）风险是针对危险、损失等不利后果的。

（2）风险存在于随机状态中，状态完全确定时的事则不能称作风险。

（3）风险是针对未来的。

（4）风险是客观存在的，不以人的意志为转移，所以，风险的度量中，不应涉及决策人的主观效用和时间偏好。

（5）风险是相对的，尽管风险是客观存在的，但它却依赖于决策目标。没有目标，当然谈不上风险。同一方案，目标不同风险也不一定相同。

（6）风险主要取决于两个要素：行动方案和未来环境状态。

（7）风险虽然是客观的，但人们可以从不同的目标去感觉它，度量它，因此风险可以是多维的。比如：完成基本任务的风险；追求最大利益的风险；针对某一范围目标值的风险等。决策者不同的偏好和效用反映其对风险的态度、认识和承受能力。

（8）客观条件的变化是风险转化的重要成因。

（9）风险是指可能后果与目标发生的偏离，一般是指达不到目标值的负偏离。

（10）应重视正偏离，它往往会隐含其他风险。

（二）与风险相关的概念

与风险相关的概念有风险因素、风险事件、损失、损失机会。

1. 风险因素

风险因素是指能产生或增加损失概率和损失程度的条件或因素，是风险事件发生的潜在原因，是造成损失的内在或间接原因。通常，风险因素可分为以下三种。

（1）自然风险因素。该风险因素是指有形的并能直接导致某种风险的事物，如冰雪路面、汽车发动机性能不良或制动系统故障等均可引发车祸导致人员伤亡。

（2）道德风险因素。道德风险因素为无形的因素，与人的品德修养有关，如人的品质缺陷或欺诈行为。

（3）心理风险因素。心理风险因素也是无形的因素，与人的心理状态有关，例如，投保后疏于对损失的防范，自认为身强力壮而不注意健康。

2. 风险事件

风险事件是指造成损失的偶发事件，是造成损失的外在原因或直接原因，如失火、雷电、地震、偷窃、抢劫等事件。要注意把风险事件与风险因素区别开来，例如，汽车的制动系统失灵导致车祸中人员伤亡，这里制动系统失灵是风险因素，而车祸是风险事件。不过，有时两者很难区别。

3. 损失

损失是指非故意的非计划的和非预期的经济价值的减少，通常以货币单位来衡量。损失一般可分为直接损失和间接损失两种。其中直接损失是指风险事件对于目标本身所造成的破坏事实，而间接损失则是由于直接损失所引起的破坏事实。

4. 损失机会

损失机会是指损失出现的概率，概率分为客观概率和主观概率两种。

（三）风险的分类

不同的风险具有不同的特征，为有效地进行风险管理，有必要对各种风险进行分类。

（1）按风险的后果不同，分为纯风险和投机风险。纯风险是指只会造成损失而不会带来收益的风险。例如，自然灾害、政治、社会方面的风险一般都表现为纯风险。投机风险则是指既可能造成损失也可能创造额外收益的风险。例如，一项重大投资活动可能因决策错误或因遇到不可测事件而使投资者蒙受灾害性的损失；但如果决策正确，经营有方或赶上大好机遇，则有可能给投资人带来巨额利润。投机风险具有极大的诱惑力，人们常常注意其有利可图的一面，而忽视其带来厄运的可能。

纯风险和投机风险两者往往同时存在。例如，房产所有人就同时面临纯风险（如财产损坏）和投机风险（如经济形势变化所引起的房产价值的升降）。

纯风险与投机风险还有一个重要区别，即：在相同的条件下，纯风险重复出现的概率较大，表现出某种规律性，因而人们可能较成功地预测其发生的概率，从而相对容易采取防范措施；而投机风险则不然，其重复出现的概率较小，所谓"机不可失，时不再来"，因而预测的准确性相对较差，也就较难防范。

（2）按风险产生的原因不同，分为政治风险、社会风险、经济风险、自然风险、技术风险等。其中，经济风险的界定可能会有一定的差异，例如，有的学者将金融风险作为独立的一类风险来考虑。另外，需要注意的是，除了自然风险和技术风险是相对独立的之外，政治风险、社会风险和经济风险之间存在一定的联系，有时表现为相互影响，有时表现为因果关系，难以截然分开。

（3）按风险的影响范围大小不同，分为基本风险和特殊风险。基本风险是指作用于整个经济或大多数人群的风险，具有普遍性，如战争、自然灾害、高通胀率等。基本风险的影响范围大，其后果严重。特殊风险是指作用于某一特定单位（如个人或企业）的风险，不具普遍性，例如，偷车、抢银行、房屋失火等。特殊风险的影响范围小，虽然就个体而言，其损失有时亦相当大，但相对于整个经济而言，其后果不严重。

（4）按风险的来源不同，分为自然风险和人为风险。自然风险是指由于自然力的不规则变化导致财产毁损或人员伤亡，如风暴、地震等。人为风险是指由于人类活动导致的风险。人为风险又可细分为行为风险、政治风险、经济风险、技术风险和组织风险等。

（5）按风险的形态不同，分为静态风险和动态风险。静态风险是由于自然力的不规则变化或人为行为失误导致的风险，它多属于纯风险。动态风险是由于人类需求的改变、制度的改进和政治、经济、社会、科技等环境的变迁导致的风险，它既可属于纯风险，又可属于投机风险。

（6）按风险后果的承担者不同，分为政府风险、投资方风险、业主风险、承包商风险、供应商风险、担保方风险等。

当然，风险还可以按照其他方式分类。例如，按风险分析依据可将风险分为客观风险和主观风险；按风险分布情况可将风险分为国别（地区）风险、行业风险；按风险潜在损失形态可将风险分为财产风险、人身风险和责任风险等。

二、建设工程风险管理

（一）建设工程风险管理的概念

所谓风险管理，就是人们对潜在的意外损失进行辨识与评估，并根据具体情况采取相应措施进行处理的过程，从而在主观上尽可能做到有备无患，或在客观上无法避免时能寻求切实可行的补救措施，减少或避免意外损失的发生。

建设工程风险管理是指参与工程项目建设的各方，如承包方和勘察、设计、监理等企业在工程项目的筹划、勘察设计、工程施工各阶段采取的辨识、评估、处理工程项目风险的管理过程。

（二）建筑工程风险管理过程

风险管理过程包括风险识别、风险评价、风险对策决策、实施决策、检查五方面内容。

（1）风险识别。风险识别是风险管理中的首要步骤，是指通过一定的方式，系统而全面地识别出影响建设工程目标实现的风险事件并加以适当归类的过程，必要时，还需对风险事件的后果做出定性的估计。

（2）风险评价。风险评价是将建设工程风险事件的发生可能性和损失后果进行定量化的过程。这个过程在系统地识别建设工程与合理地做出风险对策决策之间起着重要的桥梁作用。风险评价的结果主要在于确定各种风险事件发生的概率及其对建设工程目标影响的严重程度，如投资增加的数额、工期延误的天数等。

（3）风险对策决策。风险对策决策是确定建设工程风险事件最佳对策组合的过程。一般来说，风险管理中所运用的对策有以下四种：风险回避、损失控制、风险自留和风险转移。这些风险对策的适用对象各不相同，需要根据风险评价的结果，对不同的风险事件选择最适宜的风险对策，从而形成最佳的风险对策组合。

（4）实施决策。对风险对策所做出的决策还需要进一步落实到具体的计划和措施，例如，制订预防计划、灾难计划、应急计划等；又如，在决定购买工程保险时，要选择保险公司，确定恰当的保险范围、免赔额、保险费等。这些都是实施风险对策决策的重要内容。

（5）检查。在建设工程实施过程中，要对各项风险对策的执行情况不断地进行检查，并评价各项风险对策的执行效果；在工程实施条件发生变化时，要确定是否需要提出不同的风险处理方案。除此之外，还需要检查是否有被遗漏的工程风险或者发现新的工程风险，也就是进入新一轮的风险识别，开始新一轮的风险管理过程。

（三）建筑工程风险管理目标

风险管理的具体目标还需要与风险事件的发生联系起来，就建设工程而言，在风险事件发生前，风险管理的首要目标是使潜在损失最小，这一目标要通过最佳的风险对策组合来实现。其次，是减少忧虑及相应的忧虑价值。忧虑价值是比较难以定量化的，但由于对风险的忧虑，分散和耗用建设工程决策的精力和时间，却是不争的事实。再次，是满足外部的附加义务，例如政府明令禁止的某些行为、法律规定的强制性保险等。

在风险事件发生后，风险管理的首要目标是使实际损失减少到最低程度。要实现这一目标，不仅取决于风险对策的最佳组合，而且取决于具体的风险对策计划和措施。其次，是保证建设工程实施的正常进行，按原定计划建成工程。同时，在必要时还要承担社会责任。从风险管理目标的角度分析，建设工程可分为投资风险、进度风险、质量风险和安全风险。

第二节　监理单位的风险管理

一、监理单位风险概述

（一）监理单位风险

监理单位风险是指影响监理企业目标实现的不确定性因素发生的可能性及其后果的综合。企业自身因素引发的风险主要有两方面：一是由于监理人员素质不高，职业道德欠缺引起未发现和消除工程中存在的质量、安全隐患造成的风险，监理企业和监理工程师须承担责任；二是由于监理企业管理水平不足，未制订切实可行的经营策略、管理制度和项目管理方法，造成项目失控而产生一些质量、安全责任风险等。

（二）监理单位风险种类

从不同的角度，按不同的标准，可以对监理单位风险进行多种分类，其目的是便于根据风险的不同类别采取不同的风险管理策略。按风险的潜在损失形态可将其分为财产风险、人身风险和责任风险；按风险事故的后果可将其分为纯粹风险和投机风险；按风险产生的原因可将其分为自然风险和人为风险；按风险能否处理可将其分为可控风险和不可控风险；按风险涉及的范围可将其分为经济方面的风险、合同方面的风险、技术环境方面的和人力资源方面的风险等等。下面根据学习国际项目管理的心得和从事监理工作的切身体会谈谈监理单位几种主要的风险及其形成原因。

1. 承揽监理任务的投标风险

由于市场竞争日趋激烈，许多监理单位为了承揽更多的任务，在投标中不管投资多少、规模大小、施工难易、利润薄厚、地区要素等因素，也不对招标文件中设计图纸、质量要求及合同条款等潜在风险进行分析，而到处撒网，四面出击。为了中标，不惜花血本、走关系摸标底，压低报价，对成本、利润缺乏科学、全面的分析和测算，隐含了一些不可预见的让利因素。有的企业恶性竞争，降低造价幅度最高可达50%左右，企业效益无法保证。如果监理单位在管理上再存在漏洞，不能很好地消化投标时的让利因素和其他风险及投标费用等，势必出现项目工期、质量难以保证，监理单位亏损的局面。

2. 履行合同的信誉风险

市场经济的本质特征是依法经营、诚实守信。工程项目一旦中标，合同一经签订，监理单位作为合同的主体，必须全面履行合同条款，兑现对业主的承诺。但由于多方面的原因，监理单位履约的难度越来越大，如在合同签订上，合同条款本身就不全面、不完善、不严密，致使合同存在诸多漏洞，或者缺少因第三方原因造成工期延误或经济损失的条款，还有的存在单方面的约束性过于苛刻的权利和庞大的义务及责任等不平等条款，即所谓的霸王条款，致使监理单位无法完全按合同条款履行；又如，在工期上，因业主工程款拨付不及时、征地拆迁不到位、外界干扰施工等，影响总体工期目标，虽然不是监理单位的责任但监理单位也要承担工期延误所带来的成本和费用的支出，而得不到延期服务的补偿。还有的业主规定中标单位必须在项目开工时提供数额较大的履约保证金或保函（有的高达中标价的10%或更多），使监理单位的履约风险更大，一旦项目出现半路停工或缓建，这笔履约保证金很难返还。信誉就是企业的根基，履行合同是监理单位责无旁贷的义务，如果出现问题，企业苦心经营多年的品牌将毁于一旦，蒙受不可估量的损失。

3. 资金和技术环境带来的监理单位管理风险

由于目前很多项目投资不足或资金来源尚未完全明确就先期开工建设，业主在招标时就列出较为苛刻的合同条款，要求施工单位大量垫资，甚至采取全部由施工方垫资，建成后业主分期付款回购的方式，于是很多施工企业就靠高额的银行贷款维持施工生产。为了降低成本，减少资金投入，施工方在项目的实施过程中采用质次价低的建筑材料、简陋破旧甚至被淘汰的施工机械设备、雇佣素质低下的作业人员等。因此，监理单位在现场的"三控制、两管理、一协调"工作难以开展，加上业主方没有资金投入，有时也得看施工单位的脸色行事，对施工单位的不规范行为睁只眼闭只眼，对监理工程师的现场管理行为给予多方面的限制，甚至连下发监理工程师通知书都必须要业主同意，监理工程师的自主管理行为不能正常行使，个别施工企业对监理工程师的检查和监督工作更是不予理睬，给监理人员带来极大的心理压力。

4. 长期拖欠带来企业管理风险

目前，很多监理项目都存在工程已经竣工交付使用多年，但监理费仍没有全部支付结清的现象，大约占监理项目的 60% 甚至更多。目前，国家尚未制定为保护监理单位利益的相关政策和办法，对建设单位的费用拖欠单纯靠监理单位自身的维权行为往往找不到政策支承点，建设单位可以以种种理由长期拖欠，使本来就取费很低的监理单位举步维艰，在一定程度上限制了监理行业的健康发展，国家倡导实施的工程监理制度难以真正地得到落实和发挥其应有的作用。很多为了维持企业生存的监理公司，不得不采取多揽项目，尽可能地扩大摊子，降低成本，少上人员等对策，这样做的后果是服务质量难以保证，管理水平下降，从而进一步加重了企业的管理风险。

5. 人力资源问题给监理单位带来的风险

目前大多数监理单位的人员构成，除公司的管理人员和部分总监理工程师外，现场监理人员大部分为外聘人员，由于监理单位的取费较低而且收费情况不好，直接影响了监理人员的收入水平，致使一些技术水平较高的人放弃了监理工作，改行从事设计或施工或其他收入更高的工作，导致监理队伍的人员素质不断下降，一些没有经过专业培训的人员上岗，个人的素质良莠不齐，给监理行业的社会信誉带来了一些不利影响。目前正在从业的一些素质较高、能力很强的监理工程师也被行业地位的日趋下降和监理群体的鱼目混珠现象搅和得信心不足，监理单位如果总是在这种收入较低、人员不稳定的条件下运行，将严重制约监理单位乃至整个行业的稳定和发展。

6. 施工安全监理责任风险

安全监理责任是目前所有监理单位面临的最大管理和经营风险，这种风险主要有两种类型：一种是直接风险；另一种是间接风险。直接风险是指本组织内部人员在工作中对自身的伤害和工作失误对监理单位带来的损失。间接风险是指相关方造成的风险，特别是所监理的施工单位在施工过程中的风险。

二、监理单位的风险对策

无论监理单位面临的内部风险，还是外部风险，最根本的控制措施应该从自身做起，要本着"事前防范重于事后处理"的原则，建立健全风险预防评价体系，从源头抓起，加强过程控制，在各个环节降低运行风险，减小风险发生的概率。

监理单位与其他企业一样，只要做项目、有经济活动就必然伴随着风险，风险无处不在，问题的关键是如何进行项目风险控制和管理，进而达到降低风险事故发生的概率和规避风险。监理单位风险对策的制定应着重围绕着监理项目的全过程来进行。

（一）加强监理过程风险控制

为了提升监理服务质量，规范监理服务行为，监理单位可以质量管理体系为依托，通过不断修订完善质量管理体系，开展持续的培训来实现项目的全过程控制，提升全体员工的监理业务水平和服务质量，从而控制监理项目运行风险。通过质量管理体系的运行，牢固树立"以顾客为关注焦点"的理念，提高全员质量意识，建立预防和改进机制，保障监理单位平稳发展。

1. 投标阶段的风险控制

为降低因监理项目风险可能带来的损失，提高企业经济与社会效益，监理单位在制订经营策略时要审时度势，不能一味追求项目多、规模大、产值高，而应在投标阶段对投标项目进行风险与效益的评价，并根据评价结果有选择地参与项目投标活动。投标项目风险评价考虑的因素主要包括设备、人员配置与到位要求情况，项目内外部环境和工程监理难易程度；效益评价主要考虑社会效益和经济效益。

2. 签订合同阶段

许多项目的风险都是源于合同。业主总想少花钱，所以千方百计在招标文件和签订合同条款上做文章，如在招标文件中夸大项目投资规模，本来投资只有 1.5 亿元却说 2.5 亿元，骗取监理单位的投标费率降低；招标时说建筑面积 15 万平方米，一旦签合同时又变成分两期建设，一期只建 8 万平方米，投标时的平方米报价无法变更等等。

监理单位在签订合同时千万不要草率，含糊其辞的语言不能保留，合同中的主要条款一定要清清楚楚，不要嫌麻烦，该详细说明的都要逐条写进合同内，对一些明显不合理的霸王条款要敢于据理力争，双方谈判没有达成一致，要有耐心和信心进行协商，不要轻易妥协，因为一旦合同签字生效就必须承担履约的责任，哪一条没做到扣罚都有合同依据。

3. 项目施工阶段

项目施工阶段的风险，对于自身原因风险，应该说通过有效管理，一部分是可以得到控制的，另一部分是可以降低发生概率的；而来自外部原因的风险具有一定的偶然性监理不好控制，但有些通过清楚的风险意识、未雨绸缪、主动出击、用智慧和头脑勤奋工作等措施，可以规避或降低风险发生的可能性，减少造成的损失。

（二）针对外部原因的风险管理对策

（1）慎重签发开工报告，对没有规划许可证、施工许可证、安全生产许可证，以及承包商没有报送施工组织设计（方案），开工条件不具备的，总监一定不要签发开工报告，要以监理工作联系单或其他书面形式向业主说明原因，避免出现问题时无法推脱监理责任。

（2）认真审查施工单位的资质，包括项目部履行各职能的管理人员、特殊工种等等。

（3）认真审查施工组织设计（方案）和专项施工方案，尤其是对于《建设工程安全生产管理条例》中明确规定的各专项施工方案，每一个都必须严格审查，并提出详细的书面审查意见，不能草率签字同意，如果因为其中有遗漏或计算错误等原因出了事故是要承担监理责任的，不能主动地给自己设置陷阱。

（4）对进场材料、设备、购配件的质量要严格把关，尤其是对于结构安全和使用功能影响较大的要重点跟踪检查；未经报验的决不允许转到下一道工序，特别要求监理人员一定要了解和掌握工程建设强制性标准，按照监理程序开展工作。

（5）发现存在安全事故隐患的，应当以书面形式通知相关方，并且要有收件人签字，往往出现事故时谁都想远离事端，监理应该在这些环节上下意识地保护好自己，以降低或规避风险责任。

（6）充分利用好工地监理例会这个平台，不能轻视这个可以规避监理责任的机会，会议纪要一定要让业主和相关方都签收，纪要里有关安全和质量问题不怕老生常谈，监理的意见和观点要明确。

综上所述，监理单位要认真分析存在或潜在的风险，加强企业风险管理，进而达到降低风险事故发生的概率和规避风险，以确保组织目标的顺利实现。

第三节　监理工程师的风险管理

一、监理工程师的责任风险

监理因自身的职业责任而造成的安全监理工作方面的风险主要表现在以下四个方面，即过失责任风险、渎职责任风险、不作为责任风险和越位责任风险。

监理自身职业责任的风险则表现在监理单位和监理工程师因自身行为有过错，并且过错的行为导致了安全事故的发生，给监理单位和监理工程师带来法律责任和经济上的损失。从监理的工作特征来分析，监理工程师所承担的责任风险可归纳为如下六个方面：

（1）行为责任风险。监理工程师的行为责任风险主要来自三个方面：一是监理工程师违反了监理委托合同规定的职责义务，超出了业主委托的工作范围，并造成了工程上的损失；二是监理工程师未能正确地履行监理合同中规定的职责，在工作中发生失职行为；三是监理工程师由于主观上的随意行为未能严格履行自身的职责并因此造成了工程损失。

（2）工作技能风险。监理工作是基于专业技能基础上的技术服务，因此，尽管监理工程师履行了监理合同中业主委托的工作职责，但由于其本身专业技能的限制，可能并不一定能取得应有的效果。

（3）技术资源风险。即使监理工程师在工作中并无行为上的过错，仍然有可能承受由技术资源而带来的工作上的风险。某些工程质量隐患的暴露需要一定的时间和诱因，利用现有的技术手段和方法，并不可能保证所有问题都能及时发现；另外由于人力、财力和技术资源的限制，监理工程师无法对施工过程中的任何部位、任何环节都进行细致全面的检查，所以，也就有可能面对这一方面的风险。

（4）管理风险。明确的管理目标、合理的组织机构、细致的职责分工、有效的约束机制是监理组织管理的基本保证。尽管有高素质的人才资源，但如果管理机制不健全，监理工程仍然可能面对较大的风险。这种管理风险主要来自两个方面：一是监理单位与监理机构之间缺乏管理约束机制。由于监理工程的特殊性，监理机构往往远离监理单位本部，在日常的监理工作中，代表监理单位的是总监，其工作行为对监理单位的声誉和形象起到决定性的作用，因而监理单位对总监的工作行为进行必要的监督和管理是非常重要的，即监理单位和总监之间应该建立完善、有效的约束机制；二是监理机构内部管理机制的完善程度。监理机构中各个层次的人员职责分工必须明确。如果总监不能在监理机构内部实行有效的管理，则风险仍然是无法避免的。

（5）职业道德风险。监理工程师在运用其专业知识和技能时，必须十分谨慎、小心，表达自身意见必须明确，处理问题必须客观、公正，同时应勇于承担对社会、对职业的责任，在工程利益和社会公众的利益相冲突时，优先服从社会公众的利益；在监理工程师的自身利益和工程利益不一致时，必须以工程的利益为重，如果监理工程师不能遵守职业道德的约束，自私自利，敷衍了事，回避问题，甚至为谋求私利而损害工程利益，必然会因此而面对相当大的风险。

（6）社会环境风险。社会对监理工程师寄予了极大的期望，这种期望，无疑对建设监理事业的继续发展产生积极的推动作用。但在另一方面，人们对监理的认识也产生了某些偏差和误解，有可能形成一种对监理的健康发展不利的社会环境。现在社会上相当一部分的人士认为，既然工程实施了监理，监理工程师就应该对工程质量负责，工程出了质量问题，首先向监理工程师追究责任。应当知道，承包商的工作属于承包性质，承包商有责任为业主提交一个质量合格的工程，但是监理工程师的工作是委托性、咨询性的，是代表业主方进行工作的。监理工程师在工程实施过程中所做的任何工作并不减少或免除承包商的任何义务。推行监理制，对提高工程质量，保证施工安全是起到积极作用的，但是监理工程师的工作不能替代承包商来担保工程不出现质量和安全问题。

二、监理工程师的风险防范措施

监理工程师必须加强风险意识，提高对风险的警觉和防范，减少和控制责任风险。针对上述监理工程师责任风险的来源，可以考虑从以下六个方面着手：

（1）严格执行合同。这是防范监理行为风险的基础。监理工程师必须树立牢固的合同意识，对自身的责任和义务要有清醒的认识，既要不折不扣地履行自身的责任和义务，又要注意在自身的职责范围内开展工作，随时随地以合同为处理问题的依据，在业主委托的范围内，正确地行使监理委托合同中赋予自身的权力。

（2）提高专业技能。专业技能是提供监理服务的必要条件。努力提高自身的专业技能是监理工程师所从事的职业对自身提出的客观要求。监理工程师绝不能满足现状，必须不断学习，总结经验，提高自身的专业技术功底，锻炼自身的组织协调能力，防范由于技能不足可能给自身带来的风险。

（3）提高管理水平。监理单位和监理机构内部的管理机制是否健全，运作是否有效，是发挥监理工程师主观能动性、提高工作效率的重要方面，也是防止管理风险的重要保证。因此，监理单位必须结合实际，明确质量方针，制定行之有效的内部约束机制，尤其是在监理责任的承担方面，更需要有一个明确的界定。监理单位的监理义务最终需落实到监理工程师身上。损失实际上是由具体的监理工程师造成的，但是由监理单位对业主承担相应的赔偿义务，因而在监理单位内部，总监与监理机构其他成员应承担什么样的责任，同样应该制定明确，这对于提高监理工程师的工作责任心是十分必要的。

（4）加强职业道德约束。要有效地防范监理工程师职业道德带来的风险，需要解决三方面的问题：一是需要对监理工程师应该遵守的职业道德做出明确的界定。目前，我国在这方面的工作显得较为粗糙、薄弱；二是监理工程师的职业道德教育，使遵守职业道德成为监理工程师的自觉行动；三是需要健全这一方面的监督机制，监理行业协会应该在这方面发挥积极作用。

（5）完善法律体系。迄今我国建设领域法律体系的建立已取得了长足的进展。但是，存在的问题也不少，主要表现在：不同的法律、法规之间，国家的法律、法规和地方的法律、法规之间存在许多不协调乃至矛盾抵触的地方；法律、法规还大量存在覆盖不到的范围，不少法律的定义不明确。除此之外，有法不依、执法不严、执法水平低下的情况普遍存在。因此，一方面需要不断立法，完善法律、法规的覆盖面，另一方面需要理顺现有法律的关系，对相互矛盾之处要进行修订。政府行业主管部门及有关的行业协会，需要自觉执法行政，提高执法水平，并且在社会上积极宣传有关的监理法律、法规，使社会能对监理工程师承担的责任有个正确的认识。

（6）推行职业责任保险。监理工程师可能因工作疏忽或过失造成合同另一方或第三方的损失，因而需对其承担赔偿的职业责任进行投保，一旦由于职业责任导致了业主或第三方的损失，其赔偿由保险公司来承担，索赔的处理过程也由保险公司来负责。也就是说，通过市场手段来转移监理工程师的责任风险。职业责任保险的保险标的没有有形的物质载体，其保险的是你的责任。因此，要开展这种保险，必须首先对监理工程师应当承担的责任进行研究分析，搞清楚职业责任和其他责任的区别。特别需要注意的是，监理工程师的责任风险是多方面的，并不是监理工程师的任何责任风险都能够通过保险来解决。职业责任保险所针对的仅仅是职业责任，即只针对监理工程师根据委托监理合同在提供服务时由于疏忽行为而造成业主或依赖于这种服务的第三方的损失。另外，这种行为在主观上必须是无意的，并仅限于监理工程师专业范围内的行为，而不负责和专业范围无关的疏忽行为造成的损失，职业责任保险在国内尚无开展的先例，但目前已经在工程设计等领域开始试点。

思 考 题

11-1　简述风险的基本概念。

11-2　简述风险管理的基本过程。

11-3　风险对策有哪几种？简述各风险对策的要点。

11-4　简述监理单位风险种类。

11-5　简述监理工程师的风险防范措施。

11-6　简述建筑工程风险管理的步骤。

11-7　简述监理工程师的责任风险。

11-8　简述监理单位的风险对策。

参 考 文 献

［1］中华人民共和国国家标准．建设工程监理规范（GB 50319—2013）［S］．北京：中国建筑工业出版社，2013.

［2］杨效中．建设工程监理基础知识［M］．北京：中国建筑工业出版社，2013.

［3］中华人民共和国国家标准．建设工程文件归档整理规范（GB/T 50328—2001）［S］．北京：中国建筑工业出版社，2002.

［4］李惠强，等．建设工程监理［M］．北京：中国建筑工业出版社，2010.

［5］巩天真，张泽平．建设工程监理概论［M］．北京：北京大学出版社，2009.

［6］李启明．建设工程合同管理［M］．北京：中国建筑工业出版社，2004.

［7］中国建设监理协会．建设工程监理概论［M］．北京：知识产权出版社，2010.

［8］中国建设监理协会．建设工程质量控制［M］．北京：中国建筑工业出版社，2010.

［9］中国建设监理协会．建设工程合同管理［M］．北京：知识产权出版社，2010.

［10］中国建设监理协会．建设工程投资控制［M］．北京：知识产权出版社，2010.

［11］中国建设监理协会．建设工程信息管理［M］．北京：中国建筑工业出版社，2010.

［12］刘景园．土木工程建设监理［M］．北京：科学出版社，2005.

［13］韦海民，郑俊耀．建设工程监理实务［M］．北京：中国计划出版社，2006.

［14］李清立．工程建设监理［M］．北京：北方交通大学出版社，2003.

［15］全国一级建造师执业资格考试用书编写委员会．工程项目管理［M］．北京：中国建筑工业出版社，2011.

［16］任旭．工程风险管理［M］．北京：北京交通大学出版社，2010.

［17］全国造价工程师执业资格考试培训教材编审委员会．工程造价计量与控制［M］．北京：中国计划出版社，2003.

冶金工业出版社部分图书推荐

书　名	作　者	定价（元）
冶金建设工程	李慧民　主编	35.00
土木工程安全检测、鉴定、加固修复案例分析	孟　海　等著	68.00
历史老城区保护传承规划设计	李　勤　等著	79.00
老旧街区绿色重构安全规划	李　勤　等著	99.00
地下结构设计原理（本科教材）	胡志平　主编	46.00
高层建筑基础工程设计原理（本科教材）	胡志平　主编	45.00
岩土工程测试技术（第2版）（本科教材）	沈　扬　主编	68.50
现代建筑设备工程（第2版）（本科教材）	郑庆红　等编	59.00
土木工程材料（第2版）（本科教材）	廖国胜　主编	43.00
混凝土及砌体结构（本科教材）	王社良　主编	41.00
工程结构抗震（本科教材）	王社良　主编	45.00
工程地质学（本科教材）	张　荫　主编	32.00
建筑结构（本科教材）	高向玲　编著	39.00
土力学地基基础（本科教材）	韩晓雷　主编	36.00
建筑安装工程造价（本科教材）	肖作义　主编	45.00
高层建筑结构设计（第2版）（本科教材）	谭文辉　主编	39.00
土木工程施工组织（本科教材）	蒋红妍　主编	26.00
施工企业会计（第2版）（国规教材）	朱宾梅　主编	46.00
工程荷载与可靠度设计原理（本科教材）	郝圣旺　主编	28.00
土木工程概论（第2版）（本科教材）	胡长明　主编	32.00
土力学与基础工程（本科教材）	冯志焱　主编	28.00
建筑装饰工程概预算（本科教材）	卢成江　主编	32.00
建筑施工实训指南（本科教材）	韩玉文　主编	28.00
支挡结构设计（本科教材）	汪班桥　主编	30.00
建筑概论（本科教材）	张　亮　主编	35.00
Soil Mechanics（土力学）（本科教材）	缪林昌　主编	25.00
SAP2000 结构工程案例分析	陈昌宏　主编	25.00
理论力学（本科教材）	刘俊卿　主编	35.00
岩石力学（高职高专教材）	杨建中　主编	26.00
建筑设备（高职高专教材）	郑敏丽　主编	25.00
岩土材料的环境效应	陈四利　等编著	26.00
建筑施工企业安全评价操作实务	张　超　主编	56.00
现行冶金工程施工标准汇编（上册）		248.00
现行冶金工程施工标准汇编（下册）		248.00